--Nouveau Manuel Complet Pour L'exploitation Des Mines--, Volume 1

Anonymous

ENCYCLOPÉDIE-RORET.

HOUILLE.

(CHARBON DE TERRE.)

AVIS.

Le mérite des ouvrages de l'*Encyclopédie-Roret* leur a valu les honneurs de la traduction, de l'imitation et de la contrefaçon ; pour distinguer ce volume, il portera à l'avenir la *véritable* signature de l'Éditeur.

Nota. La 2ᵉ partie de ce *Manuel de l'exploitation des Mines* comprendra le *fer*, le *plomb*, le *cuivre*, l'*étain*, le *mercure*, l'*argent*, l'*or*, le *zinc*, le *sel*, les *diamans*, etc., etc., et complétera l'ouvrage.

MANUELS-RORET.

NOUVEAU MANUEL COMPLET.

POUR L'EXPLOITATION

DES MINES.

PREMIÈRE PARTIE.

HOUILLE.

(CHARBON DE TERRE.)

ou

HISTOIRE ET DESCRIPTION DU CHARBON FOSSILE, DU MODE
D'EXPLOITATION, ET DU COMMERCE DE CE MINÉRAL,

PAR M. J. F. BLANC,

INGÉNIEUR CIVIL.

Ouvrage orné de figures.

PARIS,

A LA LIBRAIRIE ENCYCLOPÉDIQUE DE RORET,
RUE HAUTEFEUILLE, 10 BIS.

1843.

PRÉFACE.

L'art des mines est un des plus anciens que le besoin ait forcé l'homme à inventer ; mais il a eu cela de commun avec les autres arts de nécessité, qu'il ne s'est développé que d'une manière lente et progressive.

Les pierres à bâtir furent connues de toute antiquité ; plus tard on commença à arracher du sein de la terre quelques minerais ; enfin on découvrit des combustibles fossiles. L'exploitation de ces substances fut pendant bien long-tems conduite sans règles et sans principes. Les difficultés nombreuses qui se présentaient à chaque pas et à mesure qu'on avançait à une certaine profondeur, pour se mettre en sûreté soit contre les éboulemens, soit contre les eaux, soit contre les gaz, firent imaginer à l'homme les moyens capables de surmonter ces obstacles. L'insuffisance et l'imperfection de ces moyens arrêtèrent durant plusieurs siècles les progrès de l'art des mines. On ne put d'abord descendre qu'à une faible profondeur, et ce n'est que depuis une époque assez rapprochée de la nôtre, que le mineur a osé pénétrer à quatre, cinq et même six cents mètres dans le sein de la terre, et que, guidant sa marche souterraine à l'aide de la boussole, il a su se faire un passage au travers des rocs les plus durs.

Depuis le siècle dernier, l'art des mines, profitant des découvertes des sciences et des arts, a marché d'un pas rapide dans la voie du progrès. Au moyen de cet appui, il est parvenu à repousser les anciens préjugés, et par suite, la défaveur qu'avaient jetée sur lui certains charlatans effrontés connus sous le nom de tourneurs de baguette. Enfin l'application des machines à vapeur et des chemins de fer, et l'admirable découverte de la lampe de sûreté, ont apporté dans cet art le plus haut degré de perfection.

Pendant qu'on s'occupait de ces améliorations, des savans réunissaient en corps de doctrine les règles de l'art des mines. Nous avons plusieurs bons ouvrages sur cette matière, parmi lesquels ceux de Délius et Héron de Villefosse tiennent le premier rang ; mais ces auteurs ne se sont pas bornés simplement à l'exploitation proprement dite, ils ont parlé aussi de la préparation mécanique et de la fonte des minerais ; il manquait donc un ouvrage spécial sur l'exploitation des mines de houille.

« Je suis très persuadé, dit M. Brard, que l'époque n'est » pas éloignée où l'on sentira la nécessité d'un traité particu- » culier de l'exploitation de la houille, et que l'art gagnera » infiniment encore à cette nouvelle subdivision. »

J'ai essayé de remplir cette lacune, heureux si j'ai pu ouvrir une route que d'autres suivront peut-être avec plus de succès.

Quant au plan de l'ouvrage, j'ai adopté la marche qui se trouvait tracée par la nature même des choses. Après avoir parlé de l'introduction de la houille, de son origine probable, de son mode de gisement, des circonstances qui peuvent servir d'indices pour sa découverte, des moyens d'explorer la surface et de pratiquer les travaux de recherches, soit par sondage, soit par puits et galeries, j'ai décrit les outils du mineur et les méthodes diverses employées pour exploiter tel ou tel gîte.

Mais, en même tems qu'on exploite, on doit songer à mettre l'ouvrier en sûreté contre les éboulemens, les inondations et les explosions : cette partie si importante forme le sujet de plusieurs chapitres.

J'ai indiqué les moyens de transporter à l'intérieur, et d'élever au jour les produits de l'extraction.

Je me suis ensuite occupé de la Géométrie souterraine ou de l'art de lever les plans de mine ; et j'ai cru nécessaire de donner, dans un chapitre séparé, tout ce qui a rapport à la législation des mines, c'est-à-dire, la loi du 21 avril 1810.

J'ai terminé par une description complète de tous les bassins houillers connus, particulièrement de ceux de la Grande-Bretagne, de la France et de la Belgique, et j'ai donné les détails relatifs à la disposition de ces bassins et à leur richesse, ainsi qu'au commerce de la houille dans ces divers pays.

En un mot, j'ai voulu faire un ouvrage simple, peu coûteux, à la portée de l'homme du monde qui veut s'occuper de mines, et du mineur qui désire s'instruire dans son art.

Tel est le but qui m'a dirigé dans la composition de ce volume que j'offre aujourd'hui au public, et pour lequel j'ose réclamer la bienveillance du lecteur.

MANUEL

POUR

L'EXTRACTION

DE LA HOUILLE.

~~~~~~

CHAPITRE PREMIER.

—

INTRODUCTION.

Quand on réfléchit à l'utilité et à la puissance de la houille, on sent naturellement le désir de connaître quelques particularités relatives à l'introduction de ce précieux combustible ; mais les recherches à cet égard, ne nous apprennent que peu de chose. Elles nous prouvent seulement d'abord, qu'il règne le laconisme le plus obscur dans les notices des écrivains anciens qui ont parlé de cette matière, ensuite que l'usage en grand de la houille ne remonte pas à une époque très reculée dans aucun pays du monde.

Les Belges revendiquent l'honneur de cette découverte qu'ils portent à 1189 ; mais il est constant que la houille était connue à une époque bien antérieure à celle-ci. La première mention de ce combustible fut faite il y a deux mille ans, et se trouve consignée dans les écrits de Théophraste, élève d'Aristote. Voici comment il s'exprime dans son *Traité des pierres :* « Ces substances fossiles qu'on appelle charbons et que l'on » brise pour s'en servir, sont des substances terreuses ; cepen- » dant elles s'enflamment et brûlent comme du charbon de

» bois. On les trouve en Ligurie où il y a aussi de l'ambre , et
» en Élide sur la route d'Olympie, au-delà des montagnes ; elles
» sont employées par les forgerons. »

S. Augustin rapporte qu'on employait la houille dans la
pose des bornes, et cela, dit-il, à cause de sa nature indé-
composable, afin qu'elle pût, même après un long espace
de tems, servir de témoignage contre les personnes qui vou-
draient assurer qu'il n'y eut jamais de borne en cet endroit.

Il paraît que l'usage général de la houille a commencé chez
les Anglais ; la question de savoir si les premiers habitans de
la Grande-Bretagne connaissaient ce combustible si abondant
chez eux, a été long-tems agitée. Whitaker, dans son histoire
de Manchester, pense que les anciens Bretons se servaient de
la houille, et il appuie ainsi son opinion : « Les eaux, dit-il,
» amènent fréquemment du haut des montagnes, les extrémités
» des couches de houille qui y affleurent au jour, et les Bretons
» durent sans doute remarquer ces pierres brillantes, et, soit par
» l'effet du hasard, soit par la réflexion, en découvrir l'utilité.
» Une autre preuve plus positive résulte de la découverte ré-
» cente de plusieurs masses de houille enfouies dans le sable
» sous la voie romaine de Ribchester. »

» Les Bretons, continue-t-il, connaissaient ce combustible,
» ce qui est incontestable d'après le nom qu'on lui donne en
» anglais ; ce nom dérive du breton, et il se retrouve dans
» le Guel des Irlandais et le Kolon du Cornouailles. »

Pennant rapporte qu'une hache de pierre, instrument des
premiers habitans de la Grande-Bretagne, fut trouvée dans
certaines veines de houille affleurant au jour dans le Mon-
moutshire, et cela, dit-il, dans une position tout-à-fait accessible à ces peuples inexpérimentés et incapables de creuser
à une grande profondeur.

On pense assez généralement que les Romains ne connaissaient pas l'usage de la houille pendant leur domination en
Bretagne. César, qui a parlé des mines métalliques, ne dit
rien des mines de houille. Cependant, il est presque indu-
bitable que ce peuple découvrit et employa ce combustible
par la suite.

Il paraît actuellement, assure Whitaker, que les Romains
firent usage de la houille en Bretagne. Dans la partie ouest
du Yorkshire et dans le voisinage de North-Brierly , se trou-

vent de nombreux amas de braise de houille entassés au milieu des champs, et dans l'un desquels on a découvert plusieurs pièces de monnaie romaines. De semblables indications ont été rencontrées ailleurs.

Horsely, dans sa Bretagne romaine, en parlant de quelques inscriptions trouvées à Benwell, village situé près de Newcastle-Upon-Tyne, et le Condercum des Romains, observe qu'il y avait aux environs une mine de houille, que toutes les personnes compétentes en cette matière, pensent avoir été exploitée par les Romains. Wallis est aussi de l'opinion que les Romains connaissaient les mines de houille de la Bretagne comme ils en connaissaient les mines métalliques. En fouillant en 1762 certaines parties des fondations de leur cité fortifiée Magna ou Caervorran, on y trouva une assez grande quantité de braise de houille, qui brûlait de la même manière que toute autre braise, et dont les Romains ignoraient sans doute la propriété.

Vers le milieu du neuvième siècle, les renseignemens deviennent plus positifs. Whitaker, dans son histoire de Manchester, cite un acte de concession de quelques terres, fait par l'abbaye de Péterborough, daté A. D. 853, qui prouve que la houille était connue et employée dans la Grande-Bretagne pendant la domination saxonne. Par cet acte, le monastère faisait certaines réserves à son profit, entr'autres soixante chars de bois, et douze de charbon fossile.

On ne trouve aucune mention de ce combustible durant l'usurpation danoise; mais il faut attribuer ce silence aux divisions intestines auxquelles ce peuple fut continuellement en proie pendant son séjour en Angleterre, et qui l'empêchèrent de s'occuper de tout ce qui était étranger aux affaires politiques.

En 1239, le roi Henri III accorda aux habitans de Newcastle-Upon-Tyne une charte pour l'exploitation des mines de houille, qui prit dès lors un rapide essor, et devint de jour en jour plus importante.

D'après tous les faits que nous avons cités, il est facile de se convaincre que la houille était connue à une époque bien antérieure à celle à laquelle les Belges font remonter la découverte de cette matière. Ils l'attribuent à un forgeron nommé Hullos, qui vivait vers l'année 1049 dans le village de Plenevaux aux environs de Liége, et qui le premier emploja ce combustible ; ils font dériver le mot de houille du nom de Hullos ; mais d'autres auteurs le font dériver d'un ancien mot saxon qui signifie charbon.

L'usage de la houille en France remonte à une époque plus récente, et se répandit moins vite qu'en Belgique et en Angleterre.

ORIGINE DE LA HOUILLE.

L'origine de la houille a été long-tems un objet de doute et de controverse ; mais il paraît prouvé maintenant qu'elle la doit au règne végétal. Green l'attribue au règne animal : c'est aussi l'opinion de Fourcroi. « La plupart des naturalistes, dit » ce dernier, regardent la houille comme le produit d'un ré- » sidu des bois enfouis et altérés par l'eau et les sels de la » mer. On rencontre souvent au-dessus du charbon de terre » des plantes et des bois en partie reconnaissables, et en par- » tie convertis en bitume charbonné. Il paraît que c'est à la » décomposition d'une immense quantité de végétaux marins » et terrestres, et à la séparation de leur huile unie à de l'a- » lumine et à de la matière calcaire, qu'est due sa formation. » On ne peut pas nier que des matières animales n'entrent » aussi dans sa composition. Il faut observer que l'ammo- » niaque, fournie en assez grande quantité (dans la distilla- » tion) par la houille, favorise l'opinion de son origine ani- » male, puisque les corps qui appartiennent à cette classe de » composés, donnent toujours de l'ammoniaque dans leur dis- » tillation. »

Jameson considère la houille comme provenant de dépôts chimiques primitifs, qui ont aussi peu de rapport avec les dé- pouilles végétales, que les coquillages qu'on trouve dans la pierre calcaire en ont avec cette même pierre considérée en masse ; cela résulte, dit-il, de la présence de la houille dans des régions primitives où l'on n'a, jusqu'à présent, découvert aucuns débris de corps organisés.

Presque tous les géologues s'accordent à attribuer à la houille une origine végétale. La Beche considère la houille comme le résultat de la distribution d'une masse de végétaux sur des surfaces plus ou moins grandes, au-dessus de dépôts plus anciens de sable, de vase argileuse ou de boue, mais principalement de boue transformée maintenant en argile schisteuse par suite de la compression qu'elle a éprouvée. « Sur ce dépôt de végétaux, dit-il, de nouvelles masses de sable, de vase ou de boue sont venues s'accumuler, et cette série d'opérations alternatives s'est continuée irrégulièrement pendant un tems très long, durant lequel des végétaux semblables aux premiers, avaient poussé en grand nombre sur des points peu éloignés, pour être eux-mêmes, plus tard, détruits tout-à-coup, au moins en partie, et former un nouveau dépôt très étendu au-dessus des détritus les plus communs.

Cette accumulation aura dû exiger un grand espace de tems, parce que les phénomènes observés portent à penser, que la force de transport des courans, quoique variable, a été généralement modérée; de plus, il est nécessaire d'admettre des intervalles de tems successifs et assez longs pour la naissance d'une masse de végétaux très considérable, car les couches de houille qui n'ont aujourd'hui que 2 à 3 mètres de puissance, ont dû, avant de supporter une énorme pression, avoir une épaisseur bien plus grande. »

Cette opinion est généralement adoptée; on ignore de quelle manière ces dépôts se sont formés, et quelles circonstances les ont accompagnés; mais il est probable que les eaux étaient tranquilles. Toutes les parties du terrain houiller se sont formées assez tranquillement, comme tous les terrains de sédiment.

La cause qui a transformé en houille ces immenses dépôts de végétaux nous est inconnue, et on a établi à ce sujet beaucoup de théories. Il y a eu aussi différentes opinions sur l'origine de ces végétaux. Turner pense que les terrains houillers de chaque contrée, nous indiquent que là se trouvaient les principales localités de la végétation primitive : nous devons présumer, dit-il, que les anciennes plantes se rencontraient en abondance en cet endroit, à l'époque de la grande catastrophe. Un déluge nous paraît être la cause rationnelle de cet immense bouleversement.

Quelques savans, au contraire, pensent que ces dépôts de végétaux ont été transportés, par les eaux, des contrées lointaines.

Les roseaux sont les végétaux qui paraissent avoir le plus contribué à la formation de la houille; on y trouve les débris d'un grand nombre de plantes. Le bambou et le bananier ont été reconnus dans la houille d'Alais.

Quant aux débris appartenant au règne animal, ils sont plus rares, et se présentent d'une manière moins frappante. Ces débris sont des poissons, des mollusques et des coquillages. On a reconnu jusqu'à présent trois espèces de poissons, quatorze de mollusques, et quatorze de coquillages.

CHAPITRE II.

—

DISPOSITION ET ACCIDENS DES COUCHES DE HOUILLE.

La houille est placée plus ou moins profondément dans l'intérieur de la terre, mais elle est toujours disposée par couches. Les lits ou couches dont elle est formée diffèrent par l'épaisseur, la consistance, la couleur, la pesanteur, la disposition. La houille paraît avoir été déposée en même tems que les roches au milieu desquelles elle se trouve; elle est ainsi comprise entre deux plans parallèles. Ces surfaces de séparation sont ce qu'on appelle les parois de la couche; la paroi inférieure se nomme le mur, et la paroi supérieure le toit; on donne aussi ce nom aux roches qui sont en contact avec la couche.

La houille se trouve aussi en masses couchées; ce sont des bancs ou couches d'une grande puissance, mais qui ne se maintiennent que sur une étendue peu considérable parallèlement à la direction.

On la rencontre dans les terrains secondaires, au milieu des grès, des schistes, des pierres calcaires. Les terrains houillers occupent, en général, des pays peu élevés; on les trouve surtout au pied des chaînes de montagnes. La houille se présente très souvent, en couches nombreuses, au sein du grès des houillères et de l'argile schisteuse avec le minerai de fer carbonaté;

ce gisement est le plus ordinaire. Les couches s'étendent toujours parallèlement aux bancs de roches qui les renferment.

L'allure ou la position d'une couche est déterminée par sa direction et son inclinaison.

La direction est l'angle que forme avec le méridien une ligne horizontale tracée sur l'une ou l'autre des parois de la couche.

L'inclinaison est l'angle que forme une quelconque des parois avec un plan horizontal.

Les deux extrémités de la ligne de direction d'une couche déterminent son étendue en longueur. L'extrémité inférieure de la ligne d'inclinaison sert à déterminer les limites du gîte en profondeur.

Il faut encore, pour avoir une connaissance exacte d'une couche, savoir quelle est sa puissance ou son épaisseur.

Les couches de houille sont rarement horizontales, elles sont généralement inclinées, quelques-unes même sont verticales. A Bank, aux environs d'Edimbourg, la houille se présente en couches verticales, et l'on a creusé dans la houille un puits d'une profondeur considérable, sans rencontrer autre chose que le combustible.

Les parois des couches de houille ne sont pas à beaucoup près des surfaces entièrement planes; ainsi, au lieu d'être ordinairement disposées comme dans la figure 1, les couches sont généralement ondulées, tantôt comme dans la figure 2, c'est ce qu'on peut observer dans le terrain houiller de St.-Etienne et d'Alais, tantôt ces ondulations sont douces, (fig. 3), c'est ce qui arrive dans le terrain de Rive de Gier; d'autres fois les couches présentent des contournemens brusques (fig. 4): les terrains de Valenciennes, d'Anzin et de Saarbruck nous en offrent un exemple. Il arrive assez fréquemment que dans l'endroit où ces contournemens ont lieu, il y a un brouillage, une cassure remplie de matière différente.

En général, lors même que ces irrégularités ont lieu, les parois restent toujours parallèles, et l'épaisseur de la couche n'est pas beaucoup altérée; mais quelquefois cette épaisseur augmente ou diminue. La partie de la couche dans laquelle l'épaisseur augmente se nomme renflement (fig. 5), ceci a lieu par l'effet d'une masse interposée dans la couche. Quelquefois il y a rétrécissement ou étranglement; souvent cet étranglement est complet, c'est-à-dire que la couche disparaît, mais souvent aussi elle reparaît un peu plus loin, et on trouve sur son prolongement un petit filet, une trace qui permet de la suivre (fig. 6).

D'autres fois il y a rejet : les rejets sont nommés brouillages lorsque les couches sont séparées par des débris (fig. 7) ; lorsqu'elles sont simplement séparées par un plan, c'est une faille (fig. 8).

Struve et Berthout distinguent les failles en failles régulières et failles irrégulières. Les failles irrégulières comprennent les accidens que nous avons cités plus haut. Les failles régulières coupent transversalement les couches de houille, et toutes les couches de terrain situées soit au-dessus, soit au-dessous. Leur longueur et leur profondeur sont indéfinies, mais leur épaisseur est plus ou moins considérable.

On s'aperçoit du voisinage des failles par l'altération de la houille, ses couleurs irisées, son aspect terreux. Ces changemens se présentent d'une manière plus ou moins prononcée, suivant que la faille est plus ou moins considérable ; on juge d'après ces indices quelle sera l'épaisseur de la faille.

Quelquefois la couche interrompue conserve sa position de l'autre côté de la faille, mais le plus ordinairement on la retrouve à une distance assez considérable, plus haut ou plus bas. Cette différence de niveau excède souvent cent cinquante mètres, mais elle est faible quand on la compare à celle de la faille du Clackmannanshire en Angleterre, qui rejette la couche à une distance de 400 mètres ; la faille nord du même terrain occasione une différence de niveau de plus de 200 mètres.

Les failles s'étendent depuis la surface du terrain jusqu'à des profondeurs quelquefois inconnues. Leur étendue en longueur est ordinairement très considérable. L'épaisseur est très variable, elle diminue insensiblement à mesure que la faille s'enfonce davantage ; cette épaisseur varie depuis $0^m 30$ jusqu'à 5 et même 10 mètres.

Les failles coupent les couches suivant des lignes s'approchant plus ou moins de la verticale. La faille nord dont nous avons parlé fait un angle d'environ 60° avec l'horizon.

Les dykes de l'Angleterre sont des failles énormes ; on en rencontre plusieurs dans le terrain houiller du Northumberland et du comté de Durham ; le plus célèbre est celui qu'on appelle le grand Dyke ou Ninety-Fathoms Dyke, le Dyke de quatre-vingt-dix brasses, parce qu'il rejette les couches du côté du nord à quatre-vingt-dix brasses (280 mètres) plus bas que celles du côté du midi. Sa largeur n'est pas très considérable dans quelques endroits, mais à la mine de Montagu, cette largeur est de 22 mètres, et la faille se compose de grès dur et de grès tendre. Ce grès est visible dans une carrière à Cullercotes, un peu vers le nord de Tyne-Mouth, de là il traverse les couches de houille du Nord-Nord-Est au Sud-Sud-Ouest à une distance d'environ six lieues, et probablement s'enfonce dans les terrains inférieurs au terrain houiller. Du côté du midi de ce Dyke partent deux autres branches se dirigeant, l'une vers le Sud-Est, l'autre vers le Sud-Ouest. La dernière est appelée, Seventy-Yards Dyke, le Dyke de soixante-dix yards (70 mètres environ). Ce dyke est formé comme l'autre de grès dur et de grès tendre ; il coupe la couche supérieure de houille dont le niveau n'est pas dérangé par cette interruption. La couche cependant diminue d'épaisseur depuis une distance de quinze ou seize mètres ; à cette distance la houille commence à devenir pulvérulente, et à la fin présente toutes les apparences du coke, phénomène inconnu, si ce n'est dans le voisinage des Dykes basaltiques. La branche du Sud-Est n'a que vingt mètres de largeur.

La figure 9 représente la section de la grande faille qui coupe une portion du terrain houiller des environs de Newcastle, ainsi que celle du Whin-Dyke dont la partie centrale se compose de basaltes de cinq mètres d'épaisseur.

AA' Ninety-Fathom Dyke. On n'en connaît pas la profondeur.

BB' B'' Whin Dyke. Il suit une ligne ondulée et s'étend de Coley-Hill en C à Simond-Side vers le Sud-Est, au-delà de l'extrémité droite de la section, à une distance d'environ quatre lieues.

CC' Grande couche supérieure (High main coal).

DD' Grande couche inférieure (Low main coal).

EE' Couche Beaumont (Beaumont Seam).

GG' G'' Niveau de la Tyne, rivière.

H Puits Benwell.

K Marais de Newcastle.

Les failles sont les témoins des révolutions qu'a subies la face du globe : on peut les considérer comme des fentes profondes remplies d'une matière différente de celle de la contrée dans laquelle on les trouve. Elles se seront formées à l'époque où les eaux couvraient la terre, et en se remplissant de matières, il y aura eu glissement des couches stratifiées ; c'est ce qui explique pourquoi l'épaisseur des failles diminue avec la profondeur, et pourquoi les mêmes couches se représentent dans le même ordre, de chaque côté de la faille, à des hauteurs différentes.

Les failles ne sont pas toujours remplies ; souvent elles donnent passage aux eaux, aussi leur voisinage doit-il éveiller l'attention du mineur.

Les failles sont remplies non seulement d'un mélange de matières différentes qui sont évidemment les détritus des couches au travers desquelles elles passent, mais encore de grès et de basaltes auxquels on ne peut refuser une origine ignée. Généralement dans le voisinage de ces basaltes, la houille se présente charbonnée et convertie en coke poreux, de couleur grise, ayant la cassure et toutes les apparences de celui qui est produit dans la distillation de la houille en vase clos. Dans une mine du Northumberland, on voit de la houille ainsi transformée dans un endroit où elle a six mètres d'épaisseur d'un côté du Dyke, et trois mètres de l'autre : le Dyke est rempli par une veine de basalte de quatre mètres d'épaisseur. A Cockfield Fell où la houille avoisinant le Dyke est convertie en une substance noirâtre, semblable à de la suie, on trouve dans la couche supérieure une grande quantité de soufre d'un beau jaune brillant. Il faut ajouter que le grès qui touche cette substance est, à une certaine profondeur, transformé en une brique de couleur rouge ; et que même le calcaire se trouve à l'état cristallisé, et qu'il est impropre à la fabrication de la chaux, lorsqu'il est dans le voisinage de cette roche.

Les failles sont pour le mineur une source de dépenses et de difficultés, mais cependant elles ont leur but utile. Les couches inclinées sont plus faciles à exploiter que les couches horizontales, mais comme cette inclinaison a une tendance à plonger les extrémités de la couche à une profondeur qui serait inaccessible, les failles en s'interposant dans les couches les divisent en étages disposés les uns au-dessus des autres, et qui relèvent les points les plus bas de dépression de ces couches. Un effet semblable est produit par les ondulations des couches, qui offrent le double avantage d'une disposition inclinée et du voisinage de la surface.

Un autre résultat utile provient encore des failles, sans lesquelles le contenu d'aucune mine profonde ne serait accessible. Elles empêchent l'irruption des eaux dans les parties où elles seraient nuisibles, et créent à la surface sur toute la ligne de la faille de nombreuses sources, qui souvent sont les indices de ces grandes séparations. De plus les failles, en interrompant la continuité des couches de houille, et faisant reposer les extremités des divisions des couches contre ces masses incombustibles de sable et d'argile, préviennent les ravages du feu qui pourrait s'étendre au-delà de la partie de la couche dans laquelle il se communique, et par suite amener la destruction complète de la couche.

On a vu quels étaient les indices qui dénotaient le voisinage des failles : c'est à l'approche d'une faille qu'il faut redoubler de surveillance, et examiner avec soin la stratification des couches, afin de se mettre en état de retrouver la couche perdue.

Berthout, dans sa théorie des failles, indique les règles à suivre pour retrouver la couche. Dans le cas où l'on tombe sur un brouillage, un renflement, il faudra les tourner, s'il est trop difficile de les traverser ; et pour le faire de la manière la plus économique, on perce des traverses et des alongemens, toujours dans la houille, de telle sorte, que celle qui est altérée et qui entoure la faille dans tous les sens, serve de guide pour diriger les traverses.

S'il s'agit de rejoindre la couche derrière une faille régulière, on peut traverser la faille perpendiculairement à sa direction et à son inclinaison. Si l'on ne retrouve pas la couche à la même hauteur de l'autre côté de la faille, il y a eu déplacement, ou de la partie dont on sort, ou de celle que l'on cherche : si celle-ci est en haut, c'est la couche dont on sort qui a été deplacée ; si elle est en bas, la couche dont on sort n'a pas bougé.

Pour reconnaitre si la couche cherchée est plus ou moins éloignée en haut ou en bas, il faut, dit Berthout, observer la suite des couches stratifiées avec la houille, voir au-delà de la faille, par leur différente nature, si l'on est dans les couches inférieures ou supérieures à celles de la houille; cette connaissance déterminera à monter ou à descendre : car, au cas que l'on fût dans les couches inférieures, c'est en haut que serait la couche cherchée (fig. 8). Si la faille a une trace, elle indique la position de la couche, et on la trouve en la suivant; s'il n'y a pas de trace, et qu'on ne puisse pas distinguer si les couches au-delà de la faille sont supérieures ou inférieures à la couche de houille, on a recours à une règle générale : si la faille s'éloigne de la couche où l'on se trouve en s'enfonçant, on juge que la continuation cherchée est en bas; si au contraire la faille s'enfonce en passant sous les pieds, on juge qu'elle est en haut.

Quoique cette règle soit vraie pour les couches horizontales ou pour les couches inclinées, comme ordinairement la faille s'incline sous un autre angle que les couches, mais dans le même sens, on peut en déduire un moyen assez sûr pour trouver la couche : si l'on a atteint la faille en montant, on la cherche de l'autre côté au-dessus; si c'est en descendant, on la cherche de l'autre côté au-dessous.

Moins la faille est inclinée à l'horizon, plus la distance horizontale entre les deux couches ou les deux parties de la même couche sera longue; d'où cette règle générale : l'éloignement de la couche cherchée est, toutes choses égales, en raison inverse de l'inclinaison de la faille.

On peut résumer tout cela en disant, qu'il faudra chercher en montant, et de l'autre côté de la faille, le prolongement de la couche perdue, si l'on a rencontré la faille en montant; et qu'il faudra, au contraire, chercher ce prolongement en descendant, si l'on a atteint la faille en descendant.

Nous avons vu qu'à l'approche des failles, la houille s'altérait d'une manière sensible, aussi, au lieu de remonter ou de descendre la faille pour aller retrouver la couche, vaut-il mieux s'avancer un peu au-delà de la faille, puis remonter ou descendre parallèlement à la faille. Cette manière d'opérer est d'ailleurs nécessaire, à cause de la difficulté qu'il y aurait de suivre la faille, qui n'est point séparée distinctement des couches qu'elle traverse.

CHAPITRE III.

—

RECHERCHE DE LA HOUILLE.

La recherche de la houille s'est long-tems faite d'une manière incertaine ; on avait même recours à des moyens empyriques, et l'on sait que la baguette divinatoire a été pendant bien des siècles employée à la recherche de la houille, et de toutes les autres substances utiles renfermées dans le sein de la terre. Que de charlatans ont ainsi causé la ruine des gens crédules qui avaient recours à leur science prétendue, et par suite, jeté la déconsidération sur toutes les entreprises de mines, et les spéculations qui y étaient relatives. Aujourd'hui la raison et la science ont dissipé ce charlatanisme effronté, et l'art des mines a pu marcher dans une voie plus sûre et plus certaine.

On n'admet plus maintenant que les indices naturels, qu'on divise en indices positifs et indices négatifs.

Les indices négatifs sont fournis par la géologie : ainsi il y aurait inutilité à rechercher de la houille dans un terrain de granit, ou dans tout autre terrain inférieur au terrain houiller, ou bien encore dans un terrain supérieur au terrain houiller, mais qui aurait une grande épaisseur.

Les indices positifs sont prochains ou éloignés.

Les indices éloignés résultent de l'âge relatif et de la nature des roches : ainsi le minerai de fer carbonaté terreux, est un indice éloigné de la houille.

Les indices prochains sont des schistes recouverts d'empreintes de plantes, la rencontre de parcelles de bitume surnageant sur les eaux.

Tous ces indices ne font que faire espérer le voisinage de la houille, les seuls indices certains sont les affleuremens qui se montrent à la surface du sol.

Avant de commencer les travaux dans une localité, il convient de se donner une idée exacte de la constitution géologique de cette localité, soit en étudiant les roches minéralogiques du terrain, soit en examinant les mines ou carrières qui s'y trouvent.

Le résultat de cette première étude peut ne donner que des doutes ou des soupçons, car les recherches purement géologiques amènent à conclure que telle substance ne doit pas y être, mais non pas que telle autre y sera nécessairement.

Si l'on se trouve dans un pays neuf, il faut alors avoir recours aux documens géologiques.

Les montagnes à pentes raides ne sont pas favorables à la découverte de la houille ; on aura plus d'espoir de la trouver sur les collines à pentes douces, et dans les plaines étendues situées près des rivières. C'est sur le penchant des terrains primitifs, à leur pied, dans leur gorge, là où on a une suite de couches secondaires qui paraissent au jour, et où les anciennes ne sont pas entièrement recouvertes par les nouvelles : c'est dans ces endroits qu'on peut espérer de découvrir la houille, et qu'il faudra diriger ses recherches. Dans ces recherches géologiques on ne se contentera point d'examiner le terrain en place, on n'affectera aucune route battue, on parcourra le terrain dans tous les sens, on suivra les chemins creux, les ravins, la berge des torrens, le lit des ruisseaux ; on visitera les carrières, les puits, tous les endroits où le terrain pourra se trouver à découvert ; on tiendra une note exacte des observations qu'on aura faites et des roches qu'on aura rencontrées.

La première chose à chercher c'est le grès houiller ; des trois substances qui caractérisent la formation houillère, le grès est la plus abondante et celle qui, étant moins exposée à la destruction que les deux autres, peut plus aisément être aperçue.

Lorsqu'on l'aura trouvé, et qu'on se sera convaincu que ce grès est bien le grès cherché, il faudra tâcher de découvrir les affleuremens de quelque couche d'argile schisteuse ou de houille. Cette recherche est assez difficile, parce que ces deux substances étant très sujettes à la décomposition, dès qu'un hasard vient à en mettre une partie à découvert, elle est presque aussitôt décomposée et enlevée par les eaux, ou détrempée et rendue méconnaissable par elles. Lorsqu'on a trouvé le grès, il convient d'employer quelque tems, et de faire quelques recherches pour trouver l'argile schisteuse : on sera sûr alors de travailler d'après des données suffisantes, et on pourra concevoir l'espérance d'arriver bientôt sur une couche de houille ; comme les couches de cette formation sont assez fortement inclinées, à l'aide d'une tranchée on peut en reconnaître un assez grand nombre. La recherche de la sonde ou le percement d'un puits sont quelquefois les seuls moyens.

Lorsqu'on aura trouvé une couche, on peut aller jusqu'au terrain primitif avec l'espoir d'en trouver de nouvelles. Dans quelques endroits les affleuremens de toutes les couches soit de grès, soit d'argile schisteuse, soit de houille, se montrent au jour, alors on n'a nul besoin de travaux de recherche.

Les pierres roulées des lits des rivières et des ruisseaux peuvent quelquefois servir d'indices dans la recherche de la houille ; car, parmi les substances minérales qui se trouvent dans leur formation, il y en a quelques-unes assez dures pour pouvoir être roulées à une assez grande distance : ce sont le grès houiller, les schistes siliceux, les bois pétrifiés d'un gris noirâtre foncé.

De tout ce qui vient d'être dit concluons donc, que, si les différens élémens fournis par les reconnaissances géologiques, amènent à conclure qu'on est à peu de distance de la houille, et que ce combustible se trouve dans le lieu de recherche, on devra procéder, soit par le sondage, soit par le percement d'un puits. Si, au lieu de ces simples indications, il y avait dans le pays des affleuremens, c'est-à-dire des couches sortant au jour, il n'y aurait alors plus de doute, et il conviendrait de procéder par tranchées, afin de mettre à nu une plus grande étendue des points d'affleurement, de pouvoir examiner la nature de la houille, l'allure de la couche, et de reconnaître le meilleur mode d'exploitation à suivre, en opérant ensuite par puits et galeries.

Si le terrain, sans présenter de points d'affleurement, se trouvait au milieu d'exploitations bien connues, et qu'il se liât intimement avec le terrain avoisinant, il n'y aurait pas entière certitude ; mais la probabilité serait assez grande pour qu'on pût procéder de suite à la recherche par puits et galeries, à moins toutefois qu'on ne voulût que s'assurer de l'existence de la houille, sans avoir l'intention d'exploiter immédiatement : dans ce cas on ferait un sondage.

Ces deux moyens de procéder présentent leurs avantages et leurs inconvéniens ; nous reviendrons en détail sur ce sujet, quand nous aurons exposé les moyens de recherche.

SONDAGE.

Les Anglais et les Allemands réclament l'invention de la sonde. Les premiers paraissent plus fondés dans leurs prétentions, parce que la sonde est employée de préférence pour les mines de houille, et que les Allemands se livrent plus particulièrement à l'exploitation des mines métalliques ; la sonde a du reste été long-tems connue sous le nom de tarière anglaise. Cependant l'invention de la sonde remonte au seizième siècle, et on doit l'attribuer à Bernard de Palissy ; car celui-ci, dans son *Dialague sur la marne entre théorique et pratique*, décrit un instrument qu'il avait conçu, et qui est absolument l'analogue de notre sonde.

Une sonde ordinaire se compose :

1° d'une *tête* qui sert à suspendre la sonde, et à laquelle on applique la force motrice pour faire manœuvrer la sonde.

2° de *tiges* qui s'ajustent à la tête et entre'lles, et qui forment la partie intermédiaire de la sonde.

3° d'*outils* qui s'adaptent au bas des tiges, et qui sont en contact immédiat avec le terrain à traverser.

Il y a en outre les agrès destinés à la manœuvre de la sonde.

Tête. — La tête peut se faire de différentes manières ; la forme préférable paraît être celle indiquée fig. 10.

Cette tête se compose d'un anneau mobile destiné à la suspendre, adapté à un autre anneau plus grand, nommé étrier et terminé par un emboîtage. L'anneau mobile est fixé à la partie supérieure de la tête, par un écrou qui lui laisse la faculté de tourner librement. Quelquefois, entre l'emboîtage et l'étrier, on place un autre étrier pour y mettre un levier en bois. La partie qui met en contact l'anneau et l'étrier doit être en acier.

Le poids total de cette tête y compris l'emboîtage, varie de 16 à 18 kilogrammes ; la hauteur totale, non compris l'anneau mobile, n'excède pas 0^{m}80. Le prix est d'environ 40 francs, mais si on la fait fabriquer soi-même, elle ne reviendra guère qu'à 25 francs.

Tiges. — Les tiges ou tringles sont des barres de fer cylindriques à huit pans ou carrées et à arêtes abattues, afin qu'elles n'endommagent pas le trou de la sonde. La forme carrée est préférable, parce que s'il survient quelque embarras dans la manœuvre de la sonde, on peut appliquer, à quelque hauteur que ce soit, une clé en fer pour tourner et détourner les tiges.

La grosseur des tiges dépend de la profondeur que l'on veut atteindre et du diamètre des outils. Ce diamètre dépend aussi de la même circonstance; il doit être plus grand que celui de la tige, pour éviter les frottemens contre les parois du trou et les dégradations dans la remonte et la descente de la sonde. Il convient à cause de cela et du brisement des tiges qui peut avoir lieu, de les fabriquer avec du fer extrêmement nerveux : le fer martinet doit être employé de préférence pour cela.

Pour de petits sondages, les tiges ne doivent avoir que 0^m025 carré avec des outils de 0^m054.

Pour une profondeur de 20 à 50 mètres, on leur donnera 0^m030, avec des outils de 0^m055, 0^m081 et 0^m108 de diamètre.

Pour des sondages ordinaires de 50 à 150 mètres, on donnera aux tiges 0^m030 à 0^m035 de diamètre, et le diamètre des outils varie de 0^m054 à 0^m108 ; on ne dépasse jamais pour les tiges 0^m040 à 0^m045.

L'équarrissage est d'ailleurs sensiblement augmenté à l'emboîtage, et il convient d'arrêter cet équarrissage de manière à ne pas présenter d'arêtes vives.

La longueur des tiges est ordinairement de 4 à 5 mètres. Il y a inconvénient à ce que les tiges soient trop courtes, parce qu'il faut trop d'emboîtages ; mais elles ne doivent pas non plus être trop longues, autrement elles risqueraient de se gauchir et de se tordre. La plus grande longueur ne doit pas excéder 6 mètres pour les sondages dans lesquels on donne aux tiges 0^m040 à 0^m045 de diamètre. Outre ces longues tiges, on doit en avoir une série de plus courtes qu'on remplace les unes par les autres à mesure qu'on perce le trou, ainsi on aura des tiges de 0^m50, 1 mètre, 1^m50 et 2 mètres.

Avant de se servir des tiges, on devra les passer au feu et les dresser parfaitement. Il faut de plus, qu'assemblées entr'elles, elles soient bien en ligne droite ; il convient en conséquence de numéroter les tiges et de les assembler toujours dans le même ordre. Toutes ces précautions sont nécessaires pour assurer la verticalité du trou de sonde.

Il faut éviter que les tiges se courbent lorsqu'on ne les emploie pas ; pour cela, il suffit de les placer aussi verticalement que possible.

Emboîtages. — On emploie diverses espèces d'emboîtages pour assembler les tiges entr'elles ainsi qu'à la tête et aux outils ; ces emboîtages sont de différentes formes ; mais les deux préférables sont l'emboîtage à vis et l'emboîtage à enfourchement.

L'emboîtage à enfourchement doit se composer de deux bouts, le bout mâle et le bout femelle ; le bout femelle se place toujours en haut. Ces bouts sont assemblés entr'eux par deux ou trois boulons à écrou (fig. 11 et 12).

Pour des tiges de 0^{m}025 d'équarrissage, on donne à la fourche 0^{m}034 à 0^{m}035 de largeur sur 0^{m}11 de longueur, et il y a deux boulons.

Pour des tiges de 0^{m}030 à 0^{m}035, en donne à la fourche 0^{m}040 à 0^{m}045 de largeur sur 0^{m}12 à 0^{m}14 de longueur ; on met deux boulons.

Pour des tiges plus fortes de 0^{m}035 à 0^{m}040 d'équarrissage, on donne à la fourche 0^{m}045 à 0^{m}050 de largeur sur 0^{m}22 de longueur, et l'on met trois boulons.

Il convient de numéroter les boulons et les écrous ; il convient même de leur donner une forme particulière, parce qu'il arrive souvent que dans le mouvement de va et vient de la sonde, les écrous se dévissent. Pour diminuer les chances du dévissage, on donne à la tête du boulon la forme d'une calotte sphérique, et on place sous la tête un contrefort qui entre dans une petite mortaise ; l'écrou doit avoir les arêtes émoussées.

Les chocs continuels de la sonde pouvant occasioner la rupture des boulons, il convient à cause de cela que ces boulons soient en bon fer de première qualité : ils seront de plus taraudés à leur extrémité pour recevoir l'écrou. Ordinairement on alterne le côté de la tête des vis, parce que, dans la manœuvre, deux ouvriers peuvent être occupés à la fois à serrer ou desserrer les écrous.

Un emboîtage de cette sorte coûte de 20 à 25 francs.

L'*emboîtage à vis* se compose d'une vis et d'une douille qui se place au-dessus ; ces vis sont à filets aigus ou carrés ; les premières sont préférables, leur construction est plus facile, et elles coûtent moins cher (fig. 13). Ces vis doivent être en fer corroyé de première qualité.

La rupture dans cet emboîtage tend à se faire à la naissance de la vis, il convient alors que la profondeur de la douille excède la hauteur de la vis, afin de laisser un peu de jeu.

Généralement la force des vis dépend de celle des tiges, on doit leur donner le même diamètre. Pour des tiges ordinaires de 0^m030 à 0^m035 et des outils de 0^m080 d'équarrissage, on donnera 0^m050 de longueur à la vis, avec huit pas de vis. Si la tige a 0^m034, on donnera à la vis 0^m050 de longueur, 0^m034 de diamètre avec une embase de 0^m010 de chaque côté. Un emboîtage de ce genre coûte environ 20 francs.

Le diamètre des emboîtages, soit à enfourchement, soit à vis, doit s'écarter autant que possible de celui des outils, pour éviter les frottemens dans la remonte et la descente de la sonde, et les chances de dégradations sur toute la longueur du trou.

L'emboîtage à enfourchement a plusieurs inconvéniens, comparativement à l'emboîtage à vis : il est plus cher, plus volumineux ; il s'altère et se gauchit plus promptement par l'effet des chocs, et aussi par suite de petits graviers qui s'intercalent entre les vides des enfourchemens : les écrous sont sujets à se dévisser dans le mouvement de la sonde.

Pour l'économie du tems, l'assemblage à vis l'emporte ; il ne faut que quinze secondes pour le dévisser, tandis qu'il faut une minute pour un emboîtage à enfourchement à deux boulons, et une minute et demie lorsqu'il y a trois boulons. Cette considération devient d'autant plus importante, que le trou de sonde s'approfondit davantage.

L'emboîtage à enfourchement a du reste l'avantage de se prêter non seulement au mouvement de percussion, mais encore au mouvement de rotation ; il n'en est pas de même de l'emboîtage à vis. En effet, bien qu'on puisse tourner la sonde dans le sens de la vis, il peut arriver qu'on ne puisse plus avancer, et que pour désengager la sonde, il faille la tourner dans le sens contraire ; on conçoit que, dans ce cas, l'assemblage à vis ne puisse s'employer avantageusement. Mais on peut avoir affaire à des terrains durs dans lesquels il n'y ait pas lieu à se servir du mouvement de rotation, et c'est ce qui arrive dans les recherches de mines, alors l'assemblage à vis est préférable. Quelquefois, dans les recherches de mines, on rencontre des terrains argileux : on peut encore, dans ce cas, employer l'emboîtage à vis ; car, comme la vis a huit pas, si la sonde s'engageait, on pourrait, pour la désengager, lui imprimer un mouvement de rotation en sens contraire pendant quatre ou cinq tours, sans risque de la dévisser, et l'on répéterait cette manœuvre jusqu'à ce qu'on pût soulever la sonde. D'ailleurs, on pourrait encore se servir d'une contre-vis qui pénétrerait horizontalement la douille et la vis (fig. 14).

Outils. — Dans les divers sondages exécutés jusqu'à présent, on a employé un grand nombre d'outils qui peuvent se réduire à quelques-uns.

Ainsi, pour la plupart des terrains, il suffit d'employer le *ciseau* pour attaquer la roche, et le *cylindre à soupape* pour en enlever les débris ; si l'on rencontrait une couche d'argile, on se servirait d'une *tarière*.

Habituellement on a à percer des terrains durs, et dont les débris ne forment point pâte : si les boues étaient trop pâteuses pour entrer dans le cylindre à soupape, la tarière pourrait servir à les enlever, le cylindre à soupape achèverait le reste. Souvent ces deux instrumens sont réunis en un seul dans la *tarière à soupape.*

Si l'une des tiges venait à se casser, on aurait recours pour l'extraire au *tire-bourre* ou à la *cloche à écrou.*

Enfin, l'on se sert de l'*alésoir* pour élargir ou arrondir le trou de sonde.

Le *ciseau* est l'outil essentiellement destiné à traverser les roches dures ; il est terminé en pointe ou par une surface plus ou moins arrondie ; la forme arrondie est la plus convenable.

Le ciseau doit être fortement aciéré sur la moitié de sa longueur : il faut prendre, pour cela, de l'acier bien corroyé et trempé au rouge naissant (fig. 15).

Pour des trous de sonde de 0^m06 à 0^m10 de diamètre, on donne au ciseau 0^m28 à 0^m35 de longueur, et l'épaisseur au centre varie de 0^m015 à 0^m025, celle sur les bords de 0^m008

o™o10. La largeur du ciseau est d'ailleurs un peu plus grande en bas qu'en haut ; cette largeur doit dépasser d'au moins o™oo5 la largeur de l'outil destiné à curer le trou. Un ciseau revient à environ 20 francs.

Il faut en avoir un certain nombre de rechange, pour les réparer à mesure qu'ils sont émoussés. Un ciseau peut marcher deux heures dans le grès houiller moyennement dur, et douze heures dans les schistes du même terrain.

Le *cylindre à soupape* est un cylindre creux formé d'une feuille de tôle d'environ o™oo1 d'épaisseur, et brâsé sur sa longueur. Le diamètre est un peu inférieur à celui du trou, et sa longueur est de 1™5o à 2™. La partie inférieure du cylindre est terminée par une soupape à clapet ; la partie supérieure se trouve liée à une fourchette rivée au cylindre et terminée par un anneau (fig. 16).

Pour manœuvrer cet instrument, on l'attache à un grelin, on le descend au fond du trou, et on le fait danser deux ou trois fois de manière à ce qu'il se remplisse de boue liquide, puis on le remonte. L'emploi de cet instrument est simple et commode, à cause de la facilité qu'on a à le manœuvrer au moyen d'une corde.

Un cylindre à soupape de o™5o de longueur et de o™o6o de diamètre, revient à environ 4o francs.

La *tarière* (fig. 17) est un instrument indispensable qui sert dans tous les terrains. Elle se compose de trois parties, le *corps*, la *mèche* et le *mentonnet*.

La mèche doit avoir une saillie de o™o15 à o™o3o au-dessous du mentonnet ; elle est en contact immédiat avec le terrain.

Le corps est plus ou moins ouvert suivant que les débris qu'on a à enlever présentent plus ou moins de consistance.

Le diamètre de la tarière doit être un peu moindre que celui du trou ; habituellement l'ouverture du corps est de o™o3 à o™o4 en haut, et de o™o5 à o™o6 en bas ; un des côtés du corps doit être reculé de l'autre de o™oo7 à o™oo8. La longueur ordinaire est de o™5o, elle va même jusqu'à 1 mètre dans les terrains argileux où elle peut pénétrer aisément, et dont les débris sont assez visqueux pour que la tarière puisse en retirer en grande quantité à la fois. Il y a avantage à faire les tarières les plus longues possible, toutes les fois que l'on traverse des terrains dont la poussière forme une pâte assez compacte avec l'eau. L'effet utile de la tarière est presque nul dans les roches dont les débris se délitent facilement.

Pour fabriquer cet instrument, on prend un morceau de fer plat, en forme de trapèze, d'environ 0^m013 d'épaisseur (fig. 18); un des côtés et l'extrémité inférieure sont aciérés, on amincit les bords, puis on découpe l'extrémité inférieure de manière à ce que relevée, elle forme la mèche et le mentonnet; la feuille ainsi préparée, il s'agit de la cintrer, ce qui se fait à chaud, et au moyen de tas en fonte de différens diamètres. La mèche et le mentonnet se courbent aisément, mais il faut faire attention de les placer de manière que l'instrument morde dans le sens du mouvement de rotation. La tarière, après avoir été passée au feu, doit encore conserver 0^m010 à 0^m012 d'épaisseur au dos, elle doit être bien cintrée avec la tige, et c'est pour cela qu'on lui donne une forme un peu bombée au dos. L'outil étant forgé, on en lime les bords, on le trempe au rouge naissant, et on le recuit à la chaleur gorge de pigeon.

Une tarière de ce genre de 0^m068 à 0^m081 de diamètre, coûte, à Paris, environ 35 francs; mais en l'exécutant soi-même, on peut l'avoir à meilleur marché. Il faut pour une tarière, 9 kilogrammes de fer, et 1 kilogramme d'acier.

Il est possible qu'on ait à forer des terrains tels que les détritus soient de deux espèces, des boues pâteuses et des schlames, alors on emploie la tarière et le cylindre à soupape. Au lieu de séparer ces deux instrumens, on les réunit en un seul, la tarière à soupape.

La *tarière à soupape* est un cylindre à soupape terminé par une tarière. Sur 1^m50, le cylindre occupera 1^m25, et la tarière 0^m25. Cet instrument ne peut plus se manier comme le cylindre à soupape, il faut un emboîtage pour le lier à la ligne de tiges.

La tarière s'emploie dans les terrains où l'on rencontre des argiles. Lorsqu'on a à traverser des sables, il arrive souvent que ces sables sont agglutinés entr'eux, de telle sorte qu'il faut les désagréger avant de faire agir sur eux le cylindre à soupape. On se sert alors du *trépan rubané.*

Le *trépan rubané* (fig. 19), agit seulement par un mouve-ment de rotation lent et progressif. Il se forme comme la ta-

·ère ; les bords sont tranchans et aciérés ainsi que la pointe ;
ι trempe doit être douce comme celle des tarières ; on lui
ɔnne aussi un recuit gorge de pigeon.

La longueur totale de cet outil est à peu près de o^m5o, l'in-
rvalle entre chaque spire o^mιo ; l'épaisseur au centre o^mι5.
·es spires doivent toutes être dans un même plan tangent.
n trépan rubané coûte environ 40 francs.

La *cloche à écrou* (fig. 20), est destinée à retirer les mor-
:aux de sonde qui pourraient rester dans le trou par suite
: la rupture des tiges. Elle est formée d'une douille qui pré-
nte intérieurement des filets en acier bien tranchant.

Pour s'en servir on a soin de l'enduire de graisse à l'inté-
:ur ; on l'adapte à la ligne des tiges, et on tâche de la faire
river sur l'extrémité des tiges restées dans le trou de sonde,
ι cherche en même tems à faire pénétrer cette tige dans l'in-
rieur de la cloche, et à l'y enfoncer le plus possible ; puis on
ιprime à l'instrument un mouvement de rotation, de ma-
ère à ce que les filets de la douille puissent mordre la tige, et
ɔn parvient ainsi à retirer cette tige du trou de sonde.

Pour des outils de o^mo67 de diamètre, une cloche à écrou
·vient à 36 francs.

Le *tire-bourre* (fig. 21) est formé par une et même deux
élices jointes ensemble, mais dont les spires tournent en sens
ɔntraire ; les coudes de ces hélices doivent être aciérés.

Cet outil est employé pour retirer les petits cailloux qui
ncombrent le trou de sonde, et qui présentent une grande du-
eté ; il peut aussi quelquefois remplacer la cloche à écrou, et
·ervir à retirer les tiges brisées.

L'*alésoir* sert à élargir le trou de sonde. Comme les ciseaux
·usent plus rapidement sur les côtés qu'au centre, il en résulte
ιe bientôt ils ne sont plus de calibre avec le trou, et que
·elui-ci diminue de largeur. C'est pour rétablir le diamètre du
·rou qu'on emploie l'alésoir.

On a mis en usage différens instrumens comme alésoirs,
ιais presque tous remplissent mal leur objet. La forme préfé-
·able à donner à l'alésoir est celle d'un cylindre terminé par
ιe couronne tranchante ; on pratique une échancrure sur
·haque côté pour donner issue à l'eau du trou.

On emploie quelquefois en Angleterre un instrument parti-
·ulier, pour obtenir quelques fragmens de houille, afin de re-

connaître sa qualité : cet instrument est tout-à-fait analogue à la cloche à écrou, mais seulement les bords doivent en être parfaitement tranchans.

Tels sont les outils importans du sondage ; on en a imaginé encore beaucoup d'autres, mais ils sont inutiles dans presque tous les cas.

AGRÈS ET MANŒUVRE DE LA SONDE.

Pour manœuvrer la sonde on emploie ordinairement :

1° Une *chèvre* ou un mât pour l'introduire dans le trou et pour l'en retirer.

2° Un *levier à secteur* pour la faire danser.

3° Des *manivelles* qui ont deux objets, l'un de faire tourner la sonde sur elle-même pendant qu'elle danse, l'autre de la faire agir par percussion.

Avant d'établir ces agrès et de commencer le sondage, il faut déblayer le terrain ; on arrive par un puits jusqu'au terrain solide. Lors même qu'on trouve le terrain solide, il convient de creuser un petit puits solidement boisé de 3 ou 4 mètres de profondeur sur 1m5o de diamètre.

Le creusement de ce puits permettra :

1° D'enlever ou de placer ensemble un plus grand nombre de tiges sans toucher à leurs emboîtages.

2° De dresser contre les parois du puits et contre la chèvre les tiges de sonde assemblées entr'elles, suivant qu'on en peut assembler une ou plusieurs.

3° De percer le trou de sonde dans une direction bien verticale dès le commencement.

Pour forer ainsi l'orifice du trou bien verticalement, on fixe au fond et dans l'axe du puits un madrier horizontal qu'on a soin d'établir solidement ; il a pour objet de garantir l'orifice du trou contre les chocs qu'il pourrait recevoir. L'intérieur de ce madrier est percé d'une ouverture égale à celle qu'on veut donner au trou de sonde ; cette ouverture est élargie à la partie supérieure du madrier ; on y encastre un tuyau de bois d'un diamètre égal à celui du trou de sonde : il est placé bien verticalement et il a à peu près 2 ou 3 mètres de longueur. Ce tuyau est maintenu dans sa position verticale au moyen de deux grillages ; chacun de ces grillages est composé de quatre traverses. Le cylindre se trouve compris entre ces quatre pièces qui s'appuient sur des cadres : on établit ensuite un plancher à la hauteur du sommet du tuyau, et c'est sur ce plancher que se placent les hommes destinés à commencer le trou ; plus tard, quand on aura fait plusieurs mètres, le trou de sonde pourra guider suffisamment.

La *chèvre* se place au-dessus du puits : elle se compose ordinairement de deux ou quatre piliers réunis par leur sommet où se trouve une poulie. Elle est munie d'un treuil, et c'est sur ce treuil que s'enroule la corde à laquelle est adaptée la sonde par une ligature fixe. Pour éviter le frottement de la corde contre l'instrument, on la fait passer autour d'une petite poulie. Il y a en outre une échelle placée contre l'un des piliers de la chèvre, et qui permet de s'élever jusqu'à la poulie.

Ces chèvres ont ordinairement de 15 à 16 mètres de hauteur ; on tâche de rendre cette hauteur la plus grande possible pour économiser le tems et la main d'œuvre employés à assembler et désassembler les tiges.

La chèvre la plus simple se compose de trois piliers réunis à leur extrémité supérieure au moyen d'un fort boulon. Les deux piliers traversés par le troisième sont nommés piliers jumeaux, et l'autre contre-pilier ou rancher; c'est sur ce dernier qu'est placée l'échelle.

On dispose la poulie de plusieurs manières ; la plus simple consiste à adapter au boulon transversal un étrier, et à y faire passer l'anneau qui porte la chape de la poulie. La poulie a ordinairement de $0^m 30$ à $0^m 50$ de diamètre. Les piliers doivent être solidement fixés à leur base : pour cela, on les établit sur le rocher si le sol est suffisamment consistant, sinon on fixe les deux jumeaux par une semelle ; c'est une pièce horizontale en bois sur laquelle les pieds des montans sont appuyés au moyen de tenons avec renforts. Quant au rancher on peut aussi lui donner une semelle.

Au lieu du système précédent on peut avoir quatre montans dont les pieds sont placés aux quatre angles d'un rectangle ; à chacun des petits côtés du rectangle correspondent deux piliers jumeaux assemblés par des traverses chevillées, et qui pénètrent ces montans. Ces deux systèmes de deux jumeaux s'appuient l'un contre l'autre : ils sont réunis au moyen de deux petites pièces de bois transversales fixées par des boulons ;

c'est sur cette pièce de bois qu'on établit le tourillon de la poulie.

L'échelle se place sûr l'un quelconque des quatre piliers qu'on fixe sur le sol ou sur deux semelles parallèles. Les piliers, ainsi que leurs traverses sont ordinairement en sapin; ils ont moyennement 0^m18 d'équarrissage à leur pied; les semelles sont en chêne et peuvent avoir 0^m12 d'épaisseur. La poulie est en bois d'orme ou de chêne et alors elle est pleine, ou bien elle est en fonte et à rayons.

Une chèvre de ce genre de 5 à 8 mètres de hauteur peut se construire au prix d'environ 150 francs.

Le système de chèvre à quatre montans convient aux chèvres basses, l'autre convient aux chèvres hautes. Dans ces différens cas, le treuil peut être établi ou sur deux jumeaux, ou quelquefois sur le rancher, au moyen de deux plaques de fonte comme dans les grues; mais il est plus simple de l'établir sur les jumeaux. On peut encore isoler le treuil de la chèvre; ainsi avec trois montans on peut avoir des chèvres de 12 mètres de hauteur : si l'on veut en avoir de 16 mètres, les jumeaux, dans ce cas, sont réunis par une tête assemblée au moyen de tenons chevillés; cette tête se lie aussi au rancher. Le treuil est établi sur deux montans droits s'appuyant sur les jumeaux et la semelle. Le prix d'une chèvre de ce genre est de 700 à 800 francs.

Le *levier à secteur* est destiné à produire la danse de la sonde; c'est le moyen le plus simple pour employer la force des hommes. Un levier à secteur se compose d'un levier terminé par un secteur circulaire; il est fixé par des boulons sur un rondin de bois qui est mobile autour de deux tourillons, et placé entre deux poteaux solidement établis au moyen d'une semelle.

Ce système porte une corde qu'on lie à la corde de la poulie par un nœud de marine; mais on peut avoir deux têtes, l'une adaptée à la corde du secteur, l'autre à la corde de la chèvre.

Le bras le plus court du levier se trouve lié au secteur par un tenon boulonné. Le secteur a 0^m55 de longueur, le petit bras a ordinairement $0°80$ et le grand bras 3^m20 à 4 mètres. Il convient de placer à l'extrémité un anneau auquel on attache une courroie fixée à une poutre : cette courroie empêche que le levier ne prenne une position supérieure à celle qu'il doit occuper, et règle le mouvement des ouvriers qui agissent sur le levier, soit directement soit au moyen de tirans.

La hauteur à laquelle on élève la sonde, varie de 0^{m}30 à 0^{m}50. Dans le commencement de l'opération on élève la sonde notablement plus qu'à la fin, parce que le poids étant moindre, il faut élever davantage pour produire le même effet. Moyennement on élève la sonde de 0^{m}38; on bat environ 25 coups par minute avec des sondes ayant à leurs tiges 0^{m}035. Il faut un homme de plus à mesure que le trou s'approfondit d'environ 20 mètres; ainsi à 140 mètres il faudra sept hommes, non compris celui qui fait tourner la sonde.

Pour faciliter le travail des ouvriers et ne pas trop les multiplier, il convient, quand le trou a atteint 100 mètres, de raccourcir le petit bras du levier; cette diminution dans la volée de la sonde est bien compensée par l'augmentation de poids résultant de la longueur.

La *manivelle* (fig. 22) sert habituellement à faire tourner la sonde sur elle de 1/6 de tour pendant qu'on la fait danser; elle sert aussi pour faire agir la sonde par rotation dans les terrains argileux. Dans le premier cas, elle n'a pas besoin d'être très forte et très longue. On lui donne 0^{m}50 de longueur. Il est utile de faire en acier la partie destinée à saisir la tige et de la machurer un peu. C'est l'homme chargé de la manœuvre de la sonde qui soutient la manivelle.

Si la sonde agit comme tarière, il faut une manivelle plus forte et de 1^m à 2^m de longueur; elle peut être faite comme la précédente, ou bien simplement composée d'un morceau de bois rond qu'on introduit dans un anneau appartenant à la tête de la sonde. Quelquefois on emploie deux leviers en bois perpendiculaires l'un à l'autre.

La figure 23 représente une autre manivelle : c'est un manche en bois garni de fer; la tige se place en a, sur elle se ferme la charnière b, qui est maintenue par une chevillette traversant le piton c fixé au manche; une vis de pression d retient la tige et la force à suivre le mouvement de rotation imprimé à la manivelle.

Pour ce qui est du prix d'un appareil de sondage, on peut l'estimer ainsi : en supposant les tiges de 0^{m}035 d'équarrissage, et la sonde pouvant s'enfoncer à 150 mètres.

Tiges et outils.	1100 f.	»
Chèvre, levier à secteur, manivelles , clés.	600	»
Total.	1700	»

La manœuvre de la sonde est simple et facile, tant qu'on n'a pas atteint une certaine profondeur. On arrivera, ainsi que nous l'avons dit, au terrain solide, par un petit puits solidement boisé : c'est alors seulement qu'on commencera à faire agir la sonde. On se servira d'abord du ciseau qu'on fera agir par percussion de manière à écraser le roc et à le réduire en poudre. Lorsqu'on croira avoir produit un effet convenable, on retirera la sonde, on enlevera le ciseau qu'on remplacera par le cylindre à soupape, et on curera le trou.

Cette manœuvre qui se fait assez rapidement dans le principe, devient de plus en plus lente et difficile à mesure que le trou s'approfondit. Dans le terrain houiller, en travaillant vingt-quatre heures par jour, et jusqu'à 80 mètres l'avancement varie de 0m50 à 1m75 ; on peut compter sur un mètre quand le terrain va bien.

L'opération du sondage exige la surveillance la plus continue et la plus minutieuse. Il faut avoir le soin de recueillir avec précaution tous les déblais que l'on retire du trou ; on les séchera ou on les lavera suivant leur nature ; ces déblais seront ensuite numérotés, étiquetés et classés séparément de manière à offrir plus tard l'ensemble des terrains traversés.

On doit avoir pour cela un journal sur lequel on notera le numéro du curage, sa profondeur, l'outil employé, le degré de dureté de la roche, l'épaisseur de la couche.

Ces précautions sont de la plus grande importance, car, sans elles, on risquerait de perdre tout le fruit du sondage.

C'est surtout quand on passe d'une couche à une autre, qu'il faut redoubler de surveillance, s'il est possible, pour faire en sorte de ne point mélanger les déblais des deux couches.

On évitera ce mélange en retirant la sonde assez souvent, et toutes les fois que l'on s'apercevra d'un changement de résistance.

La couleur noire des déblais sera un indice de la houille ; si parmi ces déblais on rencontre quelques parcelles de houille, il faudra curer le trou, vérifier avec soin la profondeur, et recommencer le travail en curant souvent , afin de ne point s'exposer à dépasser la couche de houille et à n'obtenir qu'une connaissance incertaine de sa puissance. Il faut aussi opérer de manière à ramener des morceaux aussi gros que possible , pour mieux juger de la nature et de la qualité de la houille.

Si l'on réfléchit que dans le sondage, il faut à chaque curage soulever la ligne totale des tiges jusqu'à la sortie de l'ou-til , en désassemblant successivement tous les emboîtages ; qu'il faut rassembler les mêmes pièces et les redescendre pour faire agir soit la tarière soit le cylindre à soupape ; si de plus , l'on ajoute le tems perdu à vérifier les emboîtages , on se fera aisément une idée de la longueur et des difficultés que ces di-verses opérations doivent apporter au sondage. On peut esti-mer que les deux tiers au moins de l'argent dépensé dans un sondage sont employés de cette manière. Les sept dixièmes du tems employé , sont uniquement consacrés aux emboîtages , et la manœuvre qui s'exécutait en quelques minutes au commen-cement, exige deux et même trois heures à une profondeur de 100 mètres.

C'est pour remédier à tous ces inconvéniens que M. Hammou a imaginé un appareil ingénieux dont il s'est servi avec succès.

Ce système consiste à se procurer un point d'appui très élevé , et c'est ce qu'on peut obtenir au moyen d'un mât. Ce mât est plus léger qu'un mât de navire , mais installé de la même manière , et il présente à peu de frais une hauteur de 60 à 80 mètres. Avec un mât de 60 mètres , dit M. Hammon, on pourra mettre debout 80 mètres de tiges ; la stabilité des 20 mètres qui dépassent le point d'appui, étant assurée par les 60 mètres inférieurs, pourvu que ces tiges aient une force convenable. Il n'y aurait pas d'emboîtage jusqu'à 80 mètres ; il y en aurait un seul jusqu'à 160 mètres et ainsi de suite.

Cependant cette excessive hauteur paraît désavantageuse ; car il n'est guère possible de former une tige de 80 mètres sans emboîtage et sans qu'elle se gauchisse; aussi, conseillons-nous de ne pas employer de mât ayant plus de 25 à 30 mè-tres ; on pourra ainsi mettre debout 35 mètres de tiges.

Ce système, comme on le voit , supprime presque tous les emboîtages , et ceux-ci sont remplacés par des soudures sur place.

Tous les mouvemens sont produits par un cheval attelé au levier d'un tambour; il est loin d'employer toute sa force.

Cet appareil ne présente aucune difficulté pour la manœuvre qu'il accélère et simplifie considérablement.

L'enlèvement se fait d'une manière rapide, soit au moyen de la corde de suspension, soit au moyen d'une corde ou chaîne sans fin passant dans une poulie; un des côtés de cette chaîne sans fin va toujours de bas en haut, et saisit les tiges par un nœud de marine.

Comme le tambour a un peu plus de 2 mètres de diamètre, cinq tours de manège correspondent à une trentaine de mètres d'élévation des tiges. Les trente mètres se trouvent ainsi sortis de terre en une minute ou une minute un quart; opération qui demande souvent deux et même trois heures avec les moyens ordinaires d'assemblage et de désassemblage des tiges par petites pièces.

La rotation de la sonde s'opère facilement au moyen de l'appareil fig. 24 et 25; b est un tuyau de fonte de 0^m108 à 0^m135 de diamètre, ayant à ses extrémités deux colliers portant une roue à gorge cc et posé verticalement dans la direction du trou de sonde. Le diamètre de cette roue dépend de la vitesse qu'on veut donner à la tarière; on peut y pratiquer deux ou trois gorges à diamètres différens. Cette roue reçoit la corde passant sur une pareille roue à gorge dd de même diamètre que le tambour, dont cependant elle ne fait pas partie. La roue dd est fixée sur l'arbre du manège, elle sert à communiquer son mouvement au tambour m par une cheville qui l'accroche à volonté sur sa circonférence, le tambour étant libre sur son arbre de manière à ne pas partager son mouvement lorsque la cheville est soulevée. Les tiges qui reçoivent une petite clé partagent le mouvement de rotation du tuyau lorsqu'on les laisse accrocher cette clé à une petite saillie réservée sur la roue, et elles ne le partagent pas lorsque cette clé n'y est pas, ou qu'elle est soulevée de quelques centimètres pour lui faire échapper la roue. La rotation du tuyau peut être constante puisqu'elle n'influe nullement sur les tiges qui sont libres dedans, et ne les empêche de recevoir ni le mouvement de percussion, ni celui de soulèvement.

Le même appareil sert à communiquer le mouvement de percussion : il suffit de mettre à volonté une ou plusieurs chevilles verticales *hh* vers la circonférence de la poulie *dd*. Ces chevilles agissent successivement sur un levier *f*, le font tourner sur son centre et entraîner avec lui la corde *g* qui saisit à chaque mouvement voulu les tiges par une clé que porte la corde à son extrémité. L'axe de rotation du levier peut être placé à volonté dans l'un des trous qu'il porte à l'une de ses extrémités, en sorte que l'autre extrémité peut s'avancer plus ou moins vers le centre de l'arbre, sans qu'il soit nécessaire de changer la position de la corde *g* attachée au levier par un anneau ; le levier peut ainsi échapper plutôt ou plus tard à la cheville, et l'on conçoit qu'il est ainsi facile d'obtenir la hauteur voulue pour élever les tiges à chaque coup de sonde. Le nombre de chevilles mis sur la poulie règle le nombre de coups par révolution du cheval autour du manège.

Cet appareil est fort simple puisqu'il ne se compose que d'un mât, d'un arbre portant une poulie et un tambour et de quelques cordes ; il produit d'une manière prompte et facile tous les mouvemens qu'on n'obtient que si lentement, et avec tant de difficultés par le procédé ordinaire.

Il satisfait aussi à toutes les conditions d'économie : économie dans les frais d'établissement, économie de tems et d'argent dans la manœuvre. Il peut être construit en une vingtaine de jours, et il est en outre facile et peu long de le démonter et de le remonter ailleurs s'il y a besoin, opération qui exige beaucoup de tems lorsqu'on se sert de chèvre.

En supprimant presque tous les emboîtages, on évite les pertes de tems et les dépenses occasionées par l'entretien de ces emboîtages, et la réparation des accidens auxquels ils donnent lieu. La manœuvre, comme on le voit, se fait d'une manière plus expéditive et plus régulière, et par conséquent plus économique. Il suffit d'un homme et d'un cheval pour l'exécution du sondage.

Toutes ces considérations doivent à juste titre faire préférer aux chèvres l'appareil de M. Hammon, aussi en conseillons-nous l'emploi même dans les petits sondages : cependant nous pensons qu'il convient de ne pas se servir de mâture ayant plus de 25 à 30 mètres d'élévation ; une hauteur plus grande étant désavantageuse à cause des accidens auxquels elle peut donner lieu.

SONDAGE CHINOIS.

Ce sondage, connu depuis long-tems en Chine où l'on sonde aisément, dit-on, jusqu'à une profondeur de mille mètres, est encore nouveau en Europe ; il n'a été employé qu'à Sarrebruck (Prusse) et à Roche-la-Molière près St.-Etienne (France).

Dans ce genre de sondage, la ligne de tiges est remplacée par une corde de 0^m034 de diamètre et pesant deux kilogrammes par mètre courant. L'outil est suspendu à cette corde par une tête ; cette tête, qui est liée immédiatement à l'outil, est destinée à lui donner plus de poids, et à le guider dans une direction bien verticale. Elle est en fonte ou en fer forgé, ce qui présente plus de solidité.

La tête se compose d'une tige (fig. 27) portant à ses extrémités deux renflemens ou bourrelets cylindriques de même diamètre que le trou de sonde, et munies de cannelures pour le passage des boues. La tige a 0^m075 d'équarrissage ; elle est terminée à la partie supérieure par un anneau qui sert à la suspendre à la corde, à la partie inférieure, par un écrou destiné à recevoir l'outil. Pour empêcher que l'outil ne se dévisse on peut se servir de tiges à mortaise (fig. 28 et 29) ; on adapte aux ciseaux des tenons percés d'un trou pour recevoir une clavette qui elle-même est retenue par une contre-clavette placée dans l'une des cannelures du bourrelet. On peut donner à la tête 1^m75 de longueur, et un poids d'environ 100 kilogrammes pour des trous de 0^m135 à 0^m162 de diamètre ; ce diamètre peut même aller jusqu'à 0^m486. La hauteur du bourrelet supérieur est de 0^m11, et celle du bourrelet inférieur de 0^m16.

Comme il arrive que des graviers se placent dans les cannelures des bourrelets, on évite cet inconvénient en entourant le bourrelet d'un cercle en fer forgé de 0^m01 d'épaisseur, et de même diamètre que le trou de sonde. La fig. 29 représente une section de ce bourrelet.

La corde doit être goudronnée, et il faut avoir la précaution de l'entourer de bandes de cuir ou de filasse sur tous les points qui pourraient être exposés à un frottement un peu fort.

Les outils employés dans le sondage chinois sont le *ciseau*, le *cylindre à soupape* et l'*alésoir*.

Le *ciseau* pèse vingt à vingt-un kilógrammes avec le tenon; il a o^m 42 de longueur (fig. 30 et 31).

Le *cylindre à soupape* a 1^m 65 de longueur et pèse environ 42 kilógrammes.

L'*alésoir* est une masse de fer aciérée cylindrique à la partie supérieure, et octogone à la partie inférieure. Le rayon du cercle circonscrit à cet octogone est égal au rayon du trou de sonde; huit cannelures sont pratiquées sur les faces de cet octogone pour laisser passage à l'eau et aux boues. Cet instrument est terminé par une face plane; il a o^m 35 de longueur et pèse 26 kilogrammes. On voit par sa construction qu'il sert à arrondir le trou sans en attaquer le fond (fig. 33).

On peut employer une petite chèvre à quatre montants, mais comme cette petite chèvre sera placée près des bords du puits, il convient alors de fixer des semelles pour ne pas entamer les bords du puits. Si le sondage doit être profond, on remplacera le tour de la chèvre par un petit treuil vertical placé à quelque distance.

La sonde se manœuvre comme dans le sondage ordinaire, au moyen du levier à secteur et de la manivelle, fig. 26.

Le levier à secteur sert à faire danser la sonde; seulement comme il importe que la corde soit toujours parfaitement tendue, on emploie pour parvenir à ce résultat une disposition particulière : on fixe au levier un anneau auquel est liée une courroie, cette courroie va joindre l'extrémité d'une perche élastique de quatre mètres de longueur, qui tient la corde constamment tendue. La corde du levier est liée à la corde de la sonde par un nœud de marine.

Pour faire tourner la sonde on agit sur elle au moyen d'une manivelle qui présente un trou rond, mais on doit couvrir la corde dans l'endroit où elle est pincée, d'un manchon de cuir et de filasse. Le mouvement de torsion imprimé à la corde se communique à l'outil lui-même. L'ouvrier chargé de la manœuvre tourne la corde d'un demi-tour au moment où l'outil frappe le fond du trou ; lorsque l'outil est soulevé, la corde en se détournant lui communique un léger mouvement de rotation, mouvement que le sondeur favorise en tournant la corde en sens contraire lorsque l'outil est librement suspendu.

On commence le sondage, comme dans le système ordinaire, par le creusement d'un petit puits, mais il faut conserver le tuyau pendant tout le sondage : l'homme chargé de la manœuvre se place sur un plancher au sommet du puits.

Il peut se faire que l'on rencontre dans un sondage des couches très fendillées, et il en résulte qu'il tombe à chaque instant de petits morceaux de roches qui arrêtent le travail. Pour éviter cet inconvénient on cherche à tuber le trou ; on se sert pour cela de tuyaux en tôle qui s'assemblent les uns aux autres : on prend des feuilles de tôle très longues et on les place sur leur longueur de manière à former des cylindres, puis on les assemble bout à bout sur place par des clous rivés à mesure que le trou avance et que le sondage présente des difficultés. Si l'on avait un trou d'un petit diamètre, on pourrait employer des tuyaux de fer blanc. Cette méthode, comme on le voit, est applicable aux deux genres de sondage.

Le trou foré à Sarrebruck avait $0^m 121$ de diamètre et 55 mètres de profondeur ; l'avancement moyen a été de $0^m 42$ par jour, et le mètre courant est revenu à onze francs vingt huit centimes.

Comparons ce résultat à ceux obtenus par le sondage avec des tiges.

1° $3^m 20$ d'un poudding contenant beaucoup de quarz et de fragmens de roches primitives, ont été forés en soixante-dix heures de travail à une profondeur de 15 mètres ; (terrain houiller des environs d'Autun) ; en supposant la journée de dix heures, l'avancement a été par jour de $0^m 457$.

2° $3^m 20$ de grès houiller très dur des environs d'Autun ont été forés en trente-sept heures à une profondeur de 15 mètres, et l'avancement a été de $0^m 865$ par jour.

3° $3^m 20$ de schiste noir du terrain houiller des environs d'Autun ont été forés en dix-huit heures à une profondeur de 15 mètres, et l'avancement a été de $0^m 778$ par jour.

Deux trous forés par M. Fantet dans le même terrain houiller, ont coûté l'un seize francs trente-six centimes le mètre courant, l'autre dix-neuf francs trente-quatre centimes. Le premier avait 100 mètres de profondeur, le second 124 mètres.

On voit donc que le sondage chinois présente une grande économie.

Le trou foré à Roche-la-Molière avait $0^m 145$ de diamètre et 45 mètres de profondeur. Le puits dont on s'est servi avait

2^m 60 de diamètre et 2^m 50 de profondeur. Le mètre courant du trou a coûté seize francs quatre-vingt-sept centimes. On a employé trois ouvriers, un maître sondeur et deux manœuvres au levier. Le maître sondeur recevait 2 fr. 75 c. par jour, et les deux manœuvres 1 fr. 75 c. chaque ; les frais de main-d'œuvre étaient donc de 12 fr. 50 c. par vingt-quatre heures.

Frais détaillés de l'appareil construit pour le sondage à la corde aux mines de Roche-la-Molière.

15^m 59 de bois employés aux 4 piliers des engins.	7 fr.	20 c.
14^m 62 chevrons pour barres ou traverses....	4	50
1^m 46 bois pour le tour..................	1	80
1 poulie bois de chêne..................	2	
5^m 52 bois pour soles et poteaux du chevalet..	5	10
3^m 25 chevrons pour liens du chevalet......	1	
3^m 25 bois grande sole qui traverse le puits pour porter le chevalet..................	5	
3^m 25 bois pour leviers..................	1	50
Secteur du levier en bois de chêne..........	2	
4^m bois pour la perche élastique...........	1	80
2^m plateau pour le plancher..............	10	
7 50 grammes cuir pour courroies..........	2	10
2^m tuyaux en bois....................	6	
9^m 10 bois pour moises	3	50
56 kil. fer pour ferrure de tout l'appareil.....	56	
10 journées de charpentier...............	30	
	139 f.	50 c.

140 kil. de corde.....................	200	20
Alésoir fait à Roche pesant 26 kil...........	39	
Cylindre à soupape pesant 42 kil...........	52	50
2 ciseaux pesant ensemble 42 kil...........	63	
94 kil. de tiges en fonte.................	37	60
12 kil. de cercles en fer pour agrandir le trou.	12	
6 kil. 37 anneaux et chape...............	9	55
	413	85

En comparant les prix détaillés ci-dessus avec ceux du sondage ordinaire, et résumant tout ce qui a été dit sur les deux méthodes, on verra que le sondage avec des tiges doit être employé pour des trous de sonde de 20^m à 30^m de profondeur, et que le sondage chinois est préférable pour des trous plus profonds que trente mètres.

Le sondage chinois ne convient qu'aux terrains où l'on ne doit pas employer la tarière. Dans ce sondage on ne peut pas donner moins de 0^m108 de diamètre au trou ; de plus le poids de la sonde est moins grand dès qu'on a dépassé une petite profondeur, par suite la force de percussion est moins grande; elle est encore diminuée par le frottement des bourrelets contre les parois du trou, et par la résistance des bourbes qui pénètrent dans les cannelures. On peut éviter en partie cette résistance en augmentant l'étendue des cannelures.

Supposons qu'on ait à forer un trou de 0^m108 de diamètre ; le diamètre des bourrelets sera par conséquent 0^m108, et on donnera aux anneaux une épaisseur de 0^m006. Si cependant le sol était très consistant, on pourrait supprimer cet anneau ; on donnerait à la tête, non compris l'anneau, 2^m50; la partie comprise entre les bourrelets aurait 1^m72, l'équarrissage de la tige 0^m50 ; la longueur du bourrelet inférieur 0^m080, du bourrelet supérieur 0^m060. Les surfaces de chaque cannelure sont formées par des arcs de cercle de 0^m048 de rayon. Une telle sonde pèserait 110 kilogrammes.

Dans le sondage chinois, la plus grande partie du tems est employée à la percussion, mais il est compensé par le tems employé à assembler et désassembler les tiges dans le sondage ordinaire. Cet avantage va toujours en croissant à mesure que le travail avance. L'économie des frais du sondage chinois, comparés à ceux de l'autre procédé, augmente aussi en raison de la profondeur du trou. Le sondage chinois a en outre l'avantage de n'exiger que quelques ouvriers, ce qui diminue par conséquent les frais de main-d'œuvre. Comme on n'a pas de description des outils employés en Chine, on a été obligé d'imaginer ceux que nous avons indiqués.

Dans les terrains non parfaitement connus ou de consistance difficile, le sondage à la corde ne peut pas s'employer, parce qu'il offre moins de ressources que l'autre procédé pour surmonter les obstacles qui peuvent se présenter. Mais les tiges sont sujettes à de nombreux inconvéniens ; le plus grand est celui qui est occasioné par leur poids lorsque le trou a atteint une certaine profondeur. Ce poids joint à l'effet des chocs, produit de violentes oscillations qui font battre la tige contre les parois du trou, qui sont attaquées par ces secousses; de là il résulte la chute de fragmens de roches, souvent la rupture des tiges, et quelquefois aussi l'abandon du trou de sonde. Cet inconvénient n'existerait plus si l'on pouvait supprimer la réaction du choc de l'outil dans le système des tiges, et la connexion des tiges avec lui après le choc. Tel est le problème que s'était proposé M. Oeynhausen, et qu'il a résolu avec succès au moyen d'une disposition aussi simple qu'ingénieuse (fig. 43 à 48).

Elle se compose d'une pièce *a b* qui divise la ligne totale des tiges en deux portions; la portion supérieure A s'alonge à mesure que le trou s'approfondit, la portion inférieure B n'a que la longueur nécessaire pour que l'outil produise un choc suffisant sur le fond du trou. Les assemblages se font à la manière ordinaire, la portion de tiges qui doit rester suspendue est liée par la vis *a*, tandis que l'outil est fixé invariablement par un écrou à la partie B. L'appareil est percé d'un trou carré *c*, dans lequel peut jouer librement, dans le sens vertical seulement, la tige carrée *d e*. La hauteur de la cavité *f g*, qui doit être moindre que celle à laquelle on élève la sonde pour la percussion, règle l'étendue du mouvement de la tige. Voyons maintenant ce qui se passe dans la manœuvre.

La ligne de tiges étant soulevée, la portion B se trouve suspendue en *g* par la pièce *d*; mais lorsque la sonde retombe, cette pièce se soulève dès que l'outil a touché le fond du trou; la portion A descend d'une quantité moindre que *d f*, elle se trouve ainsi suspendue, et la réaction produite par le choc de l'outil n'a aucune influence sur elle. Cette réaction agit seulement sur la partie inférieure, mais comme la portion B n'a jamais qu'une faible longueur, il s'en suit que la réaction n'a pas assez de force pour briser ou même courber sensiblement la portion B. Cette disposition se prête aussi à la rotation, et il est évident que la pièce *de* obéira à tout mouvement de rotation imprimé à la pièce *ag*.

En alongeant la portion B on pourra augmenter à volonté la puissance du choc de l'outil. On conçoit que la ligne supérieure des tiges n'étant plus soumise à l'action destructive des chocs, on peut en diminuer l'épaisseur, et par conséquent le poids d'une manière considérable. C'est un des plus grands avantages de cette disposition.

M. Oeynhausen a employé avec succès son système dans un sondage exécuté à Neusalzwerk (Prusse). La tige supérieure avait 93 mètres de longueur et 0^{m}026 d'équarrissage, la tige inférieure, 170 mètres de longueur et 0^{m}052 d'équarrissage. Or un mètre courant de tiges de 0^{m}052 d'équarrissage pèse, y compris le poids des écrous, 23 kil. 39, tandis qu'un mètre courant de tige de 0^{m}026 d'équarrissage, ne pèse que 5 kil. 80: la différence par mètre est donc de 17 kil. 59. Dans ce sondage, la diminution fut dès le principe de 1760 kilogrammes. On arriva plus tard à ce résultat qu'on pouvait encore diminuer la tige inférieure, sans rien enlever à l'outil de la force de son action. A 310 mètres la tige inférieure était réduite à 96 mètres; à 403 mètres, la longueur de cette tige était de 37 à 47 mèt., tandis que celle de la tige supérieure était de 356 mèt. Le poids total des tiges n'était que de 3405 kilogrammes ; et dans le système ordinaire, il eût été de 10144 kilogrammes; de cette manière on obtint donc ainsi une différence de 6739 kilogrammes.

Deux autres trous de sonde ont été forés par la même méthode, et avec un égal succès.

Indépendamment du sondage au jour, il arrive souvent que l'on fait des sondages dans l'intérieur des mines ; ainsi après avoir exploité une couche, on peut chercher une autre couche dont l'existence n'est pas connue : dans ce cas, on se sert du puits, ce qui présente un grand avantage.

Le sondage sert aussi dans les mines, soit pour reconnaître par mesure de sûreté, les amas d'eau et de gaz qui peuvent exister dans d'anciens travaux, derrière les chantiers d'abattage, et cela arrive fréquemment dans les mines de houille, soit pour donner issue aux eaux, soit pour faire arriver dans l'intérieur de la mine des eaux qui gêneraient dans certaines galeries, soit enfin comme trou d'airage.

Le creusement des trous d'airage partant de la surface du sol s'exécute comme les trous de recherche; dans ce cas le sondage à la corde présente de grands avantages. C'est surtout dans les mines de houille que l'on emploie la sonde destinée aux reconnaissances, et toutes les fois qu'on peut soupçonner l'existence d'anciens travaux, il convient de procéder par un sondage; ces précautions sont peu nécessaires quand la mine a atteint une certaine profondeur, mais on doit toujours les observer dans le voisinage des affleuremens, surtout lorsqu'il y a des suintemens d'eau.

Le sondage s'exécute dans la couche elle-même et devant soi; il faut encore sonder parallèlement à la galerie et obliquement; lorsque la galerie embrasse toute la couche, ces trois trous suffisent.

Mais si la galerie n'embrasse pas toute la couche, et dans ce cas on fait des galeries à la partie inférieure, alors on sonde dans le plan de la galerie, on sonde aussi dans le plan de la partie supérieure. Quelquefois on peut boucher le trou de sonde.

Cette sonde de reconnaissance est plus petite que la sonde de recherche : elle a de 0^m040 à 0^m055 de diamètre; elle s'assemble avec des vis qui ont 0^m025 à 0^m030 de longueur, et dix pas de vis. Le diamètre des emboîtages est de 0^m030.

Les outils que l'on emploie sont le ciseau et une espèce de tarière qui sert de curette. La sonde se manœuvre directement par deux hommes. En général on fait de cette manière, 0^m30 à 0,35 par heure. Chaque matin on sonde ainsi sur une longueur au moins égale au travail de la journée.

Il convient, lorsqu'on fait ces sondages, d'être prêt à boucher immédiatement le trou, dans le cas où l'on tomberait sur une masse d'eau ou de gaz. Quand la pression de l'eau n'est pas considérable, on peut fermer le trou avec des bouchons en bois sec, de 0^m15 de longueur, qu'on enfonce avec la tête de la sonde. Si le bouchon était repoussé par la violence de l'eau, on introduirait un bouchon creux, présentant une ouverture conique, et on y chasserait un bouchon plein, qu'on enfoncerait jusqu'à refus. On peut d'ailleurs arcbouter les bouchons au moyen de fortes traverses.

Il arrive quelquefois qu'au lieu de rencontrer une masse d'eau l'on tombe sur des dépôts de gaz méphytique ou d'hydrogène carboné, il est très important, dans ce cas, de fermer complètement le trou : en opérant promptement le tamponnage, on parvient assez facilement à ce résultat, tandis qu'au bout de quelque tems, la chose devient presque impossible.

Enfin, le sondage destiné à l'écoulement des eaux se fait à la manière ordinaire; on peut opérer à la main si le sondage est peu considérable.

Nous avons énuméré tous les obstacles, toutes les difficultés qui se présentaient dans un sondage, toutes les précautions, toute la surveillance qu'il exigeait : cette surveillance continuelle dont on ne doit pas s'écarter un seul instant, est un des grands inconvéniens du sondage, et une des nombreuses causes de retard auxquelles il est sujet. Un sondage, ainsi qu'on l'a vu, ne donne sur les couches traversées que des notions peu certaines; il n'indique qu'imparfaitement la nature du minerai, puisque celui-ci arrive au jour en poussière, et souvent en bouillie; il ne détermine pas non plus la puissance de la couche, la consistance plus ou moins grande de ses parois, il n'indique que le maximum d'épaisseur de la couche. En outre, il arrive quelquefois que des morceaux de houille sont jetés dans le trou, soit par malveillance, soit par les ouvriers qui espèrent ainsi engager à continuer les recherches. Le sondage ne détermine pas non plus la direction et l'inclinaison de la couche, à moins de se servir de l'instrument de M. Evrard, ou de répéter trois fois le même sondage, et dans ce dernier cas, le foncement d'un puits ne serait pas plus dispendieux.

D'après cela il est facile de voir qu'un puits est généralement préférable à un sondage, qui ne fournit que des indices douteux sur la nature de la substance cherchée; il n'y aurait que des raisons d'économie qui pourraient décider à faire l'un plutôt que l'autre; encore ces raisons n'existeraient-elles pas si l'on était obligé de faire trois sondages.

Un sondage coûte, il est vrai, moins cher qu'un puits, mais il devient inutile si l'on trouve la houille, tandis que le puits sert à l'exploitation. Ainsi il se présente deux cas : si l'on ne rencontre rien, le sondage et le puits deviennent inutiles, mais le puits est plus dispendieux; si au contraire l'on trouve la houille, les frais de sondage sont perdus, et le puits devient utile. Le choix doit donc être guidé par la probabilité de trouver la houille, mais il ne suffirait pas d'examiner la question sous le rapport de la probabilité, il faut encore avoir égard aux considérations précédentes.

Il peut se faire que dans l'endroit où l'on sonde, l'on tombe sur un étranglement ou un rejet, et qu'ainsi l'on ne rencontre rien, tandis qu'on pourrait observer sur les parois du puits, la trace de la couche. Un puits permettra de suivre d'une manière certaine les progrès des travaux de recherche, de s'assurer si c'est une couche ou un amas que l'on aura traversé, de reconnaître si le terrain est régulier, la nature du mur et du toit de la couche, et de vérifier à chaque instant avec facilité tous les points du terrain traversé, chose qui ne pourra se faire dans le sondage, sans le vérificateur de M. Baillet. Enfin pour dernière considération, le percement d'un puits se fait d'une manière plus régulière, et est sujet à moins de retards qu'un trou de sonde.

RECHERCHE PAR TRANCHÉES.

Lorsque les recherches géologiques auront fait découvrir dans un terrain quelques affleuremens, il conviendra, avant d'établir aucun ouvrage d'exploitation, de procéder par tranchées. Les tranchées sont des fossés pratiqués à la surface du sol, de manière à mettre à nu un affleurement caché par les terrains meubles : on a ainsi l'avantage de constater l'existence de la couche, de reconnaître son allure, et d'ouvrir une galerie dans le gîte même, ou au moins de déduire des indications fournies par l'affleurement, la position qu'il convient de donner au puits d'extraction, et de prévoir quelle devra être à peu près sa profondeur.

Les tranchées s'exécutent surtout quand la stratification du terrain présente une assez grande inclinaison, et dans les endroits où la pente du sol est la plus forte, parce que pour une longueur donnée d'une tranchée, on peut rencontrer un plus grand nombre d'assises du terrain, et que rien n'indique la position de la tranchée.

On choisit les endroits où le terrain meuble a le moins de profondeur : ces tranchées se font aussi souvent même dans des terrains à stratification peu inclinée.

Lorsqu'on connaît quelques affleuremens dans la contrée, et qu'on veut en trouver de nouveaux sur un autre point, après avoir atteint le rocher et examiné les strates, on dirige la tranchée perpendiculairement à la direction des couches du terrain.

Quelquefois les mines voisines peuvent indiquer la nature du mur et du toit, alors si dès le commencement on rencontre le mur, on se dirigera dans le sens où se trouve le toit. Mais, dans la plupart des terrains, le mur et le toit sont assez difficiles à distinguer l'un de l'autre et surtout à la surface du sol, parce qu'ils sont altérés : de sorte qu'en général, on est obligé de prolonger la tranchée des deux côtés du point où l'on s'est placé.

Quand la tranchée se fait sur la pente d'une montagne, pour ne pas être gêné par les eaux et travailler plus commodément, on se place de manière à faire la tranchée en montant. Ces tranchées ont une largeur de om 5o à la base, les parois vont en s'élargissant ; la profondeur est de 2 mètres à 2m 5o. On a soin de mettre d'un côté les déblais, de l'autre la terre végétale. Ces fossés se boisent au moyen de quelques planches placées de distance en distance.

Quand une tranchée n'a pas découvert les affleuremens cherchés, on la recoupe par une autre faisant un angle avec la première. En pays de plaine les tranchées consisteront en deux fossés se croisant sous un certain angle.

RECHERCHE PAR TRAVAUX SOUTERRAINS.

Lorsque le voisinage d'exploitations bien connues ou la présence de quelques affleuremens aura donné une assez grande probabilité au succès des travaux de recherche, il conviendra de faire des travaux souterrains. Ces travaux fournissent des indications plus sûres que le sondage, et peuvent être utilisés pour l'exploitation.

Les travaux qui ont pour objet ces recherches sont principalement des puits et des galeries. On pourra ainsi reconnaître plusieurs couches avec un puits si elles sont à peu près horizontales, avec une galerie si elles sont très inclinées.

Le choix à faire entre un puits et une galerie, qu'il faut quelquefois combiner ensemble, dépend des circonstances et des localités. On devra avoir égard aux considérations suivantes:

Un puits procure des renseignemens moins étendus qu'une galerie ; il est aussi plus coûteux qu'une galerie, mais on peut le creuser partout, en pays de plaine comme en pays de montagne : il n'en est pas de même d'une galerie.

Les puits creusés de distance en distance font reconnaître un plus grand nombre de points qu'une galerie.

Une galerie est préférable à un puits pour des travaux de recherche, lorsqu'on peut la percer sur le flanc d'une montagne qui présente l'affleurement d'une couche, lorsque les eaux abondent dans le gîte à exploiter, et lorsque surtout on peut placer l'orifice de la galerie à un niveau tel qu'elle fasse pendant long-tems l'office de galerie d'écoulement et de galerie d'extraction.

Il convient, dans un pays de plaine, de combiner les recherches par puits partant du jour avec les recherches par portions de galeries partant du fond du puits, mais non poussées jusqu'au jour. On pourra pour cela creuser des puits de 100 mètres en 100 mètres; à partir du fond du puits on chassera à droite et à gauche deux galeries de trente mètres de longueur. Ces galeries seront percées transversalement à la direction des couches, afin d'en reconnaître le plus grand nombre possible.

Au contraire, dans un pays de montagne, on devra commencer les recherches par une galerie partant du jour, et l'on pourra la mettre en communication avec des puits également partant du jour; cette galerie devra en général traverser les bancs du terrain.

Les puits et les galeries percés au dehors d'un gîte et à la rencontre de ce gîte, doivent être dirigés d'après la position qu'on lui attribue, de manière à ce que ces travaux et ceux entrepris dans le gîte lui-même puissent servir à l'exploitation. La disposition des travaux de recherche se trouve donc ainsi liée au mode d'exploitation qu'on doit adopter par suite du gisement.

Les dimensions des galeries seront :

1^m 88 de hauteur.

1^m 60 de largeur au sol.

1^m 25 de largeur au toit.

La meilleure forme à donner aux puits est la forme ovale. Ils auront 3 mètres de longueur sur 2 mètres de largeur.

Ces puits et ces galeries de recherche sont d'ailleurs boisés ou muraillés comme les travaux d'exploitation proprement dits. Nous indiquerons plus tard les moyens à employer pour aérer ces travaux, et en épuiser les eaux qui tendent à y affluer.

Lorsqu'on perce une galerie dans une couche peu épaisse et recouverte par une roche dure, il ne faut pas enlever le toit. Si c'est le mur au contraire, qui est dur, on ne devra point l'enlever, et enfin s'ils sont également durs on enlevera le toit de préférence au mur ; on aura ainsi l'avantage de pouvoir obtenir la houille sans aucun mélange de matières étrangères.

Il arrive souvent qu'en attaquant une couche par une galerie percée sur son mur, on voit la couche se contourner: ainsi le mur se relève ou s'abaisse, ou change de direction comme la couche elle-même. Dans ces différens cas on ne doit pas faire la galerie en ligne droite, mais il faut la percer suivant le mur qui servira de guide : on aura de cette manière une galerie sinueuse. Cette circonstance est peu importante aux changemens de direction , et en général on ne cherche pas à opérer un raccordement , mais aux changemens de pente brusque et lorsque la galerie doit servir de galerie de roulage ou de galerie d'écoulement , on tâche , après avoir suivi quelque tems la nouvelle allure de la couche, de redresser la galerie plus ou moins exactement, suivant le mode de transport adopté ; pour cela , on remblaie en général une partie de la galerie, et au besoin on entaille le toit de la couche. On peut aussi déblayer le mur , mais le déblai est plus dispendieux que le remblai. Ce raccordement s'opère quelquefois en dehors de la galerie où l'on a percé.

On procédera de la même manière lorsqu'on rencontrera un resserrement ou un étranglement. Le resserrement peut avoir lieu sans que le mur change d'allure; on continue alors à suivre le mur en entaillant au besoin le toit de la couche. Si au contraire c'est le mur qui se relève , et qu'il faille pour le suivre entailler le toit de la couche , il vaut mieux alors entailler le mur et le toit ; on doit agir ainsi lorsque le resserrement devient considérable , parce qu'il est à craindre que ce resserrement ne soit un étranglement. On peut alors dans ce dernier cas , suivre la surface de séparation du mur et du toit jusqu'à ce qu'on ait retrouvé la couche.

Quelquefois, au lieu de disparaître graduellement, la couche est coupée et interrompue brusquement par un plan plus ou moins vertical. On sera alors tombé sur une faille. Nous savons que, dans ce cas, il faut traverser la faille, prolonger la galerie de quelques décimètres au-delà, puis, au moyen d'une galerie parallèle à la faille , aller retrouver la couche perdue , soit au-dessus soit au-dessous de la couche qu'on vient de quitter ; c'est la pósition de la faille qui indique dans quelle direction on doit se porter.

Souvent en perçant les puits on tombe sur un des accidens dont nous venons de parler ; souvent aussi on ne s'en aperçoit pas, mais on peut les voir en suivant les parois du puits quand il est prolongé à une certaine profondeur de la couche, et en comparant cette profondeur avec celle qu'on aurait dû supposer, d'après l'inspection des mines voisines. Il convient dans ce cas de poursuivre l'étranglement ou le resserrement, le rejet ou la faille, en se portant sur la surface de guide à partir du puits, de manière à ce que la nouvelle percée n'aboutisse pas au puits sous un angle aigu. Quand la couche sera retrouvée on approfondira au besoin le puits, et on fera une nouvelle percée, en rapport avec la position de la couche. Si cependant, la faille étant très épaisse, le puits n'était pas assez solide pour qu'on pût faire une recherche de ce genre, il faudrait creuser un puits ailleurs, sauf à se mettre en communication plus tard avec l'autre puits, afin de l'utiliser.

CHAPITRE IV.

—

MOYENS D'EXCAVATIONS.

Les moyens d'excavations que l'on emploie dépendent de la dureté et de la consistance des masses à traverser. Werner divise les roches sous ce rapport en cinq classes.

1° *Roches ébouleuses*; elles n'exigent qu'un simple travail de déblaiement.

2° *Roches tendres*, ce sont les sables fortement agglutinés, la plupart des houilles ; elles s'exploitent avec le pic ou quelquefois avec de simples leviers de fer.

3° *Roches traitables ou peu solides*, ce sont certaines roches calcaires, les grès, les porphyres et les schistes micacés qui ont déjà subi une décomposition assez avancée ; on les attaque avec la pointrolle.

4° *Roches tenaces ou solides*, ce sont les schistes micacés, les porphyres, les schistes argileux, les grauwackes, les basaltes, les roches calcaires, les bancs compacts de grès houiller ou de houille ; il faut employer pour ces roches le travail à la poudre.

5° *Roches récalcitrantes*, ce sont les roches très quartzeuses de gneiss, de schiste micacé, les schistes porphyriques, les grès très quartzeux, quelques pouddingues ; ces roches exigent qu'on les attaque avec le feu quand les circonstances le permettent : on les rend ainsi moins tenaces et susceptibles de céder à l'effort du pic et des coins.

Les outils employés pour l'entaillement et l'abattage des roches sont le *pic*, la *pointrolle*, les *leviers*, les *coins* et les *masses*. Le travail à la poudre s'opère au moyen d'outils particuliers que nous décrirons tout-à-l'heure.

Le *pic* a différentes formes : celui dont on se sert dans les mines de houille est formé d'une lame légèrement courbée et aiguë à son extrémité ; cette lame est plate et percée d'un œil pour recevoir le manche, à son autre extrémité elle présente une saillie ou tête au moyen de laquelle on frappe de tems en tems sur le massif à abattre, afin de juger par le son s'il s'y trouve quelque miroir ou fissure naturelle qui pourrait offrir du danger (fig. 34).

Les dimensions de ce pic, quant à la longueur de la lame et à celle du manche, dépendent de la profondeur des entailles qu'on veut faire. Habituellement, pour des entailles de 0^{m}66, le pic à les dimensions suivantes.

Longueur de la lame 0^m 23

Epaisseur moyenne de la lame 0^m 013.

Longueur de la pointe 0^m 03.

Diamètre et longueur de l'anneau 0^m 04.

Saillie de la tête 0^m 01.

Largeur de la tête 0^m 015.

La lame est aciérée sur un tiers de sa longueur environ.

Le manche est en chêne, et sa longueur est 0^m 75 ; on lui donne un mètre pour des entailles d'un mètre.

On se sert à Anzin d'un pic à deux pointes, le manche a 0^m 32 de longueur.

Le pic obtus est employé pour les matières dures.

L'abattage même des substances peu dures use très vite

les pics : ceci est un grand inconvénient dans les mines profondes, à cause du grand nombre de pics qu'on est obligé de monter et descendre, aussi a-t-on généralement adopté le pic Meynier dont les lames sont mobiles, on n'a de cette manière que les lames à monter (fig. 35).

On emploie pour l'entaillement des schistes, dans le tirage à la poudre, un pic plus grand dont on se sert comme de levier pour détacher certaines parties de la masse. La longueur de la lame est de 0^m 5o, la plus grande largeur 0^m o5. Le manche a 0^m 7o de longueur.

La *pointe* ou *pointrolle* est un cylindre en fer terminé d'un côté par une pointe aciérée ayant la forme d'une pyramide quadrangulaire, de l'autre par une face plane; entre les deux extrémités se trouve un œil pour le manche. Le mineur tient la pointrolle d'une main, et frappe de l'autre avec une masse. La masse a un manche court propre à bien tenir dans la main, mais non cylindrique; elle pèse deux ou trois kilogrammes, suivant qu'on doit travailler en dessus ou en dessous. La partie cylindrique de la pointrolle a au moins 0^m 25 de longueur et 0^m o2 de diamètre, la pointe a 0^m 15 : plus la masse est tenace, moins la pointe doit être longue. Chaque mineur emporte avec lui une trousse de lames enfilées dans une courroie, et qu'il adapte successivement au même manche.

On se sert de la pointrolle dans un puits boisé, pour entailler une roche qui doit supporter l'extrémité d'une pièce principale de charpente : on évite ainsi le tirage à la poudre dans le percement d'une communication souterraine, lorsqu'il pourrait endommager le boisage déjà existant, ou ébranler les masses environnantes.

Les *coins* sont des morceaux de fer à section carrée, diminuant graduellement et terminés en pointe. Les arêtes sont abattues sur la tête. Ces coins sont aciérés sur la moitié de leur longueur ; la tête doit aussi être aciérée.

Les dimensions des coins dépendent de la profondeur des entailles ; on leur donne de 0^m 65 à 0^m 90 de longueur et une section moyenne de 0^m o35.

Les *masses* sont des maillets en fer qui servent à enfoncer les coins. Elles ont la forme d'un prisme carré à arêtes abattues. Elles ont 0^m 15 de longueur de corps et 0^m o6 de diamètre ; ce corps est aciéré de chaque côté sur une longueur de 0^m o15;

la longueur du manche est de 0^m 80. Ces masses se manœu-
vrent à deux mains, et pèsent habituellement six kilogrammes,
ce poids va quelquefois jusqu'à dix kilogrammes (fig. 36).

Les *leviers* ou *palfers*, sont des barres de fer terminées en
pied de biche et portant une légère saillie, ils servent à ache-
ver l'abattage des blocs de houille. Ils ont 1^m 20 à 1^m 40 de
longueur et 0^m 025 de diamètre (fig. 37.)

On se sert encore dans les mines de *pelles* et de *racles*.

Les *pelles* ressemblent à celles des terrassiers, mais le manche doit être légèrement coudé vers le bas, près de la douille,
afin d'éviter aux ouvriers la fatigue de se baisser trop bas.

Les *racles* ou *rateaux* sont des pelles que l'on courbe près
de la douille.

CHAPITRE V.

—

TIRAGE A LA POUDRE.

Le tirage à la poudre, plus expéditif et d'un effet plus puis-
sant que le travail à la pointrolle, est généralement employé
toutes les fois que les circonstances le permettent.

La poudre de mine n'est point grenée et lissée comme la
poudre de chasse ; elle est en fragmens irréguliers, plus ou
moins gros ; elle est composée de

$$\left.\begin{array}{lr} \text{Nitre}\dots\dots\dots\dots & 65 \\ \text{Charbon}\dots\dots\dots & 15 \\ \text{Soufre}\dots\dots\dots\dots & 20 \end{array}\right\} \ 100$$

Elle coûte 2 fr. 75 c. le kilogramme.

La poudre est habituellement employée dans les mines à
petites charges qui varient de 60 à 250 grammes ; elles sont
moyennement de 125 grammes.

Le tirage à la poudre consiste à percer un trou dans la
masse que l'on veut ébranler, à y introduire la charge de poudre, à bourrer, à placer une mèche et à mettre le feu.

La profondeur, le diamètre et la direction des trous de mine dépendent de plusieurs circonstances ; l'on devra avoir égard aux considérations suivantes.

L'objet d'un coup de mine est non pas de faire sauter la masse, mais seulement de l'ébranler et de la fendiller, de manière à pouvoir la détacher facilement après l'explosion. Le meilleur coup sera donc celui qui ébranlera et fendillera de la sorte la masse la plus considérable. Le trou doit éclater pour que l'effet soit complet.

Comme la bourre ne peut jamais opposer une aussi grande résistance que les parois du trou, le plus grand effet de l'explosion se dirige contre la bourre ; cet effet sera donc d'autant moins grand que le diamètre du trou sera plus considérable ; par suite, il convient de faire l'orifice du trou le plus petit possible, afin de ne pas diminuer l'effet de l'explosion contre la masse.

Si la masse était fortement engagée, si, par exemple, elle n'était découverte que sur une ou deux faces, une trop grande profondeur du trou nuirait à l'effet de l'explosion, qui agirait principalement contre la bourre moins résistante que la roche, sans attaquer le fond du trou.

Si la masse est dégagée sur trois faces, la résistance est alors moindre dans ce cas, et il y aura avantage à percer des trous plus profonds qui, avec une même quantité de poudre, agiront plus puissamment que des trous d'une faible profondeur.

Quant à la direction, on devra avoir égard à la nature et à la tenacité de la masse, au nombre des faces libres qu'elle présente ; il faudra éviter les fissures qui nuiraient à l'effet de l'explosion ; en un mot, la direction devra être telle, qu'il y ait une partie de la masse plus faible que l'autre, et que la moindre résistance soit du côté qu'on se propose de faire éclater.

Le tirage à la poudre s'opère, tantôt dans un terrain sec, tantôt dans un terrain laissant passage aux infiltrations ; de là deux modes de procéder que nous allons expliquer successivement.

Le travail, dans le premier cas, se fait assez facilement. Le forage du trou s'exécute au moyen de ciseaux nommés fleurets, terminés par une partie tranchante en arc de cercle.

Le diamètre de ces fleurets, qui est à peu près égal à celui du trou, varie de 0m015 0m15 à 0m040.

Ce diamètre, comme on l'a vu, ne doit pas être arbitraire; car, plus il est petit, plus la poudre a d'effet.

Les fleurets s'usent rapidement, aussi en a-t-on de rechange. On emploie, pour forer le même trou, plusieurs ciseaux de longueur différente; il y en a de trois longueurs, et chaque longueur en plus ou moins grand nombre, suivant que le terrain est plus ou moins dur.

Les trous sont forés par un seul homme, ou par deux et même trois hommes. L'ouvrier tient le fleuret d'une main, et frappe de l'autre avec une masse, ou bien un ou deux ouvriers frappent pendant qu'un autre tourne le ciseau; ils peuvent ainsi se remplacer lorsqu'ils sont fatigués. L'ouvrier qui tient le ciseau doit, à chaque coup, le faire tourner d'un quart ou d'un sixième de circonférence. La masse pèse à peu près trois kilogrammes.

Les fleurets qui sont aciérés aux deux extrémités ont des dimensions différentes dans les deux cas.

Pour le travail à un seul homme.

	longueur.	diamètre du taillant en ciseau.
Premier fleuret...	0m276	0m023
Deuxième fleuret..	0 460	0 017
Troisième fleuret..	1 736	0 014

Pour le travail à deux hommes.

	longueur.	diamètre du taillant en ciseau.
Premier fleuret...	0m414	0m040
Deuxième fleuret..	0 823	0 034
Troisième fleuret..	1 104	0 030

Il faut introduire un peu d'eau dans le trou, pour que le ciseau ne se détrempe pas. Lorsqu'on s'aperçoit que la poussière produite gêne, on l'enlève du trou au moyen d'une curette: c'est une tige de fer terminée par une petite cuillère, l'autre extrémité présente un œil dans lequel on peut passer de l'étoupe pour sécher le trou.

Lorsque le trou est terminé et bien sec, on introduit la poudre sous forme d'une cartouche. Ces cartouches s'exécutent au moyen d'un mandrin de bois rond de 0m16 à 0m22, sur lequel on enroule une feuille de papier gris. La cartouche doit entrer facilement dans le trou, et sans qu'il soit besoin de la briser. Quelquefois, lorsque le trou est bien sec, on peut verser la poudre en nature; mais il faut avoir soin, dans le bourrage, au lieu de mettre directement l'argile, de recouvrir avec une bourre de papier. Ce procédé a un grand inconvénient, c'est qu'il peut rester de la poudre sur les parois, et cette poudre peut s'enflammer pendant le bourrage et occasioner l'explosion.

Lorsqu'on introduit la cartouche, on place l'épinglette : c'est une tige en fer, en laiton ou en cuivre, terminée d'un côté par une pointe, de l'autre par un anneau. Le diamètre de cette épinglette est de 0^m005, elle peut avoir un mètre de longueur. On introduit donc l'épinglette dans la poudre, puis on procède au bourrage. On remplit la partie supérieure du trou avec des matières que l'on tâche de rendre aussi dures que possible, et plus consistantes que la masse à attaquer. La matière dont on se sert est formée d'argile, ou au moins de schiste argileux.

Le bourroir est un cylindre en fer terminé par un renflement, et sur ce renflement est une rainure pour laisser passer l'épinglette qui est le plus souvent en fer, parce qu'elle se courbe moins que celles en cuivre, mais qui offre des dangers d'explosion; car les matières dont on se sert pour bourrer, sont souvent des matières quarzeuses, qui peuvent donner lieu à des étincelles.

On place ensuite la mèche; elle est faite avec des tuyaux de papier couverts de poudre, qu'on ajuste les uns aux autres, de manière à avoir une longueur égale à celle du trou : on emploie quelquefois des tuyaux de paille remplis de poudre. La mèche placée, on suspend à son extrémité une amorce en coton soufré de 0^m15 à 0^m20 de longueur, on met le feu et on se retire. Lorsque le coup a éclaté, on revient et on abat au moyen du grand pic et du levier; les petites portions restant entre les parois, sont enlevées avec la pointrolle.

Nous avons dit que, lorsqu'on avait creusé le trou, on introduisait la charge, et l'on bourrait avec des matières solides; mais il suffit de couvrir la charge de sable, après avoir placé au centre du trou le cylindre de papier imprégné de poudre qui sert d'amorce; ce procédé épargne le bourrage et l'extraction de l'épinglette, et par conséquent supprime les chances d'explosion; il est dû à M. Jessop.

On sait, dit M. Pictet, qu'en pratiquant dans les mines militaires un espace quadruple du volume de la poudre, on produit une explosion concentrée, mais plus destructive au loin que si le bourrage eût touché la poudre, et l'on voit journellement crever les canons et les fusils lorsqu'on laisse un espace entre le projectile et la poudre; or, dans le travail des mines, c'est précisément cette explosion latente qu'on cherche à produire la plus forte possible; on ne sera donc pas étonné qu'on l'obtienne avec moins de poudre en laissant un vide entre la poudre et le tampon. L'adoption de cette méthode a procuré une économie considérable aux mines de Hartz.

On ne peut que se joindre à M. Pictet pour engager à employer ces deux procédés dont l'un, le bourrage au sable, épargne la vie des mineurs, et l'autre, le vide partiel, économise la poudre.

Il est facile, observe-t-il, de réunir les deux moyens : il suffit d'introduire dans le trou de mine, après la poudre, un cylindre ou gargousse ouverte de papier, dont la base serait en haut, et percée d'un trou dans lequel le petit tube d'amorce entrerait juste. On couvrirait d'un ou deux centimètres de sable cette base de papier sous laquelle, jusques à la poudre, serait un vide de deux ou trois centimètres, et l'on mettrait le feu comme à l'ordinaire.

M. Gillet Laumont a fait remarquer que, si la direction du trou était verticale ou peu inclinée à l'horizon, on pourrait se servir avantageusement du sable mis sur la poudre, pour produire un ébranlement plus considérable sur le rocher : même dans l'intérieur des mines, en chargeant le sable d'une masse pesante.

A cet effet, on introduirait dans le trou un cylindre en fer garni d'une cannelure latérale pour le passage de la mèche, et surmonté d'une masse pesante en fer, adhérente au cylindre. Lorsque l'explosion aurait lieu, cette masse serait poussée au dehors à peu de distance, se retrouverait aisément, et servirait successivement au même usage. Elle augmenterait beaucoup, à ce qu'il paraît, la résistance du côté de l'orifice du trou, et déterminerait un plus grand ébranlement du rocher.

L'opinion de M. Gillet Laumont a été confirmée par les

expériences de M. Blavier faites à Rio (Elbe). Ce savant en conclut qu'aucun procédé ne parait plus profitable que celui du tirage avec le sable, principalement si l'on établit à l'orifice du trou de mine une force de résistance et de compression sur le sable. Cette innovation réunit à la plus grande économie la célérité de l'exécution et la sécurité des mineurs.

Pour diminuer les chances d'explosion occasionées par le bourrage, M. Fournet a proposé, en 1838, quelques modifications à apporter aux outils du travail à la poudre; elles lui ont valu les remercîmens de la commission chargée de les examiner.

Ces modifications consistent en ce qu'il termine par une pointe en cuivre jaune, l'épinglette en fer que l'on place dans le trou de mine pendant le bourrage, pour ménager l'ouverture par laquelle on doit mettre le feu à la charge.

En ce qu'il place l'épinglette dans l'axe du trou, au milieu des matières formant la bourre, au lieu de l'appliquer contre l'une des parois du trou.

Le bourroir dont se sert M. Fournet, est une tige de fer terminée par un bourrelet annulaire en cuivre, percé à son centre d'un trou dans lequel passe l'épinglette. Cette dernière est maintenue contre la tige et par conséquent dans l'axe du trou, au moyen d'une bride placée à peu de distance du bourrelet.

M. Fournet propose aussi comme bourroir un tube creux en fer, terminé par un bourrelet annulaire en cuivre, dans le centre duquel passerait l'épinglette.

L'épinglette est terminée à sa partie inférieure par un bout en cuivre jaune, et à sa partie supérieure par un trou rectangulaire dans lequel on introduit, après le bourrage, l'extrémité aplatie de la curette, pour tourner l'épinglette et la retirer du trou.

Cette méthode offre l'avantage de préserver des suintemens d'eau le canal destiné à porter le feu à la charge, et qui est ménagé au milieu des matières sèches formant la bourre.

Voyez pour les figures 38, 39, 40, 41.

Fig. 38. Bourroir portant un trou à son centre, et terminé par une rondelle de cuivre soudée circulairement à sa partie inférieure.

Fig. 39, Épinglette en fer, percée en a, d'une ouverture rectangulaire, et terminée par un bout en cuivre, soudé à son extrémité pointue.

Fig. 40. Cylindre creux, terminé par un anneau de cuivre, et pouvant servir de bourroir.

Fig. 41. Curette aplatie à l'une de ses extrémités.

La dépense en plus sur l'ancien procédé, ne s'élève qu'à 1 franc pour tous les outils.

Soudure d'un bout en laiton à l'extrémité de l'épinglette. . . . . o fr. 50
Soudure d'une rondelle en cuivre au bourroir. . .   0   50
                                                    1   00

Le tirage à la poudre s'opère aussi dans des terains couverts d'eau; le forage du trou s'exécute dans ce cas de la même manière que dans un terrain sec, seulement on doit employer des outils d'une longueur convenable; il n'y a que la charge qui se fait différemment.

Lorsque la masse n'est couverte que de quelques décimètres d'eau, on peut employer des cartouches de toile goudronnée, et on y adapte une baguette de bois très mince, destinée à contenir la mèche. Cette baguette qui devra excéder le niveau des eaux, sera attachée à la cartouche à la partie supérieure de cette dernière, puis enduite de goudron ou de vernis. Le bourrage s'opérera au moyen d'un tampon en bois sec, muni d'une cannelure longitudinale pour laisser passage à la baguette.

Lorsque la masse est couverte d'un ou deux mètres d'eau, on se servira de tuyaux de fer-blanc, dont la hauteur excèdera le niveau de l'eau. Après avoir placé le tuyau dans le trou, on y mettra la cartouche, on introduira l'épinglette, on bourrera jusqu'à la hauteur de l'orifice du trou, on disposera la mèche, et on mettra le feu.

S'il s'agissait de faire sauter une masse sous une grande profondeur d'eau, on pourrait employer la méthode donnée par Daniel Thumberg, et dont il s'est servi avec succès dans ses travaux exécutés à Carlscron en Suède. Cette méthode se trouve décrite dans le tome II du Journal des Mines.

Terminons par une dernière remarque tous les détails du tirage à la poudre. Ce travail exige, comme on le voit, une énorme quantité de poudre; aussi a-t-on cherché à l'économber en y mêlant de la sciure de bois , ou mieux du son. Par ce procédé , on a économisé aux mines de Dieuze , un tiers de la quantité de poudre employée avant l'usage de cette matière.

CHAPITRE VI.

—

FORME DES TRAVAUX SOUTERRAINS.

Il ne suffit pas d'avoir constaté par des recherches , l'existence d'un gîte de houille , pour y établir aussitôt une exploitation permanente ; il faut encore avoir égard à de nombreuses considérations.

On doit , avant de rien entreprendre , mûrement examiner si le gîte peut être exploité avec avantage , quels sont les débouchés et les moyens de transport ? quel mode d'exploitation il faudra employer ? quelles seront à peu près la régularité, l'étendue et la profondeur des travaux ? quelles facilités ils offriront pour le roulage et l'extraction ? quelles machines il faudra établir. Il faut aussi connaître la solidité des masses environnantes , et par conséquent le plus ou moins de boisage ou de muraillement qu'on sera obligé de faire, constructions toujours très coûteuses ; il faut savoir quel est le prix de la main-d'œuvre et des divers objets de consommation.

Ce n'est qu'après avoir calculé ces nombreux élémens qu'on devra se décider à entreprendre les travaux.

Les travaux souterrains se divisent en deux classes, les uns ont pour objet spécial, presque pour objet unique, de constituer la base du service de l'exploitation ; les autres sont simplement des chantiers ou galeries d'abattage disposées de manière à aboutir aux ouvrages principaux ou travaux préparatoires.

Nous ne considérerons maintenant que ces derniers ; quant aux chantiers d'abattage , nous en parlerons en décrivant les diverses méthodes d'exploitations employées dans les mines de houille.

Les travaux préparatoires sont de deux sortes, les puits et les galeries.

Les puits sont verticaux ou inclinés.

Les puits inclinés se percent dans le gîte même, et suivant son inclinaison; ils servent de moyens de reconnaissance et d'extraction, et permettent d'ouvrir à droite et à gauche des champs d'exploitation. Ils sont moins coûteux il est vrai que les puits verticaux, mais ils ont de graves inconvéniens. Ils sont plus difficiles à soutenir, et par conséquent les frais de boisage et de muraillement sont plus considérables. Ils exigent pour l'extraction, une plus grande longueur de cables, et ces cables s'usent plus vite; pour l'épuisement des eaux, une plus grande longueur de tuyaux de pompes, et l'usage de ces pompes est plus incommode.

Les puits verticaux sont généralement préférables aux puits inclinés; ils servent à l'extraction, à l'épuisement et à l'airage.

Il faut avoir soin de ne pas placer leur orifice dans un endroit exposé aux inondations; s'il n'est pas possible de faire autrement, on doit élever le puits au-dessus de la surface du terrain, jusqu'au-delà du niveau des plus hautes eaux : c'est ce qu'on fait aux mines de Valenciennes.

La forme des puits dépend de la matière dont on doit revêtir leurs parois. La forme ronde ou elliptique est préférable pour les puits verticaux qui doivent être muraillés; ces formes sont les plus favorables à la solidité, et elles ont l'avantage de mettre à profit tout l'espace excavé : si le puits doit être boisé, on adoptera la forme rectangulaire ou carrée, et pour cette première, les petits côtés seront opposés à la plus forte pression.

Les puits inclinés seront oblongs s'ils doivent être boisés; ils auront à peu près la même forme s'ils doivent être muraillés, mais la partie qui correspond au toit sera voûtée.

Les puits circulaires ont généralement 2^{m}5o à 3 mètres de diamètre; ces dimensions conviennent encore aux puits destinés à recevoir des échelles. En plaçant un élargissement de 1^{m}3o, sur une longueur de quatre ou 5 mètres à l'endroit où les bennes se rencontrent, on peut élever à la fois au bout du même cable, deux bennes de traînage, cubant ensemble six hectolitres, ou une grande benne de huit à dix hectolitres, et l'on peùt en même tems avoir une colonne de pompe aspirante découverte de 0m22 de diamètre intérieur, ou bien encore une gaîne d'airage. Généralement on ne donne pas aux puits plus de 3m3o ou 3m5o, cependant à Newcastle, le diamètre des puits varie de 2 mètres à 6m5o.

Les puits elliptiques sont employés lorsqu'ils sont destinés à plusieurs services différens, on leur donne rarement plus de 4 mètres sur deux.

Les puits carrés et rectangulaires ont des dimensions analogues à celles-ci.

Quelquefois on établit une cloison dans le milieu du puits, de manière à séparer les deux bennes.

Lorsqu'on perce un puits, on doit prendre les plus grandes précautions pour la sécurité des ouvriers; il faut qu'on puisse les remonter promptement et au premier signal, à un niveau assez élevé pour qu'ils ne puissent être atteints par le coup de *mine*.

L'affluence des eaux est une des grandes difficultés dans le percement des puits; lorsqne ces eaux arrivent par grandes masses, il convient d'employer la méthode en usage aux mines. du Nord.

Cette méthode consiste à commencer le puits avec des dimensions plus grandes que celles qu'il doit avoir. Lorsque le puits est parvenu à quelques mètres de profondeur, on diminue ses dimensions, on procède au boisage à mesure qu'on perce le puits. On creuse ensuite une deuxième portion de puits, de manière à présenter une saillie avec la première, et l'on opère ainsi de suite : ne considérons donc que les deux premières portions. On établit sur la saillie qui règne tout autour du puits et horizontalement, des tuyaux en bois qui reçoivent les eaux supérieures affluentes; de là elles se rendent, au moyen de tuyaux de toile, dans une large caisse suspendue dans le puits. Cette caisse se descend à mesure que le puits s'approfondit. Une pompe aspirante prend les eaux dans cette caisse et les élève au jour. Toutes les eaux ne sont pas ainsi épuisées de cette manière; il s'en rend une partie au fond du puits, d'où on les retire par les moyens ordinaires.

On est quelquefois obligé d'approfondir le puits d'une exploitation dont les travaux sont en activité. Cette opération se fait au moyen d'une méthode particulière dite approfondissement *sous stock*.

A partir du fond du puits, on pousse une galerie horizontale à son extrémité, on pratique un puits intérieur dont la profondeur dépend de l'épaisseur à donner au stock. Du fond de ce puits, on pousse une seconde galerie qui doit aboutir au-dessous de la base inférieure du grand puits, qu'on va rejoindre en attaquant de bas en haut. Pour être bien sûr qu'on est dans l'axe du puits, on peut donner un coup de sonde.

Cette méthode a l'inconvénient d'être très coûteuse, mais elle est compensée par d'autres avantages. On peut continuer les travaux pendant que le puits s'approfondit ; les ouvriers trouvent à chaque coup de mine une retraite prompte et sûre ; les eaux du puits supérieur ne gênent pas et ne retardent pas le percement.

Les *galeries* sont des voies souterraines plus ou moins longues, et plus ou moins inclinées; quelques-unes sont horizontales, mais on doit cependant leur donner une pente d'un ou deux millimètres par mètre, pour l'écoulement des eaux.

Le prix du percement d'un puits varie suivant la profondeur, la nature du terrain, l'affluence des eaux et les localités.

Dans les terrains houillers, le mètre courant d'un puits de 3^m75 de base, se creuse en quatre-vingt-seize heures de travail dans le roc dur, et en quarante-huit heures, dans le roc tendre.

A Rive-de-Gier, le foncement d'un puits rond se paie à raison de 37 à 40 francs le mètre cube, tant qu'on n'est qu'à 80 ou 100 mètres de profondeur, mais à 150 ou 200 mètres, il se paie 50, 53 et 70 francs, et toujours en augmentant. On a des exemples de puits dont les derniers mètres courans ont coûté 500 francs ; en travaillant jour et nuit, on n'avançait guère que de 7 à 8 mètres courans par mois (Beaunier).

A St.-Etienne, le prix du mètre cube, dans le creusement d'un puits, varie de 20 à 35 francs.

Dans le foncement du puits de Miremont-au-Lardin, le mètre cube d'entaille dans le grès rougeâtre et friable, a coûté. . . . . 18 fr.　»

　　　Dans le grès blanc friable. . . . . 19　05
　　　Quand le grès dur exigeait la poudre. . . . 19　»

Dans le schiste...................... 16 »

Dans l'argile rouge marbrée........... 14 50

L'ouvrage de mine et la sortie des déblais non compris, le muraillement est revenu à 140 francs le mètre courant (Brard).

Au puits de St.-Georges-Chatelaison (Maine-et-Loire), le mètre cube dans le roc tendre a été payé 25 fr. 50, le mètre courant 102 francs; le mètre cube dans le roc dur a coûté 54 francs, et le mètre courant 216 francs (Cordier).

Dans le Northumberland, l'établissement de certains puits a coûté jusqu'à 70,000 livres, (1,750,000 fr.). Cette somme comprend le prix de machines.

Le puits en foncement aux mines de Monkwearmouth près de Sunderland, a atteint une profondeur supérieure à celle d'aucune mine de la Grande-Bretagne. et même d'aucune mine du monde si l'on estime cette profondeur a partir du niveau de la mer. La partie supérieure du puits a été creusée dans les couches de calcaire magnésien qui entourent le district Sud-Est du grand bassin houiller de Newcastle. Ces couches s'étendent à Monkwearmouth à une profondeur de 330 pieds anglais (99 mètres), et elles laissèrent passage à une énorme quantité d'eau, trois mille gallons (135 hectolitres) par minute. L'épuisement de ces eaux nécessita l'établissement d'une machine à vapeur à double effet, de la force de 200 chevaux. Ce puits a été commencé au mois de mai 1826, mais la première couche de houille n'a été rencontrée qu'au mois d'août 1831, à une profondeur de 344 pieds (103m20); elle n'a que 0m037 de puissance. On put alors arrêter l'affluence des eaux qui avaient apporté tant d'obstacles et tant de retards dans le creusement ; cela se fit au moyen de cylindres en fonte dont on garnit les parois du puits jusqu'à vingt-six mètres environ de la surface. Les travaux furent ensuite repris avec activité; cependant on ne rencontra aucune couche de houille quoique le puits eût atteint 600 pieds (180 mètres), profondeur plus considérable que celle qu'on avait pensé devoir atteindre pour trouver quelqu'une des couches de houille connues. A trois cents mètres il se présenta une seconde source d'eau qu'il fallut épuiser comme la première.

Malgré l'opinion d'un grand nombre de personnes qui regardaient cette entreprise comme téméraire et inutile,

MM. Pemberton, les propriétaires de la mine, ne se découragèrent point. Ils pensaient que ce n'était qu'à une grande profondeur qu'ils pouvaient trouver les plus puissantes couches connues, et que la même cause qui, dans d'autres lieux, les avait divisées en petites couches, devait au contraire avoir opéré leur réunion à Monkwearmouth. Ils estimaient à environ quatre cents mètres la profondeur à laquelle ils pensaient trouver la houille.

Enfin, après huit années d'efforts continus et de persévérance, au mois d'octobre 1834, ils atteignirent à une profondeur de 263 fathoms (473^{m}40) une couche de houille remarquable par sa puissance : pensant que cette couche n'était autre que celle dite Bensham-Seam, ou celle dite Mandlin-Seam, ils continuèrent le creusement dans l'espoir de trouver, à une faible distance du point où ils étaient arrivés, la puissante couche dite Hutton Seam. Ils estimaient à trois cents fathoms (550 m.) au-dessous de la surface, la profondeur à laquelle devait se trouver cette couche. Cependant ils commencèrent aussitôt les travaux d'exploitation dans la couche qu'ils venaient de rencontrer. Nous ne savons s'ils ont réussi dans l'objet de leurs recherches. Le percement de ce puits a coûté, dit-on, environ 100,000 livres (2,500,000 francs).

On voit, d'après cet exemple, combien il faut de tems, d'argent et de persévérance pour découvrir les mines.

Les *galeries* sont des voies souterraines plus ou moins étendues, plus ou moins inclinées, quelques-unes même sont horizontales ; cependant il convient de leur donner une pente d'un à deux millimètres par mètre, pour faciliter l'écoulement des eaux.

Les galeries servent à différens usages, et prennent différens noms, suivant l'usage auquel elles sont destinées.

Les galeries *d'alongement*, nommées à St.-Etienne *fendues*, servent à faire reconnaître l'allure de la couche, et à préparer les chantiers d'abattage. Elles sont utiles pour l'airage et la sortie des ouvriers, mais difficiles à percer, à cause des eaux qui ne peuvent trouver leur écoulement au jour dans ces galeries descendantes. Elles se percent dans la couche même, parallèlement à sa direction ou quelquefois à son mur ou à son toit suivant les localités. Il arrive souvent qu'au lieu de commencer à l'affleurement même, la galerie commence un peu plus bas. Ces galeries peuvent servir à l'extraction et à l'épuisement, mais cela ne peut avoir lieu que lorsque l'affleurement se trouve placé au bas d'une montagne très abrupte.

Les galeries *de traverse* servent, soit à couper la couche sous un certain angle, soit à reconnaître un ensemble de couches ; on les perce dans ce cas perpendiculairement à la direction des couches.

Les galeries *de roulage* sont pratiquées dans une direction quelconque ; elles doivent être à peu près de niveau ou légèrement inclinées vers le puits.

Les galeries *d'écoulement* servent au transport des eaux. Elles ne peuvent s'établir que lorsque la portion de la couche qui doit embrasser le champ d'exploitation, se trouve au niveau d'une vallée voisine ; on peut alors faire communiquer la partie basse de la galerie avec la partie basse de la vallée, en sorte que les eaux s'écoulent d'elles-mêmes au jour. Dans ce cas, la galerie d'écoulement pourra servir aussi de galerie de roulage.

La galerie d'écoulement devra être placée de manière à ne pas être atteinte par les hautes eaux, elle doit aussi se trouver à portée des voies de communication. Elle se perce dans le gîte ou hors du gîte ; dans le gîte lorsque la couche est oblique à la ligne de faîte, hors du gîte lorsqu'elle lui est parallèle.

Ces galeries offrent l'immense avantage de dispenser de machines d'extraction et d'épuisement pour toute la partie de la couche placée dans l'amont-pendage.

Ordinairement on attaque une galerie sur plusieurs points, lorsqu'elle doit avoir une certaine étendue. C'est ce qui a eu lieu pour la grande galerie d'écoulement des mines du Hartz.

Cette galerie qui a une longueur de 10438 mètres, fut commencée au mois de juillet 1777. Avant de l'entreprendre, on calcula avec soin toutes les opérations que devait nécessiter son percement ; on détermina sa direction et la profondeur à laquelle elle devait passer sous chaque point du terrain. On lui a donné une pente de deux millimètres par mètre. A partir de l'orifice, le sol de la galerie a été établi à 1 mètre 46 au-dessus du futur lit des eaux que l'on devait entailler et égaliser par la suite. Cette galerie a deux mètres de hauteur sur deux mètres de largeur.

Dix-sept puits furent creusés : à partir de ces puits, en quinze points différens, on pratiqua une taille et une contre-taille qui, poussées à la rencontre l'une de l'autre, donnèrent lieu à un raccordement définitif. Ainsi la galerie fut attaquée en trente points différens.

Une des principales difficultés du percement fut de tenir les contre-tailles à sec. Dans les tailles qui allaient en montant, les eaux s'écoulaient d'elles-mêmes vers le puits, et leur épuisement se faisait au moyen de pompes ; mais dans les contre-tailles qui allaient en descendant, les eaux affluaient à mesure que le travail avançait et le retardaient. Pour remédier à cet inconvenient on établit horizontalement, sur le sol de la galerie et jusqu'aux parties qu'il fallait préserver des eaux, une ligne de tuyaux de bois. L'extrémité de cette ligne était fermée devant la contre-taille, mais sur un orifice ménagé à la partie supérieure du tuyau horizontal qui en était le plus voisin, s'ajustait un tuyau vertical s'élevant à une hauteur telle qu'avec une pompe mue à bras d'homme, on pouvait y verser les eaux ; le sol était creusé de manière à former un réservoir dans lequel puisait la pompe. On pouvait ainsi conduire les eaux vers le puits.

L'airage présenta aussi des difficultés, on l'établit au moyen du ventilateur aspirant.

Le travail fut exécuté à prix fait, et presque toujours à la poudre. Le prix le plus faible fut en commençant de 5 florins (13 francs) par toise cube ou toise courante, non compris la poudre et la lumière, le roc étant peu consistant et voisin du jour. Le prix le plus élevé dans le roc dur avec des eaux abondantes fut de 48 florins (125 francs) par toise courante, sans compter le prix de vingt-trois kilogrammes de poudre. Généralement le prix du mètre courant varia de cinq à sept florins et demi (13 francs à 19 fr. 50).

Le nombre d'ouvriers employés fut de 40 à 50 en 1777, de 70 à 80 en 1778, de 90 à 100 en 1787. Ce nombre diminua progressivement dans les dernières années, à mesure que les travaux avançaient. Dans ce nombre ne sont pas compris les ouvriers occupés à la surface.

Cette galerie a été muraillée sur une longueur totale de 1130 mètres. La maçonnerie formée de pierres calcaires assem-blées par un ciment de chaux et de sable a généralement une épaisseur de 0^m 45 à 0^m 55 ; cette épaisseur, dans quelques endroits, va jusqu'à 0^m 65. Tous les raccordemens ont été opérés avec une grande précision.

Cette galerie ne fut terminée qu'en 1799 ; elle a coûté 1,648,568 francs : on put alors supprimer quinze machines hydrauliques d'épuisement, plusieurs puits et un grand nombre de pompes, ce qui procura une économie annuelle d'environ 50,000 francs.

Nous exposerons plus tard les opérations géométriques qui sont la base du percement d'une telle galerie : on trouvera aussi dans ce chapitre la solution de plusieurs problêmes ayant rapport au percement des puits et des galeries.

Les galeries ont des dimensions différentes suivant le service auquel elles sont destinées. Il convient de donner à une galerie d'alongement 1^m 70 de hauteur et un mètre de largeur ; si cependant la galerie était un peu rapide, on pourrait ne lui donner que 1^m 40 de hauteur. Les galeries de roulage ou d'écoulement, percées dans la houille ou une roche peu solide, ont au moins un mètre de largeur.

Les mêmes conditions qui font varier le prix d'entaillement dans le foncement des puits, font aussi varier ce même prix dans le percement des galeries.

A St.-Etienne le prix moyen du mètre cube d'entaille dans une galerie est de 10 francs.

Dans le département de la Creuse, le mètre cube de galerie ne coûte que 2 francs 50.

Voyons maintenant quelles doivent être les dispositions relatives des travaux préparatoires, et les circonstances qui peuvent influer sur le choix à faire entr'eux et la position à leur donner.

Les travaux préparatoires doivent satisfaire à toutes les parties du service de la mine, à l'extraction, à l'épuisement, à l'airage, à l'entrée et à la sortie des ouvriers ; ces conditions doivent encore être remplies le plus économiquement possible.

Ces travaux varient suivant la position du gîte.

Dans un pays de plaine ou faiblement montueux, lorsque la couche est très inclinée, on peut l'aller rejoindre par un puits vertical percé à son toit ; si l'on pouvait craindre que le toit du gîte ne vînt à s'ébouler plus tard, on établirait le puits au mur, et on irait rejoindre la couche par une galerie de traverse : le puits est ainsi bien plus solide. Si la couche était peu inclinée, on percerait deux puits verticaux; il convient de les faire arriver aux deux points d'une même ligne de pente, suivant laquelle on pousse une galerie qui les réunit. Le puits destiné à l'épuisement doit atteindre le point le plus bas auquel l'exploitation doive arriver. Si la couche présente des failles, on fait ensorte que le puits les traverse, afin de pouvoir établir en même tems des travaux aux deux niveaux que présente la couche près de ces points.

Dans un pays de montagnes, on pourra presque toujours commencer les travaux par une galerie qui suivra l'inclinaison de la couche, ou qui n'ira la recouper qu'à une certaine distance. Cette galerie devra être ouverte au niveau le plus bas possible, pour faciliter l'extraction et l'épuisement; on devra, pour établir l'airage, percer un puits vertical qui rejoindra la galerie en un point donné; ce puits sert quelquefois à l'extraction.

Lorsqu'au moyen d'une seule galerie on peut traverser un grand nombre de couches, on préfère la percer perpendiculairement à la direction générale des couches. S'il ne se présentait pas d'affleurement, ou si le point à atteindre pour établir les chantiers d'abattage était recouvert d'une forte épaisseur de terrain, il conviendrait d'établir le puits au toit de la couche, de manière à atteindre le point déterminé; on pourrait, à partir de ce point, suivre l'inclinaison de la couche ou la traverser en approfondissant le puits, et recouper ensuite l'ensemble des couches par une galerie transversale.

CHAPITRE VII.

—

EXPLOITATION PROPREMENT DITE.

De l'inclinaison et de la puissance des couches de houille dépend en général la méthode à adopter pour l'exploitation de ces couches; mais quelle que soit cette méthode, elle devra reposer sur les principes suivans.

Il faut que l'exploitation puisse se faire avec facilité, avec le moins de travail, et par conséquent le plus économiquement possible.

Lorsque l'intervalle entre les couches est assez considérable pour qu'on ait les pieds solides, il faut exploiter d'abord les massifs les plus profonds, afin de ne pas être gêné par les eaux ; dans tous les cas, il faut commencer par les massifs les plus éloignés, pour ne pas être obligé de revenir dans les anciens travaux.

Il faut disposer les ouvrages de telle sorte que le transport des matières dans l'intérieur puisse se faire commodément, afin que leur extraction à la surface ne soit pas assujétie à des inconvéniens et à de grandes dépenses.

Ces ouvrages doivent être établis de manière à se procurer un bon airage, car sans cette condition, il n'est pas d'exploitation possible.

Il faut réunir en un même lieu le plus grand nombre d'ouvriers possible, sans qu'ils se gênent mutuellement ; les travaux avancent ainsi plus vite, et on a l'avantage d'économiser les lumières, et de rendre la surveillance plus facile. Les chantiers d'abattage seront aussi, autant que possible, dans le voisinage les uns des autres.

On doit aussi exploiter un même point le plus vite possible, et ne le quitter qu'après l'avoir entièrement épuisé, de manière à enlever, s'il est possible, le boisage pour le faire servir ailleurs.

Enfin on doit adopter les dispositions qui rendent le transport intérieur le plus court et le plus facile, et faire en sorte que les eaux se réunissent en un point commun, d'où elles puissent s'écouler d'elles-mêmes au jour, ou être extraites avec facilité.

Nous venons de dire que l'inclinaison et la puissance des couches étaient les deux circonstances qui devaient guider dans le choix de la méthode d'exploitation à suivre ; mais il y a cependant d'autres considérations qui peuvent influer sur ce choix. Il faut avoir égard aux circonstances de localités, aux prix des travaux de boisage et de muraillement, au nombre des couches, à leurs accidens, à la consistance du terrain au milieu duquel elles se trouvent, à l'épaisseur des masses qui

*

les séparent, aux difficultés enfin, que peuvent présenter les travaux pour l'épuisement et l'airage.

Ce n'est qu'après avoir mûrement examiné toutes ces considérations, variables d'ailleurs suivant les localités, qu'on devra se décider à adopter telle ou telle méthode d'exploitation.

Ces méthodes d'exploitation sont assez nombreuses, et nous les classerons d'après la puissance des couches, que nous diviserons en couches d'une faible puissance, et couches d'une grande puissance.

On distingue deux cas : l'inclinaison de la couche est inférieure à 45°, ou bien elle excède 45°. Nous supposerons dans les deux cas, que la couche n'a pas plus de deux mètres de puissance.

PREMIER CAS. — On peut employer plusieurs méthodes :

1° La méthode des grandes tailles.

2° La méthode des massifs longs.

3° La méthode des piliers et galeries.

4° Le travail à cou tordu.

1re *Méthode.* — Cette méthode qui exige un toit solide et une houille consistante, présente l'image d'un vaste corridor pratiqué dans la houille.

On commence par pousser une grande galerie de direction, aboutissant soit au jour, soit au bas du puits d'extraction. A partir de cette galerie on ouvre les tailles, soit suivant la direction ou l'inclinaison de la couche, soit suivant une ligne intermédiaire entre la direction et l'inclinaison. Les ouvriers sont placés le long de la galerie qui doit servir de front à la taille ; leur nombre est moitié du nombre de mètres formant la longueur de la taille ; sur toute la longueur de la taille et au mur de la couche, les mineurs pratiquent, avec le pic, une entaille de quelques centimètres de hauteur, et d'un mètre de profondeur, et ils placent en dessous quelques petits tasseaux de bois pour soutenir la masse. Puis de six mètres en six mètres de distance, on pratique une entaille verticale dans la houille, sur toute l'épaisseur de la couche, et sur un mètre de profondeur. On obtient ainsi un massif de houille de six mètres de longueur ; ce massif est dégagé sur quatre de ses faces, et n'adhère plus à la couche que par le toit et par la face opposée au front de la taille. On achève alors l'abattage au moyen de coins qu'on chasse à coups de masse entre le toit et la couche.

Lorsqu'on a opéré l'abattage ou la tombée du massif de houille, on le transporte au jour, et on peut alors continuer l'opération ; le mineur pousse la taille plus loin parallèlement à son front ; il faut en même tems assurer la solidité des parties excavées. Pour cela le mineur entasse les remblais derrière lui à mesure qu'il avance, en ayant le soin de ménager au milieu de ces remblais quelques voies de roulage, aboutissant à la grande galerie ; ces voies sont soutenues au moyen de piliers espacés de deux en deux mètres, et qu'on pourra plus tard enlever.

On conçoit qu'on parviendra de cette manière à extraire la couche en entier. On a l'avantage d'obtenir des massifs de houille d'un volume considérable, d'économiser le tems et la main-d'œuvre pour l'abattage, qui est facilité par le poids de la houille, de se procurer un airage très vif, et de diminuer les frais de boisage, frais toujours énormes.

La méthode des grandes tailles est employée dans quelques mines des environs de Mons.

Elle est aussi employée aux mines de Guersweiler, près Sarrebruck ; les tailles ont 80 et quelquefois 100 mètres de longueur. La couche a été attaquée par trois galeries partant de la surface, et aboutissant au front de la taille. Comme la mine ne fournit pas assez de déblais, on a été obligé d'employer un moyen particulier pour soutenir les travaux. Les mineurs, à mesure qu'ils avancent, laissent derrière eux des piliers pour soutenir le toit ; ils ménagent du reste les petites voies de roulage, ils disposent ensuite entre ces petites voies, dans l'espace excavé, des piles de déblais d'un mètre de hauteur : la couche ayant 1^m80 de puissance, il existe donc entre la partie supérieure des déblais, et le toit de la couche, un espace vide de 0^m80. Lorsque les piliers de bois ont, après un certain tems, rompu sous les efforts de la pression du toit, il se produit un affaissement dans la partie supérieure, qui vient alors s'appuyer sur les déblais ; mais pour qu'il y ait partout la même hauteur que devant les tailles, on entaille le toit de la couche dans les parties affaissées.

La méthode des grandes tailles est employée dans une seule mine de Rive-de-Gier ; les tailles ont neuf ou dix mètres de longueur.

Dans le Yorckshire, on exploite par une méthode dite *long*

way ou *broad way*, et qui est analogue à la méthode des grandes tailles (fig. 42).

A partir du puits, on perce à droite et à gauche, une grande galerie de roulage *a b*; perpendiculairement à cette galerie, on chasse des galeries montantes *m m m*, espacées de soixante-dix à quatre-vingts mètres ; on y établit des cloisons et des portes d'airage.

Lorsque le champ d'exploitation est ainsi divisé en massifs, tels que *h' h' h''*, on procède à l'enlèvement de ces massifs, et voici comment on opère: à partir d'une distance de quelques mètres de la galerie de roulage, le mineur s'avance parallèlement à cette galerie jusqu'à l'extrémité du massif, qui a comme nous l'avons dit, soixante-dix à quatre-vingts mètres de longueur : arrivé à cette extrémité, on change de direction, et l'on attaque le massif sur toute sa longueur, en avançant parallèlement au front de la taille. Le mineur soutient le toit au moyen de quelques buttes qu'il enlève, pour les reporter plus loin à mesure qu'il avance, abandonnant ainsi les parties excavés à un affaissement graduel.

On attaque ordinairement deux massifs à la fois, l'un à droite et l'autre à gauche du puits; quand les tailles sont parvenues à une certaine distance de la galerie de roulage, on en commence d'autres dans les massifs voisins des premiers. De chaque côté de la galerie de roulage et des galeries montantes, sont ménagés, comme on le voit sur la figure, des piliers de houille assez considérables pour assurer la solidité des galeries, mais on pratique de distance en distance des petites voies de roulage, qui font communiquer les tailles avec les galeries montantes.

Lorsqu'on est parvenu à l'extrémité du champ d'exploitation, on revient sur ses pas en enlevant successivement les piliers de houille laissés pour la solidité; mais on est obligé d'abandonner environ un huitième ou un dixième de la houille restante, parce qu'on ne pourrait sans danger l'extraire en entier.

2º *Méthode* (fig. 49). — La méthode par massifs longs consiste à pousser une galerie d'alongement horizontale dans la houille jusqu'à une longueur convenable : cette galerie d'alongement *a a'* communique, soit avec le puits d'extraction soit avec une galerie de roulage aboutissant au jour ; on pratique ensuite des galeries de traverse.

Cela fait, on se place en *p*, et l'on attaque un premier massif ; la largeur de ces massifs ou des tailles, varie suivant la plus ou moins grande quantité de déblais fournis par la couche : elle est ordinairement de sept ou huit mètres, mais si l'on avait une certaine quantité de déblais, on pourrait leur donner dix et même vingt mètres de largeur.

A mesure que le mineur avance, il soutient le toit derrière lui par des pièces de bois, et il dispose les remblais en ménageant les petites voies *v* ; ces dernières ne sont ménagées que de distance en distance. Ces petites voies ont un mètre de largeur et servent au transport et à l'airage.

Entre chacune des tailles *t t*, on laisse un massif de houille de cinq mètres environ d'épaisseur. Les tailles ne devront pas avoir plus de 250 mètres de longueur, ce qui facilitera l'airage et permettra d'attaquer plusieurs massifs à partir de plusieurs galeries de traverse, et par conséquent, d'employer un plus grand nombre d'ouvriers à la fois.

Lorsqu'on sera parvenu de cette manière aux limites du champ d'exploitation, on reviendra sur ses pas, en enlevant les massifs de houille laissés entre les tailles.

Les figures 55 et 56 représentent la méthode d'exploitation suivie à Liége. Le puits d'extraction se pratique non pas sur une même verticale, mais en deux parties parallèles et situées à peu de distance l'une de l'autre : cette disposition est nécessitée par le poids énorme de la quantité de houille dont on charge les tonnes d'extraction.

Lorsqu'au moyen du puits *a* on est parvenu à la couche qu'il s'agit d'exploiter, on commence dans la houille, le percement de la galerie *n*, en réservant à droite et à gauche de cette galerie horizontale, les massifs *h' h''*, qui sont destinés à soutenir, en cas de besoin, un serrement ou barrage pour contenir les eaux.

On établit ensuite la galerie *x* en *h''*, et l'on procède à l'extraction de la houille au-delà du point *n*, sur toute la largeur *h' h'' x*.

Au fur et à mesure que l'on s'avance, l'ouvrier boise et remblaie derrière lui, en ménageant l'ouverture des galeries *n* et *x*. On avance ainsi vers *n'*, et l'on élève successivement les montées q à partir des points 2, 3, 4, en poussant chacune des tailles auxquelles ces montées correspondent.

On boise et l'on remblaie de manière à conserver le passage dans les montées pour le roulage, et dans les voies adjacentes pour l'airage.

Les eaux se réunissent dans la galerie x et se rendent dans le réservoir c, d'où elles sont épuisées au moyen d'une ligne de pompes.

L'air arrive par le puits a, suit la route indiquée par la flèche, en passant devant toutes les tailles, et sort par la cheminée nd.

La houille extraite est transportée vers le puits par les galeries de roulage g et par la galerie horizontale nn'.

Les travaux d'aval pendage s'exécutent au-dessous du fond du puits, en pratiquant des tailles qui descendent sur la couche.

Cette partie des travaux présente de grandes difficultés ; ceux-ci sont principalement destinés à recevoir l'inondation ou à servir de réservoir en cas d'affluence des eaux de l'amont-pendage. Ils deviennent parfois ainsi de vastes lacs souterrains qui ont trop souvent été la cause de funestes catastrophes.

La méthode d'exploitation suivie à Liége présente avec la méthode par massifs longs proprement dite, cette différence que les massifs doivent toujours être réservés ; car le moindre éboulement pourrait produire l'inondation complète de la mine, en laissant passage à ces immenses réservoirs d'eaux accumulées dans les anciennes excavations, dont elle est environnée de toutes parts. Aussi doit-on ne s'avancer qu'avec les plus grandes précautions et toujours la sonde à la main.

3º *méthode.* — La méthode des piliers et galeries est une des plus simples méthodes d'exploitation.

Il suffit de pratiquer dans la couche, et suivant sa direction, une galerie de roulage ; à partir de cette galerie on pousse des galeries de traverse, que l'on coupe à angle droit par d'autres galeries. Entre ces galeries perpendiculaires restent des massifs de houille, qui servent à soutenir le toit. La largeur des tailles varie de trois à cinq mètres. Quant aux piliers, on leur donne ordinairement vingt mètres de longueur sur dix de largeur. Ces dimensions peuvent varier suivant le plus ou le moins de consistance du terrain.

Lorsqu'on aura ainsi divisé tout le champ d'exploitation au moyen de ce système de galeries perpendiculaires, il faudra enlever les piliers, en commençant par les plus éloignés. On peut pour cela couper le pilier en quatre au moyen de galeries, et enlever chacun des petits piliers qui se trouvent aux angles; on peut encore percer le pilier par de petites galeries et laisser ébouler. La figure 50 représente le mode de dépilage usité aux mines de Percy-Main en Angleterre. Chaque pilier intermédiaire est, comme on le voit, complètement enlevé, mais on n'enlève que la moitié des autres piliers.

Le dépilage est une des opérations les plus dangereuses que le mineur ait à exécuter; aussi est-on resté long-tems sans oser l'entreprendre.

Lorsque la houille et le mur de la couche n'ont qu'une faible consistance, il se produit souvent des mouvemens tels, que le sol s'exhausse d'une quantité considérable, et peut même remplir le vide des galeries.

Les figures 51, 52, 53, font voir les diverses périodes de ces mouvemens, depuis le moment où ils prennent naissance, jusqu'à celui où ils finissent par combler les galeries, et même par écraser les piliers. Lorsque les piliers ont des dimensions trop faibles pour résister aux mouvemens imprimés au sol par les masses supérieures, ils s'enfoncent, et une légère convexité qui se remarque au sol de la galerie est le premier indice du mouvement opéré en A. C'est plutôt par le son que par la vue, que le mineur s'aperçoit de ce premier mouvement. Bientôt le sol commence à s'ouvrir avec bruit dans le sens de sa longueur, ainsi qu'on le voit en B; quand cette ouverture C est complète, elle présente une forme culminante et bientôt enfin elle atteint le toit de la couche comme en D. Cette partie culminante est ensuite aplatie par la pression du toit, qui la force à prendre une direction horizontale et à fermer la galerie E. A ce moment les piliers de houille commencent à supporter une partie de la pression qui se fait sentir davantage en F, jusqu'à ce qu'enfin le mouvement soit complet en G. Cette dernière période a lieu lorsque la partie exhaussée du sol de la galerie supporte, conjointement avec les piliers de houille qui se trouvent de chaque côté, la pression totale des masses supérieures, et que la houille commence à se fendiller, et ne peut plus être exploitée sans de grandes dépenses et de grands dangers. Quand on attaque ces piliers, il faut soutenir le toit au moyen d'étais dont on voit la disposition en K ; plus tard, si on peut le faire avec sécurité, on enlevera ces étais sinon en totalité, du moins en partie ; il se produira alors un éboulement des masses supérieures qui remplira les vides, et qui peut même quelquefois occasioner des fissures à la surface. Lorsqu'on ne peut sans danger enlever les étais, il faut les abandonner ; mais ils cèdent à la longue à l'effort de la pression, et le même effet, c'est-à-dire l'éboulement, a encore lieu.

Les mines de la Loire et du nord de l'Angleterre sont exploitées par piliers et galeries.

Avant d'exposer la quatrième méthode d'exploitation, nous allons entrer dans quelques considérations importantes qui trouvent naturellement ici leur place.

La structure des couches de houille présente en général un système de fissures naturelles. Parallèlement à la stratification de la couche se rencontrent des plans de séparation qui divisent la masse en lits plus ou moins épais ; la masse est encore divisée par un autre système de fissures verticales ; ces plans de séparation ou miroirs sont nommés par les Anglais *bright heads*, Cette dénomination vient de ce que les masses de houille ainsi divisées par ces plans, présentent des surfaces planes et polies, à moins toutefois que ces surfaces ne soient couvertes d'une sorte d'écaille terne ou d'une concrétion blanche bien connue, composée en grande partie de carbonate de chaux provenant des infiltrations d'eaux ferrugineuses ou calcaires.

On conçoit combien ces deux systèmes de fissures favorisent les circonstances de l'abattage, en divisant ainsi la masse en parallélipipèdes d'un certain volume. La structure des couches est du reste très variable suivant les localités.

Nous avons vu que pour opérer l'abattage, on commençait par pratiquer à la partie inférieure du massif de houille, une entaille de quelques centimètres ; on lui donne la hauteur la plus faible possible pour ne pas perdre une trop grande quantité de charbon ; cette entaille peut quelquefois se faire dans le mur de la couche ; on place alors en dessous de petits tasseaux de bois pour contenir la masse. Cela fait, on pratique à chaque extrémité du massif deux entailles verticales, d'une profondeur égale à celle de l'entaille inférieure ; on a ainsi un parallélipipède de houille qui se trouve dégagé sur quatre faces. On opère la chute au moyen de coins qu'on chasse entre la masse et le toit. L'ouvrier doit aller avec précaution, et frapper de tems en tems avec la tête de son pic, pour reconnaître si le bloc ne renferme pas de miroirs. Ces miroirs qui n'ont entre eux qu'une faible adhérence, sont facilement désunis par l'effet des chocs, et par conséquent accélèrent l'abattage ; mais il est à craindre que le massif se détachant subitement n'écrase ou du moins ne blesse très gravement le mineur. Ces accidens ne sont que trop fréquens ; aussi, on ne doit jamais négliger les précautions qui peuvent les faire éviter.

Dans les mines du nord de l'Angleterre, après avoir pratiqué l'entaille inférieure et les deux entailles latérales, on achève l'abattage au moyen d'un coup de mine. On perce à la partie supérieure un trou d'un mètre de profondeur, et la charge se trouve ainsi placée près du toit. L'explosion a un effet d'autant plus considérable, qu'elle agit plus particulièrement sur un de ces plans verticaux de séparation qui se trouvent derrière la masse ; aussi cherche-t-on à percer le trou dans cette direction. Les mineurs chargés de ce travail acquièrent une telle connaissance de la disposition et de la nature de la substance, qu'ils peuvent généralement prononcer lorsque leur ciseau atteint une de ces surfaces polies, nommées miroirs

Il arrive assez fréquemment qu'en perçant un trou de mine on donne issue à un courant de gaz qui prend feu à la flamme des lampes, et qui pourrait occasioner de sérieuses explosions si on ne l'arrêtait pas à tems. Généralement, à moins toutefois qu'on ne soit tombé sur un réservoir considérable, il est facile d'intercepter ce courant ; dans quelques circonstances, on peut, pour le chasser, tirer un petit canon dont l'explosion produira l'effet voulu. Outre le danger provenant de l'inflammation irrégulière de la poudre et de l'émission des gaz, le mineur est en outre, comme nous l'avons vu, sujet aux chances d'éboulement subit du massif de houille à abattre. La nature des travaux souterrains exclut en général l'emploi de machines pour remplacer la force de l'homme. On a fait à cet égard, à différentes époques, un grand nombre d'expériences. Une des découvertes les plus ingénieuses fut celle d'une machine appelée du nom de son inventeur Willy

Brown's Ironman, l'homme de fer de Willy Brown, qui fut introduite dans les mines de Willington, il y a une soixantaine d'années.

Cette machine devait faire le travail d'un géant; mais comme elle exigeait un homme d'une force considérable pour la manœuvrer et un autre pour diriger le coup, elle fut bientôt abandonnée.

Nous devons mentionner une machine inventée par M. Vood de Newcastle, pour faire entrer et chasser les coins dans la houille, de manière à produire la chute du massif sans l'emploi de la poudre.

Cette machine consistait en une sorte de chemin de fer, le long duquel deux hommes faisaient mouvoir un énorme et lourd bélier en fer qui venait frapper un ciseau, de manière à produire une ouverture de quelques centimètres; on introduisait ensuite les coins, qu'on battait de la même manière, jusqu'à ce qu'on eût opéré la chute du massif.

On pensait que cette méthode empêcherait l'ébranlement, et par conséquent la rupture de la houille, effets produits par les coups de mine. Une cargaison de houille obtenue par ce procédé dans les mines de Gosforth, fut envoyée à Londres; mais l'augmentation des frais de main-d'œuvre et le prix d'achat de la machine en firent comme de Willy Brown's Ironman, un objet de curiosité plutôt que d'utilité; et l'on ne tarda pas à en abandonner l'emploi.

On a fait aussi quelques tentatives pour se servir d'immenses vis dans l'abattage de la houille.

4e *méthode.* — Lorsque les couches de houille n'ont qu'une très faible épaisseur, on est obligé de les exploiter par une méthode dite travail à cou tordu; cette méthode pénible est employée aux mines de Meisenheim, dans le pays de Deux-Ponts, et à celles de St.-Hippolyte, dans le département du Bas-Rhin.

Le terrain houiller de Meisenheim renferme deux couches dont la puissance varie de 0^m15 à 0^m20.

On a percé des galeries éloignées les unes des autres de 100 à 200 mètres, et d'une longueur de 200 à 500 mètres: on a ensuite pratiqué des embranchemens de 30 à 50 mètres de longueur qui, de même que les galeries, aboutissent à la couche. Ces galeries servent au roulage, facilitent la ventilation, et permettent de faire arriver les ouvriers sur plusieurs points à la fois ; elles doivent avoir les dimensions convenables pour ces divers services.

On commence alors les tailles, et voici comment on opère. Le mineur, qui est quelquefois tout-à-fait nu, se couche de son long sur un côté ; il a seulement quelques chiffons assujétis au moyen de planches minces, sur le bras et la cuisse qui reposent.

Dans cette position, il entaille le mur et le toit à une profondeur de 0^m50 à 0^m65 et sur une longueur de 1^m20 à 1^m60. L'instrument dont il se sert pour cela est une espèce de pioche dont le manche a deux fois la longueur du fer ; il est un peu courbé et plat, quoique assez épais, et tranchant d'un seul côté, surtout près de la pointe ; après avoir dégagé en dessus et en dessous, il enfonce une lame de fer terminée en coin, au moyen de laquelle il fait tomber les morceaux de son côté. La hauteur de l'excavation ainsi faite n'est que de 0^m40.

L'ouvrier soutient le toit au moyen de pièces de bois de 0^m10 de diamètre et espacées de 1^m25 ; il les enlève à mesure qu'il avance, pour les remplacer par les déblais qu'il obtient en assez grande quantité. On place la houille dans une caisse de 0^m15 environ de profondeur, 0^m70 de largeur et 1^m30 de longueur ; ce sont des enfans qui font le service du roulage ; ils s'attachent au pied un anneau fixé à l'une des extrémités de cette caisse, qu'ils traînent ainsi jusqu'à la galerie de roulage ; là se trouve une brouette dans laquelle on vide la houille contenue dans cette caisse nommée chien.

Ce travail est, comme on le voit, très pénible ; mais il est nécessité par la faible puissance des couches.

On emploie aux mines de Meisenheim cent ouvriers qui retirent annuellement trois millions de kilogrammes. Chaque ouvrier reçoit 10 centimes par mètre cube, et il ne peut en extraire plus de quatorze ou quinze par jour ; un mètre cube donne deux cent cinquante kilogrammes de houille, et il est vendu 14 centimes et demi.

Deuxième cas. — L'inclinaison de la couche excède 45 degrés.

On opère, dans ce cas, par *gradins renversés*.

Après avoir percé dans la couche une galerie d'alongement,

on fera partir à droite et à gauche du puits différentes galeries montantes suivant l'inclinaison de la couche, ou suivant une ligne intermédiaire entre la direction et l'inclinaison ; elles seront espacées de 5o à 1oo mètres. D'autres galeries de niveau, pratiquées de distance en distance, découperont la masse en carreaux.

Un premier mineur se place alors au fond du puits au-dessus de la galerie de roulage, et sur un petit échafaud établi au niveau du plafond de cette galerie, il abat un massif de houille d'un à deux mètres de hauteur sur dix mètres de longueur. Un deuxième mineur se place sur un échafaud, et abat un deuxième massif sur une longueur de 1o mètres, pendant que le premier mineur continue à s'avancer ; puis un troisième mineur commence de la même manière au-dessus du deuxième, et ainsi de suite. Le massif ainsi découpé présente l'image d'un escalier dont les marches seraient vues par dessous.

Les déblais sont placés sur un plancher construit au-dessus de la galerie de roulage, et qui doit en conséquence avoir une assez grande solidité. Le mineur travaille dans l'angle rentrant formé par le toit et la paroi antérieure de son entaille ; cette position est quelquefois gênante, mais le poids de la masse aide l'abattage.

Comme on cherche à obtenir la houille en morceaux aussi gros que possible, on fait ordinairement des gradins très grands : on leur donne 1o mètres de hauteur et 15 de profondeur, et on place plusieurs mineurs sur chacun d'eux ; dans ce cas, on pratique, à partir du bas de chaque gradin, une galerie de roulage, pour transporter la houille au puits d'extraction ou à la galerie principale. Telle est la méthode suivie à Anzin.

Lorsqu'on craint un dégagement de gaz, on ne donne aux gradins que 2 mètres de hauteur sur 4 mètres de longueur. On se dispense des planchers intermédiaires pour le transport de la houille ; c'est la méthode suivie dans quelques mines des environs de Mons.

Figure 58, *p* est le puits d'extraction, *p'* le puits d'airage; *aa* sont des galeries horizontales pratiquées au mur de la couche et aboutissant l'une à la galerie d'alongement *m* ; l'autre à la taille supérieure. Devant chaque gradin est placé un mineur qui abat la houille, et la fait tomber sur le gradin inférieur; de là, on la pousse sur le gradin suivant, et elle parvient de cette manière à la galerie d'alongement, d'où on la transporte au puits. Ce mode a l'inconvénient de briser la houille ; en outre, la circulation de l'air est gênée par la suite d'angles rentrans et saillans que présentent les gradins, on voit qu'il faut se procurer assez de déblais pour en former un plan très voisin des gradins, qui force le courant d'air à raser leur surface.

On emploie dans d'autres mines des environs de Mons une méthode qui offre quelques modifications.

Figure 57, *p* est le puits d'extraction, *p'* le puits d'airage. *aa* est une galerie d'alongement qui sert aussi de galerie d'écoulement ; les tailles *tt* montent suivant l'inclinaison de la couche, elles ont 18 mètres de largeur ; douze mineurs travaillent de front ; ils avancent de 2^{m}60 par jour sur toute la largeur de la taille. Le remblaiement et le boisage a lieu comme à l'ordinaire. La houille est transportée par les galeries montantes à la galerie de roulage, et de là au puits d'extraction. *qqq* sont des portes pour l'airage ; elles sont habituellement fermées, et ne s'ouvrent qu'instantanément pour le service du roulage.

EXPLOITATION DES COUCHES PUISSANTES OU DE LA HOUILLE EN MASSE.

L'exploitation des couches consistantes et d'une faible puissance se fait, comme nous l'avons vu, avec facilité, quelle que soit d'ailleurs l'inclinaison de la couche ; mais les difficultés se font sentir lorsqu'il s'agit d'exploiter une couche d'une grande puissance, et elles croissent avec la puissance de la couche. Les frais de boisage deviennent considérables; il est presque impossible de suffire à l'énorme quantité de bois nécessaires pour soutenir les excavations ; il faut les renouveler souvent, et encore ne parvient-on pas toujours, malgré cela, à assurer la solidité et à empêcher les éboulemens, qui finissent par amener la ruine de l'exploitation, et forcent à l'abandonner.

L'airage et l'épuisement des eaux sont en outre deux autres obstacles tout aussi grands.

Mais les difficultés augmentent encore, si l'exploitation a lieu dans une masse ou un amas de houille ; alors on ne peut plus employer le boisage, puisqu'on ne saurait où établir les étais d'une manière solide, et il faut avoir recours à d'autres moyens de soutènement.

Cette difficulté qui se présente dans l'exploitation des grandes masses de houille, avait fixé dans le siècle dernier l'attention du Gouvernement. En 1792, il nomma une commission composée de quatre membres, qui fut chargée de faire un rapport sur ce sujet. MM. Duhamel fils, Baillet, Laverrière et Blavier s'acquittèrent parfaitement de la tâche qui leur était confiée, et c'est de leur Mémoire inséré dans le tome VIII du Journal des Mines, que nous allons extraire les règles à suivre dans l'exploitation des couches puissantes ou des masses de houille.

Avant d'exposer les méthodes indiquées par la Commission, nous devons établir les principes suivans, qui sont la base de toute bonne exploitation.

Il faut en général percer le puits en dehors de la masse, afin d'en assurer la solidité, et de ne pas être obligé de laisser autour de ses parois une masse inexploitée.

Il faut commencer l'exploitation au point le plus bas, et avoir le soin de retirer le boisage et de remblayer sans laisser aucun pilier. Les dimensions des tailles varient suivant la solidité de la masse.

On remplacera le boisage par le muraillement, lorsque la sécurité des travaux l'exigera.

Trois méthodes sont applicables à l'exploitation des mines en masse, et nous allons les décrire successivement.

1° Ouvrage en travers.

2° Ouvrage en travers avec piliers isolés montant de fond.

3° Piliers de refend montant de fond.

1re *méthode.* — Cette méthode très ancienne consiste à percer, à partir du fond du puits et sur le mur de la couche, une galerie d'alongement ; on entaille en partie le sol de cette galerie sur le mur, afin de pouvoir par la suite y établir d'une manière solide les canaux de bois destinés à la conduite des eaux (fig. 59).

Un premier mineur placé à l'extrémité de cette galerie commence alors à entailler la couche sur une hauteur de 2 mètres et une largeur de 2 ou 3. Un second mineur placé en-deçà du premier, à une distance telle qu'il reste un intervalle de trois entailles entre lui et le premier, commence une deuxième entaille. Un troisième, un quatrième mineur attaquent de même une troisième, une quatrième entaille, en laissant entr'eux un intervalle égal à la distance de trois entailles. On coupe ainsi la couche en travers, et on la perce jusqu'au toit. Le mineur boise avec soin à mesure qu'il avance : le minerai est transporté au puits par la galerie d'alongement. Lorsqu'on est arrivé au toit, on comble ces tailles en commençant par leur extrémité et en enlevant le boisage à mesure que l'on se retire ; cela fait, on attaque les massifs 1 et 2 sur lesquels on opère de la même manière, et quand ils ont été exploités et remblayés, on commence les entailles intermédiaires 3.

Pendant qu'on exploite ce premier étage, on en prépare un deuxième au-dessus, et l'on commence une seconde galerie d'alongement dont le sol doit reposer sur le plafond de la première. On ouvre ensuite les entailles de même qu'au premier étage. Les mineurs marchent sur les remblais de l'étage inférieur, et les cadres doivent reposer sur des semelles en bois. Tout en exploitant ce deuxième étage, on doit préparer la galerie d'alongement du troisième étage.

La galerie inférieure sert au roulage et à la sortie des ouvriers pour quelques étages supérieurs ; elle doit alors être solidement boisée ; on peut même faire un muraillement à sec sur le côté opposé au mur de la couche, afin d'établir dessus de fortes traverses pour soutenir les décombres.

Cette méthode, employée en Hongrie depuis un grand nombre d'années et décrite par Délius dans son Art des Mines, présente quelques avantages importans.

L'ouvrier se trouve mis en sûreté par le boisage et les remblais.

Le mur et le toit ne sont jamais à découvert que sur une faible longueur, 2 ou 3 mètres.

L'abattage est facilité, en ce que la masse est à découvert sur deux et même trois faces.

Les étais peuvent s'enlever et servir de nouveau pour le boisage d'autres galeries.

Toute la masse peut s'extraire, puisqu'on n'est pas obligé de laisser de piliers.

Cette méthode s'applique avec avantage aux couches de houille fortement inclinées et présentant une certaine consistance.

On ne doit pas mettre en balance la dépense du remblai avec la valeur de la houille ; car lors même qu'on sera obligé d'amener les remblais de la surface, la dépense sera encore bien inférieure à la valeur de la houille. Un mètre cube de remblais coûte 1 fr. 50 c. ; or, un mètre cube de houille dans la mine produit un mètre cube et demi et pèse 1500 kilogrammes qui valent, sur le carreau de la mine, huit à neuf fois autant que la dépense du remblai.

Lorsque la houille est peu consistante, il faut laisser le boisage. La Commission conseille, dans ce cas, de substituer au boisage le muraillement à sec ; il faudrait pour cela, établir sur le sol ferme du premier étage, en travers de la masse, des murailles de 0^m70 à 0^m80 d'épaisseur et distantes de 2 à 3 mètres ; on les construirait à mesure qu'on avancerait les entailles, on les éleverait jusqu'au plafond et on remblaierait leurs intervalles ; de cette manière on serait en sûreté contre les affaissemens. Lorsqu'on travaillerait dans un étage supérieur, il suffirait d'exhausser les murailles successivement, et de remblayer les vides intermédiaires.

2e *méthode* (fig. 60). — Lorsque la masse présente peu de solidité et qu'on craint les affaissemens, on peut modifier la méthode de l'ouvrage en travers, en laissant quelques piliers isolés montant de fond.

Après avoir creusé un puits d'extraction en dehors de la masse à exploiter, et à peu de distance de cette masse, on mènera à quelques mètres au-dessus du fond du puits, une galerie *a* qu'on poussera jusqu'au toit de la masse. On ouvrira alors à droite et à gauche de cette galerie une galerie *dd*.

On suivra le mur s'il est bien réglé, sinon on percera cette galerie dans la masse et de manière à ce qu'elle soit perpendiculaire à la première galerie ; parallèlement à *dd* et à des intervalles proportionnés à la solidité de la masse, on ouvrira les galeries *ec, ff*, on recoupera ensuite les massifs qui séparent ces galeries, par d'autres galeries *gg* parallèles à *aa*, de manière à ne laisser que des piliers de houille. A mesure que l'ouvrier avance, il remblaie les excavations, et il peut ainsi enlever le boisage provisoire qu'il avait posé : si cependant la masse était trop peu solide, il faudrait laisser le boisage en totalité ou en partie.

Ce premier étage exploité, on passera à l'étage supérieur, sans laisser de massif intermédiaire; on ouvrira des galeries semblables à celles du premier étage, on les établira directement au-dessus, en leur donnant exactement les mêmes dimensions. Les remblais et les piliers du premier étage serviront de guides pour l'alignement des travaux de l'étage supérieur; si le boisage de la première galerie a été enlevé, il faudra poser sur des semelles les étais du second étage, sinon ils reposeront sur les chapeaux des galeries inférieures. La hauteur des étages de même que les dimensions des piliers dépendent du plus ou moins de consistance de la masse à exploiter.

On voit ainsi qu'en s'élevant successivement, et continuant les travaux de la même manière, on obtiendra des piliers de houille qui se prolongeront depuis le fond du terrain ; ces piliers qui s'écraseraient bientôt s'ils étaient isolés, étant entourés et soutenus par les remblais, auront assez de force pour résister à la pression. Lorsque les remblais auront acquis une solidité convenable, on pourra opérer avec sécurité l'enlèvement de ces piliers dont on connaît la position ; on achevera ainsi l'extraction complète de la masse.

Les eaux trouvant un écoulement naturel au travers des déblais, se rendront vers le puisard, d'où il sera facile de les épuiser.

On pourra aussi établir avec facilité un airage convenable, et diriger le courant d'air suivant le besoin de la ventilation.

Le seul obstacle que présente cette méthode d'exploitation, est la grande masse de déblais qu'elle nécessite; mais nous avons fait voir que la dépense des remblais est bien inférieure à la valeur de la houille. Les déblais seront amenés de la surface, ou bien on les prendra dans la mine. A quelques mètres du toit et dix étages au-dessus de l'étage inférieur, on poussera une galerie de trente à quarante mètres de longueur ; à son extrémité on pratiquera une autre petite galerie coupant la première en croix, et l'on fera descendre dans la galerie en exploitation, les déblais fournis par les éboulemens.

Cette méthode offre quelque rapport avec celle suivie au

Creuzot. Le puits est creusé dans la masse, ce qui occasione une perte de houille produite par le massif qu'on est obligé de laisser pour assurer la solidité du puits. Les piliers ont trois mètres d'épaisseur, et les galeries deux mètres de largeur. L'exploitation se fait en descendant, par suite il est impossible que les piliers des étages successifs se correspondent parfaitement et se trouvent d'aplomb; les éboulemens sont fréquens; les eaux sont difficiles à épuiser; le feu présente aussi de grands dangers. De plus la perte de houille est considérable, elle est de 11715.

Les mines de Bradley près Bilston dans le Staffordshire, sont exploitées par une méthode qui présente une certaine analogie avec celle que nous venons d'indiquer.

3e *méthode.*—On peut, au lieu de recouper les massifs qui séparent les galeries transversales de manière à laisser des piliers, en conserver seulement quelques-uns et enlever les autres. Cette méthode est dite méthode des piliers de refend montant de fond.

On pourra donner aux piliers une épaisseur constante de deux à trois mètres, mais leur distance devra varier suivant le plus ou moins de consistance de la masse.

Si la masse présente quelque solidité, l'intervalle entre les piliers pourra être trois ou quatre fois la largeur des piliers, et l'extraction sera par conséquent les 3/4 ou les 4/5 de la masse. Ces intervalles seront exploités soit par plusieurs ouvriers placés de front, soit par plusieurs ouvriers placés en retraite, soit enfin par galeries successivement remblayées. On soutiendra ces chambres au moyen d'un boisage provisoire que l'on enlevera à mesure que l'on placera les remblais (fig. 61 et 62).

Si la masse est ébouleuse, les chambres, au lieu d'avoir une largeur de 9 à 10 mètres, ne devront plus avoir que $1^m 50$ à 2^m; on ne devra pas chasser à la fois deux galeries immédiatement voisines, et les piliers de refend devront être moins éloignés et séparés seulement par trois épaisseurs de galerie. Il convient dans ce cas de substituer au boisage un muraillement en pierre sèche ayant un mètre d'épaisseur.

Lorsque l'exploitation est terminée à un premier étage, on attaque un deuxième étage d'exploitation semblable au premier, en laissant de nouveaux piliers au-dessus de ceux de l'étage inférieur. Il faut observer que, pour ne pas perdre l'avantage

des massifs ou refends, qui consiste principalement à faire porter l'un sur l'autre le mur et le toit de la masse de houille , il
convient que la galerie longitudinale menée dans la masse , au
niveau de chaque étage, alterne de côté et ne soit pas toujours
immédiatement au-dessus de la même galerie inférieure , et
qu'ainsi les massifs ne soient pas coupés dans toute leur hauteur : on pourra faire alterner ces galeries de côté de deux
en deux étages.

Lorsque l'exploitation est ainsi achevée, on peut reprendre
ces massifs laissés pour la solidité. Il suffira de percer un puits
sur l'un de ces massifs, et l'on arrivera aux autres au moyen de
galeries chassées au travers des remblais.

Cette méthode, de même que la précédente, offre l'avantage
de pouvoir obtenir l'extraction complète de la masse exploitable.

CHAPITRE VIII.

—

DANGERS ET ACCIDENS DES MINES.

Trois genres de dangers menacent le mineur dans son travail :
les éboulemens , les inondations et les explosions.

Il arrive parfois que des masses énormes se détachent tout-
à-coup du toit ou de la couche, et ensevelissent l'ouvrier sous
leurs décombres, mais ces accidens sont rares et peuvent en
général être évités par des précautions convenables. Quand on
réfléchit à la manière dont se font les excavations, et à l'énorme
masse qui se trouve au-dessus et dont on ne connait souvent
qu'imparfaitement la ténacité, on est étonné du petit nombre
d'accidens provenant de cette cause. Les miroirs rendent
l'exploitation des couches de houille dangereuse. Dans les
mines de Wallsend et surtout dans la couche dite Bensham-
seam, on rencontre un phénomène dangereux , nommé cul de
chaudron *cauldrons bottom*. Ce phénomène est dû à une formation de grès autour de végétaux qui se sont ainsi trouvés

étouffés ; comme ces végétaux présentent une surface brillante et polie, il arrive souvent qu'ils tombent et entraînent avec eux des masses plus ou moins considérables. Les mineurs connaissent généralement le danger qui les menace. Dans les mines des environs de Bristol, les ouvriers sont exposés à un autre genre de danger à peu près analogue. Le grès rouge qui est supérieur aux couches de houille, contient une formation de globules nodulaires alongés à leur base, ce qui leur a fait donner le nom de moules de cloche, *bell moulds* : on les trouve dans le roc dont ils ne sont séparés que par une couche assez épaisse d'oxide de fer. Les coups de pic donnés pour opérer l'abattage de la houille, ébranlent peu à peu ces moules de cloche, qui finissent par se détacher de leurs parois, et dans leur chute subite, écrasent ou blessent dangereusement le mineur.

Les inondations soudaines sont plus fréquentes que les éboulemens, et présentent de plus grands dangers. Ces accidens arrivent surtout dans le voisinage des anciens travaux; aussi ne doit-on, dans ce cas, s'avancer qu'avec les plus grandes précautions.

Aux mines de Heaton dans le comté de Durham, une inondation d'eaux provenant d'anciens travaux coûta la vie à quatre-vingts personnes en 1815.

Pareil accident eut lieu aux mines du Bois-Monzil à Saint-Etienne, en 1830. Deux couches étaient en exploitation, et l'on y arrivait par un puits vertical et par une galerie inclinée. La couche supérieure communiquait avec la couche inférieure par une seule galerie; et comme elle avait été jugée insuffisante pour la communication, on avait entrepris le percement d'une seconde galerie. Le voisinage d'anciens travaux près desquels se faisait le percement, rendait nécessaire les précautions, aussi faisait-on précéder les travaux d'un sondage de sûreté; mais cette précaution avait été négligée depuis quelque tems, parceque jusque-là rien n'était venu confirmer les craintes qu'on avait pu concevoir.

Le mercredi 2 février, les ouvriers étaient descendus dans la mine, lorsque le piqueur qui travaillait au percement de la galerie de communication, donna un coup de pic qui laissa passage à un énorme volume d'eau. Le torrent jaillit avec une violence telle qu'il entraîna tout ce qui se trouvait sur son passage; huit ouvriers furent immédiatement noyés, les autres furent assez heureux pour s'échapper, mais douze ouvriers qui étaient occupés dans la couche supérieure se trouvèrent enfermés sans qu'il leur fût possible de s'échapper par la galerie de communication dont les eaux leur défendaient l'approche. Dans l'espace d'une heure les eaux avaient rempli le puisard qui contenait cent quatre-vingts mètres cubes, et s'étaient élevées à onze mètres au-dessus de la recette.

A la première nouvelle de l'accident, les ingénieurs des mines MM. Delseries et Gervoy se rendirent en toute hâte sur les lieux, et après s'être fait rendre compte de la manière dont les choses s'étaient passées, ils adoptèrent, pour sauver les ouvriers enfermés, le moyen qui leur parut le plus sûr et le plus rapide, savoir, d'épuiser les eaux et d'arriver à la couche supérieure par un percement. Ils furent aidés dans leur tâche par les mineurs des exploitations de Saint-Etienne, et par la population tout entière, jalouse de concourir à la délivrance des infortunés prisonniers. Afin de se mettre le plus tôt possible en communication avec eux, pendant qu'on exécutait le percement, on faisait en même tems un sondage. Ce ne fut que le lundi au matin qu'on put leur faire arriver quelques alimens par le trou de sonde; le soir à dix heures le percement fut achevé, et les douze mineurs furent rendus à la liberté après être restés cent vingt heures sans nourriture et cent trente-sept heures enfermés.

En 1833, un énorme torrent provenant d'anciens travaux inonda subitement la mine de Workington: trente-deux ouvriers s'y trouvaient alors occupés, mais quatre seulement furent victimes de l'inondation.

Les plus terribles et les plus fréquens accidens sont sans contredit ceux qui proviennent des explosions de gaz inflammables. La seule énumération des accidens de cette nature occuperait un trop long espace; nous ne rapporterons ici que deux des plus funestes.

Le premier eut lieu en 1812, aux mines de Felling; l'explosion fut telle qu'on en entendit le bruit à trois ou quatre milles de distance, et la secousse qui en résulta fut ressentie à un demi-mille à la ronde. Cent vingt-et-une personnes se trouvaient alors dans la mine, mais vingt-neuf seulement purent être ramenées au jour, vivantes. On fut obligé, pour éteindre le feu qui avait été communiqué par l'explosion, de fermer toute issue à l'air atmosphérique. C'était le 25 mai qu'eut lieu cette explosion, et ce ne fut que le 19 juin suivant qu'on put pénétrer dans la partie des travaux qui avait été le théâtre principal de l'événement, et où se trouvaient les cadavres des ouvriers victimes de l'explosion. Quelques-uns étaient ensevelis sous les décombres du toit de la couche, d'autres étaient presque carbonisés, d'autres au contraire, paraissaient être tombés comme accablés par le sommeil, çà et là gisaient des membres épars. Tous les corps furent retrouvés à l'exception d'un seul, mais ils étaient tellement défigurés, qu'on ne put les reconnaître qu'à leurs vêtemens et aux objets qu'ils avaient sur eux.

Au mois de juin 1835, une explosion eut lieu aux mines de Wallsend; cent et une personnes perdirent la vie par suite de cet accident. Le matin du jour même, les sous-inspecteurs avaient visité les travaux, et les avaient trouvés dans un état satisfaisant; on ne sait à quelle cause attribuer cet événement, car des quatre personnes qui furent seules sauvées du danger, aucune ne put rendre compte de la manière dont les choses s'étaient passées. Il paraît cependant que la plus grande partie des mineurs avait immédiatement quitté la place où ils travaillaient, au moment où ils entendirent l'explosion ; mais comme elle avait occasioné des éboulemens considérables, le courant d'air et le passage au puits se trouva ainsi intercepté, et les ouvriers périrent étouffés.

CHAPITRE IX.

—

DE LA RÉSISTANCE DES MATÉRIAUX EMPLOYÉS DANS LES MINES.

C'est au moyen du boisage et du muraillement qu'on peut, dans les mines, empêcher les éboulemens, et arrêter ou plutôt détourner les eaux ; mais avant d'exposer ces moyens de sécurité, nous devons dire quelques mots sur les matériaux employés dans les constructions souterraines.

Ces matériaux sont le bois, les briques, les cimens, les mortiers, les pierres et le fer.

Deux forces président à la constitution des corps, l'une attractive, l'autre répulsive : ces forces tendent constamment à se tenir en équilibre, et si l'on fait varier l'une d'elles, elle tend naturellement à revenir à son état primitif, ce qui a lieu dès que la force qui avait dérangé son équilibre a cessé son effet ; le corps reprend son état primitif, mais il n'y arrive qu'en oscillant autour du point d'équilibre, oscillation que l'on nomme vibration, et qui devient toujours de plus en plus faible. Cette propriété dont jouissent les corps, se nomme élasticité, et c'est en vertu de cette élasticité, que les matériaux résistent aux pressions auxquelles ils sont soumis.

Les matériaux sont susceptibles de diverses sortes de résistance, résistance à l'extension ou à la compression, résistance à la flexion, résistance à la rupture, et résistance à l'écrasement.

Au moyen de formules connues, et qu'il n'entre pas dans notre sujet de développer ici, il est facile de calculer, dans chaque cas, le maximum de résistance des matériaux.

Les bois sont employés dans les mines, pour le soutènement des galeries et des puits. Parmi les diverses espèces de bois, le chêne réunit au plus haut degré toutes les qualités nécessaires à la durée et à la solidité. Le chêne noir a une pesanteur spécifique plus grande que celle du chêne blanc ; il est aussi plus dur ; il est ordinairement coupé par des nœuds qui le rendent difficile à travailler, mais il s'emploie utilement dans les mines.

Le hêtre peut remplacer le chêne avec avantage. Les bois sont sujets à un grand nombre de défauts qui les rendent impropres aux constructions, aussi ne doit-on employer dans les mines que des bois très sains.

Rondelet, qui a fait un grand nombre d'expériences pour déterminer la résistance des bois, a démontré :

Qu'une pièce de bois chargée verticalement, est suceptible de plier lorsque sa longueur surpasse dix fois son équarrissage.

Que le poids qui peut écraser en la comprimant, une pièce dont la longueur est égale à une ou deux fois l'épaisseur, peut être estimé, pour le chêne et le sapin, à trois cents kilogrammes par centimètre carré de la section transversale.

Que l'évaluation précédente doit être réduite aux cinq sixièmes, lorsque la longueur de la pièce est égale à douze fois l'épaisseur, et à moitié, quand la longueur est égale à vingt-quatre fois l'épaisseur.

Les pierres sont susceptibles d'une plus grande résistance que les bois ; aussi les travaux de maçonnerie sont-ils préférés au boisage dans les mines, lorsque les constructions exigent une grande solidité et une grande durée.

Les granites, les grès et les calcaires sont les principales pierres qui servent aux constructions.

Les granites sont peu employés pour les travaux des mines.

Les grès comprennent un grand nombre d'espèces ; mais tous ne sont pas susceptibles de résister à l'action de l'eau et de l'air. Certains grès houillers se désagrègent promptement, et ne font que des constructions peu solides.

Les variétés de calcaires sont très nombreuses ; ceux que l'on doit employer de préférence, sont ceux à grain fin, homogène, à texture compacte uniforme, d'une égale densité, ceux enfin qui jouissent de la propriété de ne point absorber l'humidité : ce sont en général des calcaires durs.

Le tableau suivant, résultat des expériences faites par Rondelet sur un grand nombre de pierres, pourra servir de guide pour connaître la résistance des matériaux que l'on devra employer. Les expériences ont été faites sur des cubes de 0^{m}05 de côté.

NATURE DES PIERRES.	PESANTEUR spécifique.	POIDS produisant l'écrasement.
		kilogrammes.
Basalte de Suède.	3 06	47 809
Basalte d'Auvergne.	2 88	51 945
Granite feuille morte des Vosges.	2 66	20 482
Granite de Normandie.	2 66	17 555
Granite vert des Vosges.	2 85	15 487
Granite gris de Bretagne.	2 74	16 553
Granite gris des Vosges.	2 64	10 581
Porphyre.	2 80	50 021
Grés très dur roussâtre.	2 52	20 337
Grès blanc.	2 48	23 086
Grès tendre.	2 49	98
Pierre noire de S.-Fortunat.	2 65	15 668
Cliquart de Meudon (calc. gross.)	2 44	11 977
Cliquart de Vaugirard (idem).	2 37	9 616
Pierre du Mans dite Roussard.	2 64	6 852
Pierre de Compiègne.	2 32	6 967
Pierre fine de Senlis , n° 1.	2 30	6 219
Pierre de Senlis ; n° 2.	2 11	3 915
Pierre blanche de Tournus.	2 37	5 139
Roche dure de Chatillon près Paris	2 29	4 347
Roche douce de Chatillon.	2 08	3 339
Pierre de Saillancourt 1re qualité.	2 41	3 536
Idem 2° id.	2 29	2 994
Idem 3° id.	2 10	2 304
Pierre de Bernay	2 02	3 109
Pierre de Tonnerre n° 1.	1 86	3 167
Idem n° 2	1 78	2 764
Idem n° 3.	1 76	2 648
Pierre ferme de Conflans.	2 07	2 245
Pierre tendre de Conflans n° 1.	1 82	1 407
Idem n° 2.	1 80	1 390
Pierre de S.-Leu n° 1.	1 70	1 382
Idem n° 2.	1 65	1 209
Tuf gris de Saumur.	1 40	1 118
Tuf blanc de Saumur.	1 29	667

Des expériences de Rondelet il résulte que les pierres dont le grain est homogène et la texture uniforme sont plus résistantes que celles dont le grain est mélangé, quoique ces dernières soient quelquefois plus dures et plus pesantes.

Les résistances des pierres de même nature sont en général entr'elles comme les cubes de leurs pesanteurs spécifiques.

Les pierres commencent à éclater et à se fendre sous une charge d'environ la moitié de celle nécessaire pour produire l'écrasement, mais on ne doit pas leur faire supporter une pression de plus du dixième de celle qui produit l'écrasement.

Les briques se font avec une argile mélangée de sable en plus ou moins grande quantité; on pétrit ce mélange, on le moule, on fait sécher les briques à l'air, puis on les expose à l'action d'un feu violent, afin de leur donner le degré de dureté convenable.

L'argile ne doit pas être trop grasse, ce qui empêcherait le mortier de se lier parfaitement; elle ne doit pas non plus être trop maigre pour ne pas rendre les briques fragiles.

Les briques sont d'autant plus résistantes qu'elles sont plus denses.

Le tableau suivant indique la résistance de diverses sortes de briques, et peut servir à comparer cette résistance à celle des pierres.

INDICATION des BRIQUES ESSAYÉES.	PESANTEUR spécifique.	POIDS produis. l'écrasement.	
		pour une base de 0m01 carré.	pour une base de 0m25 carrés.
Brique dure.	1 555	149 kil.	3725 kil.
Brique de Stourbridge.	»	139	3475
Brique de Hammersmith brûlée.	»	116	2900
Idem.	»	81	2025
Brique rouge.	2 168	65	1625
Brique rouge pâle.	2 085	45	1125

Les mortiers employés dans les travaux des mines doivent être de bonne qualité. Ces mortiers sont un mélange de chaux et de sable en proportion convenable ; les proportions ne peuvent être assignées d'une manière absolue : elles dépendent de la nature de la chaux, et de celle des ingrédiens que l'on emploie.

Les mortiers destinés à lier les matériaux d'une maçonnerie enfouie s'attachent faiblement à la pierre et à la brique, quand ils sont composés de proportions exactes ; on en augmente l'adhérence en y laissant un léger excès de chaux, mais c'est toujours aux dépens de leur cohésion propre.

Les limites des résistances absolues des mortiers à chaux et à sable, varient par centimètre carré de 18,53 kil. à 0,75.

Le fer joue un rôle très peu important dans les travaux souterrains.

La fonte est employée avec un grand avantage pour remplacer les bois. Elle est susceptible d'une bien plus grande résistance que le bois, et de plus sa durée est infiniment supérieure.

D'après Tredgold qui a fait de nombreuses expériences sur la résistance de la fonte, le poids qui peut écraser un prisme de fonte dont la longueur est égale à une ou deux fois l'épaisseur, peut être estimé, par chaque millimètre carré de la section transversale, à cent kilogrammes.

Cette évaluation devra être réduite aux deux tiers à peu près, quand la longueur est égale à quatre fois l'épaisseur ; à moitié environ, quand la longueur est égale à huit fois l'épaisseur, et au cinquième quand la longueur est égale à trente-six fois l'épaisseur.

On ne doit pas faire porter aux pièces de fonte plus du cinquième de la charge qui produirait la rupture.

CHAPITRE X.

—

MOYENS DE SOUTÈNEMENT DES TERRES.

On ne doit employer dans les travaux des mines que des bois sains et forts. Les bois durs sont ceux qui résistent le mieux aux causes destructives qui tendent à les écraser et à les altérer. Les bois se décomposent et s'altèrent promptement dans les mines, surtout lorsqu'ils sont exposés à un air humide et chaud : ils sont sujets alors à une maladie dite carie sèche. La carie sèche paraît être une végétation fougueuse qui se fait dans l'intérieur du bois, et qui serait produite ou alimentée par la sève restée dans ces bois. Cette végétation ou gangrène, d'abord presque imperceptible, gagne de proche en proche de l'intérieur à la surface ou de la surface à l'intérieur. Les causes qui développent le germe ou les progrès de la carie sont la chaleur, la sécheresse et le non renouvellement de l'air ambiant ; cependant la maladie agit aussi dans les lieux où la chaleur est modérée. M. d'Aubuisson a observé dans les mines de Freyberg, que des bois ne duraient que trois années dans les galeries où la chaleur était de 10° à 12°, mais dont l'air était fort sec et stagnant, tandis que plus loin ces bois duraient douze ou quinze ans. On a remarqué que les bois se conservaient plus long-tems dans les endroits humides et où l'air était frais et renouvelé souvent.

Quelques naturalistes ont avancé que les chênes écorcés au printems et coupés dans l'hiver suivant, sont moins sujets à la carie ; mais M. Brard qui a fait cette épreuve sur plusieurs sapins, n'y a pas remarqué la différence signalée. Cette opération, qui du reste n'est pas sans danger, a l'inconvénient d'augmenter le prix du bois.

Le bois d'acacia paraît être beaucoup moins sujet à la carie sèche que le chêne, c'est du moins ce que prouvent les expériences faites par M. François dans les mines de Carmeaux.

L'altération des bois est produite, dans ces mines, par l'action de l'air chaud chargé d'exhalaisons putrides et circulant mal dans les travaux. L'acacia dont on s'est servi pour les expériences a été employé vert, et avec son écorce; les cadres d'acacia ont été isolés entre les cadres de chêne. Voici quels ont été les résultats des observations.

Sous l'influence de la chaleur il se forme, entre l'écorce et l'aubier de l'acacia, un suc jaunâtre très visqueux formant un enduit parfait sur l'aubier et le garantissant des atteintes de l'air ambiant. Ce liquide, qui n'est sans doute autre chose que la sève, paraît sortir de l'écorce de l'arbre, car partout où cette dernière est enlevée, l'enduit ne se fait pas et l'arbre entre plus rapidement en souffrance; il faut toutefois en excepter les points qui offrent quelque nodosité et où la dureté est par conséquent plus grande. Cet enduit persiste pendant environ huit mois; lorsqu'il se perd, l'écorce se maintient toujours, ce qui n'a pas lieu dans le chêne, alors l'aubier lentement attaqué sous l'écorce, se convertit en une substance ligneuse percée de petit pores et très spongieuse : cette propriété contribue probablement beaucoup à la conservation du bois d'acacia. Ce bois, après quatre ans de séjour dans les mines, ne présentait d'attaqué que l'aubier, sans que les parties voisines eussent subi la moindre altération. Cet aubier, après son altération, remplace l'enduit glutineux et préside à la conservation du bois.

M. François a présenté deux échantillons, l'un d'un étançon d'acacia en place depuis cinq ans, l'autre d'un boisage de chêne placé depuis trois mois. Le premier offrait une face lisse très fraîche, très compacte, on y voyait à peine les veines du bois; le second était tout carié, criblé de trous ou cellules, et s'écrasait en quelques endroits sous la pression des doigts. D'après ces faits, il est facile de conclure que le bois d'acacia est bien supérieur au bois de chêne pour le boisage des galeries de mines, et qu'il résiste bien plus long-tems à la carie qui détruit si promptement les autres bois. Il est dans quelques endroits d'un prix un peu plus élevé que le chêne; mais, malgré cette différence, on doit le préférer au bois de chêne, pour les travaux des mines où les boisages sont exposés à la carie sèche.

Nous avons dit que les bois se conservent plus long-tems lorsqu'ils sont dans un endroit humide : c'est pour cela qu'au

Hartz on maintient les pièces de boisage mouillées par un arrosement artificiel. Cela se fait, tantôt en conduisant de l'eau dans une rigole formée avec deux planches jointes d'une manière imparfaite, et qui laisse ainsi tomber l'eau en gouttelettes; tantôt au moyen de petits jets d'eau sortant d'un tuyau amenant l'eau des parties supérieures du puits. Ce sont ordinairement de petits tuyaux en plomb descendant dans toute la longueur du puits, et percés en différens points de petits trous, d'où l'eau est projetée sur le boisage.

On a remarqué que le bois de pin immergé quelque tems dans l'eau sous une forte pression, se conservait ensuite beaucoup plus long-tems que l'autre. Cette observation a été faite dans une mine du Clausthal, qui fut submergée et resta noyée plusieurs mois : les parties du boisage de la partie inférieure du puits présentaient une durée incomparablement plus grande que celles des parties supérieures. Des expériences de M. Jordan il résulte : que le bois absorbe une certaine quantité d'eau quand il reste immergé sous une forte pression ; qu'il conserve cette eau dans les puits humides, et acquiert par là sa grande indestructibilité. Le bois absorbe une quantité d'eau bien plus considérable lorsqu'il est soumis à une forte pression que lorsque la pression est faible, mais il n'augmente pas sensiblement de volume par cette absorption.

Les bois doivent être équarris autant que possible à la scie ; on doit apporter à cette opération la plus scrupuleuse surveillance; car le boisage est un objet de si grande dépense, qu'il exige autant d'économie que possible.

Le boisage, dans les mines, est employé à deux objets distincts : 1° à soutenir la poussée des terres ; 2° à contenir les eaux. Nous allons examiner successivement chacune de ces parties.

BOISAGE DES GALERIES.

Le boisage des galeries se fait au moyen de cadres : un cadre se compose de deux pieds droits nommés montans, d'un chapeau qui repose dessus, et d'une semelle qui empêche que les pieds droits puissent s'enfoncer dans un terrain trop tendre. Toutes ces pièces sont assemblées par entailles, et maintenues par pression au moyen de coins. La figure 63 montre les différens moyens d'assemblage des montans et des chapeaux. Les plus solides sont ceux marqués, *b*, *c*, *f*; les semelles s'entaillent légèrement sous les pieds droits, qu'il faut avoir le soin de couper un peu obliquement, pour obtenir la plus grande solidité possible; suivant les circonstances locales on emploie une ou plusieurs pièces d'un cadre. Lorsqu'une galerie est percée dans le rocher solide et disposée en bancs horizontaux, elle n'a pas besoin d'être étayée.

Si les parois de la galerie sont dans le roc vif, et que la partie supérieure ne soit pas solide, on place transversalement des pièces de bois dont les extrémités reposent dans des entailles faites dans le roc (fig. 64), et si les matières du toit étaient friables on mettrait en dessus du chapeau des limandes de 0ᵐ 05 d'épaisseur; on peut employer pour cela des *bois* refendus, des perches ou bois ronds qu'on fait entrer de force en remplissant les espaces vides avec de la pierre; ces limandes reposent sur deux des chapeaux. Ce boisage est le plus simple de tous.

Si un côté seulement de la galerie était dans le roc solide, on emploierait le demi-boisage, qui se compose d'un pilier et d'un chapeau (fig. 65); on mettra des limandes entre le chapeau et le toit ainsi qu'entre le pilier et la paroi de la galerie, si le terrain l'exige. On fera porter le bout du chapeau entièrement sur le bois du pilier, ainsi qu'on le voit dans la figure, si la partie supérieure de la galerie paraît plus disposée à céder à son poids que le côté; mais si au contraire les côtés sont moins solides que le faîte, on n'entaillera que le chapeau: cette disposition est nécessaire pour empêcher les pièces d'éclater à l'endroit de l'entaille comme il arrive souvent.

Il faut employer le boisage complet lorsque la galerie est percée dans une roche ébouleuse, et les dimensions des pièces seront proportionnées à la poussée du terrain: il suffit généralement de 0,16 à 0,20 de diamètre. Les cadres se composent alors de quatre pièces et sont plus ou moins rapprochés suivant le degré de solidité de la roche. Ces cadres (fig. 67) se composent, comme nous l'avons vu, de quatre pièces: le chapeau, les montans et la semelle; pour les poser on fait d'abord au sol deux entailles de 0ᵐ 05 à 0ᵐ 06, pour recevoir les pieds des piliers; lorsque ceux-ci sont établis bien d'aplomb, on place le chapeau et l'on garnit ensuite avec des palplanches les intervalles entre ces pièces et les parois de la galerie. Nous supposons ici, ce qui est le cas le plus général, qu'on ne mette pas de semelle (fig. 66); mais s'il fallait en mettre, on la poserait la première, et elle serait entaillée pour empêcher le glissement des piliers. Les palplanches ont deux mètres environ de longueur ; on ne les chasse que du côté où la nature du roc exige leur emploi ; les cadres sont disposés à un mètre de distance les uns des autres. Ce boisage est très dispendieux, surtout lorsqu'il est nécessaire de placer les cadres rapprochés.

Outre ces espèces de boisage, on emploie encore le boisage en kastes. Les kastes ou stempel sont les forts planchers employés dans l'ouvrage en gradins.

Lorsque la galerie qu'il s'agit de boiser est une galerie horizontale, les cadres se placent verticalement ; mais lorsque la galerie est inclinée, on les place perpendiculairement à l'axe de la galerie : si la pente approche de quarante à quarante-cinq degrés, le boisage devient plus difficile : il faut alors placer en avant du cadre deux pièces qui sont fixées entre le toit et le mur, dans deux mortaises entaillées et sur lesquelles viennent s'appuyer les cadres, qui sont ensuite consolidés avec les coins et les palplanches.

Dans le cas des galeries d'écoulement, lorsqu'elles doivent servir au passage des ouvriers et qu'il y a une grande quantité d'eau, on établit un plancher qui a pour but de tenir les eaux dans la partie inférieure de la galerie (fig. 68).

Il peut se faire qu'on ait à creuser une galerie dans un terrain mouvant ou ébouleux ; dans ce cas on commence par faire une petite tranchée ; on place un cadre aussi verticalement que possible ; sur toutes les faces de ce cadre on enfonce des coins à grands coups de masse, on avance un peu, on place un nouveau cadre, et l'on chasse d'autres coins ; tous ces coins, en vertu de la pression, prennent une position horizontale, et l'on continue ainsi le creusement de la galerie.

BOISAGE DES PUITS.

Les puits exigent encore plus de solidité que les galeries, et leur boisage, bien plus dispendieux, est presque toujours nécessaire ; on ne peut s'en dispenser que dans les couches où le terrain est solide et bien réglé. On doit calculer la force à donner à la charpente d'un puits, pour résister à la pression des terrains environnans. Tous les bois que l'on emploie pour le boisage des puits doivent être sains et forts, afin qu'ils durent le plus long-tems possible, leur changement étant toujours plus difficile et plus coûteux que dans les galeries.

Le bois le plus convenable est le chêne; à son défaut on peut employer le frêne, l'orme, le sapin, le pin, le hêtre: ce dernier est celui qui se gâte le plus promptement. Dans les puits principaux où la pression est considérable, on ne doit pas donner aux pièces moins de o^m 33 à o^m 35 de diamètre; mais dans les puits moyens, celles de o^m 25 à o^m 27 peuvent rendre le même service.

Le boisage d'un puits se compose d'une suite de cadres posés les uns au-dessus des autres et formés de quatre pièces assemblées à mi-bois : ce cadre est souvent plus long que large; on place ce cadre de niveau sur deux fortes pièces en bois, assez longues pour porter sur les côtés de l'excavation.

Ces pièces que nous nommerons semelles doivent être assez longues, et espacées de manière que les deux petits côtés du cadre reposent dessus.

Si le terrain est ébouleux, on ajoute plusieurs cadres les uns au-dessus des autres, mais s'il a une certaine solidité, on laisse entre eux un intervalle d'environ 1^m ; mais alors on doit placer de l'un à l'autre quatre piliers, de longueur convenable pour reposer d'un bout sur le cadre inférieur et de l'autre s'appuyer au-dessous du cadre supérieur; ces poteaux placés aux quatre angles des cadres, y sont solidement assujettis par des crampons de fer et des coins de bois.

Lorsque les cadres sont espacés et que le terrain est ébouleux par suite des eaux, on passe des planches verticales derrière les cadres, en garnissant les vides avec des pierres; on peut employer, au lieu de planches, des pièces de bois refendues mais droites.

Comme le poids de beaucoup de cadres pourrait faire baisser le dernier qui porte tous les autres, on remédie à cet inconvénient en plaçant des semelles dans les petits côtés du puits, dont on fait porter les extrémités sur le roc, dans des entailles faites à la pointrolle. On place dessus un carré et quatre piliers dans les angles qui soutiennent les parties correspondantes du carré qui le précède, et par conséquent toute la partie supérieure de la charpente. On répète la même opération, de quatre cadres en quatre cadres, suivant qu'elle est plus ou moins nécessaire.

S'il se trouve quelque partie de la roche qui soit solide dans les parois du puits, il suffit de placer de distance en distance des pièces de bois contre l'une des deux parois, en les engageant dans des entailles comme les semelles dont on a parlé; ces pièces servent à attacher, avec des crampons de fer, les échelles pour l'entrée et la sortie des ouvriers.

Dans les puits verticaux, les cadres doivent être parfaitement de niveau en tout sens, pour offrir la plus grande solidité.

Les cadres exigent une disposition différente dans les puits inclinées. Le premier cadre de l'orifice doit aussi être placé de niveau sur ses semelles, mais tous les autres prennent une position différente. Il faut que les deux côtés longs de chacun d'eux soient placés à des hauteurs inégales, c'est-à-dire que celui qui repose sur le mur soit plus bas que celui qui sert d'appui au toit : cette différence sera d'autant plus grande que la couche approche plus de la ligne horizontale ; en sorte que, pour règle générale, il faut que les deux pièces de bois qui font les deux petits côtés du cadre, soient placés perpendiculairement aux plans inclinés qui forment le toit et le mur, en observant aussi que les angles des cadres se correspondent non pas dans des lignes verticales comme pour les puits inclinés, mais suivant des lignes inclinées comme la couche.

On met de fortes planches entre les cadres et le terrain, principalement du côté du toit, dont les éboulemens sont le plus à craindre ; on doit aussi y placer les côtés les plus forts des cadres.

Les puits inclinés exigent un boisage solide et fait avec soin, la pression étant plus considérable que dans les puits verticaux.

Lorsque la charpente d'un puits est pourrie, on la renouvelle par partie et successivement d'une semelle à une autre. Quand on a enlevé avec précaution les cadres compris entre deux de ces semelles et les semelles qui les supportent, on en pose deux neuves aux mêmes places, puis on dispose le cadre par dessus avec leurs piliers ou poteaux.

Les semelles, on le voit, sont non-seulement nécessaires au soutien d'un puits, mais sans elles il serait impossible d'enlever des cadres, sans que tous ceux qui leur sont supérieurs ne vinssent à tomber, et par suite il serait impossible de renouveler la charpente d'un puits dont les parois ne seraient pas solides.

Les cadres servent à fixer la cloison au moyen de laquelle on divise le puits en deux et quelquefois trois parties. Cette cloison doit être faite avec plus grand soin, et ne présenter aucun intervalle, car c'est elle qui procure un tirage capable d'entretenir une bonne ventilation dans les travaux intérieurs.

Il faut se servir de planches sèches, parce que les vertes en se séchant finissent par se bomber, et l'on est obligé de les réparer.

MURAILLEMENT DES GALERIES.

De même que le boisage, le muraillement d'une galerie est partiel ou complet. Si les parois de la galerie sont solides et que la partie supérieure seule soit ébouleuse, on fait au rocher des parois latérales, des entailles qui servent à recevoir les premières assises d'un arceau qu'on élève à la hauteur convenable (fig. 69).

Si l'un des côtés seulement de la galerie est solide, on élève un mur et un arceau (fig. 70).

Si le terrain est trop ébouleux, on donne à la galerie une forme ovale (fig. 72), et l'on établit un plancher lorsque la galerie est trop étroite pour le roulage : ceci est très coûteux, mais très utile pour une galerie d'écoulement qui doit durer long-tems; la dépense excédant celle du boisage est gagnée en moins de vingt ans.

Le muraillement s'exécute de deux manières, à mortier ou à sec; dans les endroits secs où l'air circule bien, le muraillement à mortier est préférable, mais il ne réussit pas bien dans les endroits humides. Lorsque les eaux sont fortes et sortent d'un seul côté, on peut adapter un canal de bois qu'on engage dans le mur et par lequel les eaux se dégorgent sans endommager la maçonnerie; mais ceci n'est possible que lorsque l'eau ne sort que par un endroit. Quand on muraille à sec, il faut mettre de la mousse entre les pierres, pour empêcher le glissement.

On ne doit pas employer de pierres contenant des pyrites; les meilleures pierres sont celles qui se lèvent par feuilles. Les pierres rondes doivent être rejetées, parce que la solidité et la résistance de la muraille ne dépendent que de la parfaite liaison de ses parties.

Il y a une manière simple de murailler sans entaille et sans voûte, pour rétablir des passages au travers d'anciennes excavations. On muraille d'abord les deux parois à une hauteur convenable, on les comble par derrière jusqu'au mur et au toit, on pose sur ces murs des solives qu'on garnit de bois de cuvelage et sur lesquels on met encore des décombres. Ce mode de muraillement est peu dispendieux et fort durable, et connu depuis long-tems en Allemagne ; il a été employé avec succès aux mines de houille de Littry (Calvados) par M. Duhamel qui en a donné la description.

On avait à pénétrer au travers d'anciens travaux en partie comblés, pour retrouver des couches dont on avait négligé l'exploitation. On employa d'abord le boisage ; mais la dépense occasionée par les fréquentes ruptures qu'il éprouvait, détermina à adopter le muraillement.

L'épaisseur des murs, qui n'était dans le principe que de $0^m 48$ à $0^m 65$, fut portée par la suite à $0^m 812$ et $0^m 974$, et dans certains endroits à $1^m 209$; cependant l'épaisseur la plus ordinaire est celle de $0^m 974$.

Le muraillement consiste en deux murs verticaux et parallèles dont la hauteur est de $2^m 192$, et l'écartement de $1^m 624$; ils ont $0^m 325$ de fondation (fig. 73).

Des billes en chêne longues de $2^m 216$, larges de $0^m 189$, épaisses de $0^m 244$, et écartés de $0^m 974$ de milieu à milieu, reposent vers chaque extrémité de $0^m 297$, sur chacun des murs ou plutôt des semelles ayant $0^m 081$ d'épaisseur et $0^m 297$ de largeur. Au-dessus de ces billes ou chapeaux, on place, les uns à côté des autres, des bois de chêne refendus nommés esclèmes, de $0^m 27$ d'épaisseur et destinés à soutenir les parties du toit qui pourraient se détacher. La hauteur du vide compris depuis le sol jusqu'à la partie inférieure des billes est de $1^m 948$; la hauteur totale des murs des chapeaux et des esclèmes est de $2^m 543$; mais la hauteur de l'excavation à faire pour placer les billes et les esclèmes est environ de $2^m 705$; ainsi il reste entre la garniture des chapeaux et le toit, un espace vide de $0^m 162$ que l'on comble avec les déblais à mesure de l'avancement.

La partie des murs destinée à être cachée est tirée au cordeau et parementée pour astreindre l'ouvrier à la régularité ; on y *restape* ensuite les débris dont on veut se débarrasser, de manière à ne pas laisser de vides entre ces parois et le terrain auquel elles servent de limite et d'appui. Les paremens antérieurs de ces mêmes murs sont cependant plus soignés que ceux de derrière; on y emploie les plus belles pierres. L'espace compris entre les deux paremens d'un mur est rempli de blocage posé à la main, et remplissant bien tous les vides.

Les précautions nécessaires pour la confection de ces murs consistent dans l'ouverture d'une voie provisoire solidement boisée de quatre mètres de largeur. Elle est divisée en deux parties par une ligne de bois de refend qui sert à la soutenir. On n'embrasse jamais plus de dix mètres de construction à la fois, et souvent moins si le défaut de solidité du toit s'y oppose. Une partie du mur étant construite et les mortiers ayant acquis la solidité convenable, on retire le boisage pour le faire servir en avant, et ainsi de suite.

Les murs placés au pied des puits, à l'entrée des cabinets de décharge, ont depuis deux jusqu'à quatre mètres de hauteur ; on n'y emploie que des pierres plates et du plus fort échantillon : ces constructions sont toujours faites à chaux et à sable ; les pierres proviennent de la mine même; elles s'obtiennent par éboulement à l'aide d'un boyau montant pratiqué dans l'épaisseur du toit de la couche de houille.

Chaque ouvrier maçon fait 4^m en cinq jours de six heures de travail ; on fournit les matériaux et ils sont payés à prix d'œuvre : ce sont des mineurs que l'on forme à ce genre de travail.

Sous-détail du prix de deux mètres courans d'une galerie muraillée par cette méthode.

Extraction de la pierre......................	4 fr.	50 c.
Transport, prix moyen......................	4	50
Maçons, manœuvres payés ensemble à raison de 3 fr. 75 par toise carrée, ce qui donne pour une hauteur de 2^m 20...................	4	21
Préparation du mortier...................	2	50
Posage et enlèvement des bois provisoires.....	1	»
	16	71

Pour l'autre côté de la galerie autant.......... 16 fr. 71 c.

Pour 2 billes, 32 esclèmes et 2 semelles....... 6　40

Entretien de ces bois, auxquels on suppose une
　　durée moyenne de onze ans.............. »　60

Réparation annuelle...................... I　»
　　　　　　　　　　　　　　　　　　　　　———————
　　　　　　　　　　　　　　　　　　　　　41　42

Détail comparatif du boisage.

4 bois ou montans de 3ᵐ, contenant 18 bûches... 18 bûches.

2 billes de 2ᵐ de longueur................. 4

96 esclèmes tant pour le dessus que pour les côtés. 12
　　　　　　　　　　　　　　　　　　　　　———————
　　　　　　　　　　　　　　　　　　　　　34 bûches.

34 bûches à 50. fr le 100................. 18 fr. 70 c.

Façon, transport et posage................ 2　30
　　　　　　　　　　　　　　　　　　　　　———————
　　　　　　　　　　　　　　　　　　　　　21　»

M. Duhamel porte la durée de ce boisage à 3 ans ;
　　l'entretien annuel est donc de............ 7 fr. » c.
　　　　　　　　　　　　　　　　　　　　　———————
　　　　　　　　　　　　　　　　　　　　　28　»

Par conséquent la différence en faveur du boisage est de 13 fr. 42, mais comme la durée du muraillement peut être estimée à quarante ans, il s'ensuit qu'il y a avantage à l'employer de préférence au boisage.

MURAILLEMENT DES PUITS.

La forme ovale ou ronde est la forme la plus convenable à donner aux puits muraillés. Le muraillement des puits se fait soit en pierres soit en briques ; ce dernier mode, employé depuis long-tems en Angleterre et en Belgique, présente moins de difficultés que le premier, et c'est celui que nous conseillons d'adopter. Il a été exécuté pour la première fois en France aux mines de Fins, et M. Guillemin en a donné la description dans les annales des mines.

Le muraillement se fait au fur et à mesure qu'on descend, sans qu'il soit nécessaire d'employer de boisage provisoire, ce qui procure une grande économie.

On s'enfonce autant que la solidité du terrain le permet, et, quand on ne peut plus le faire sans danger, on muraille ; puis on creuse de nouveau et l'on muraille aussitôt qu'il y a nécessité, et ainsi de suite. La seule difficulté qu'on ait à vaincre est de soutenir la construction pendant qu'on descend.

Lorsqu'on a atteint une profondeur de six ou dix mètres, on place horizontalement au fond de l'excavation un cadre en bois (fig. 72) formé de quatre pièces jointes à mi-bois, et réunies par quatre liens qui sont placés à une distance égale au diamètre du puits. Les dimensions de ce cadre sont, en œuvre, de 0^m11 plus petites que celles du puits indiqué par la ligne circulaire. Sur ce cadre dont l'extrémité vient s'appuyer le plus loin possible dans le terrain, on pose une courbe circulaire en bois (fig. 76). Le diamètre de cette courbe est égal à celui du puits ; elle est formée de plusieurs pièces taillées en voussoirs et réunies à mi-bois. On commence alors le muraillement, qu'on élève sur ce cadre et cette courbe jusqu'au sol. Là on place un cadre semblable au premier, mais dont les extrémités plus prolongées vont s'appuyer au loin sur la surface du sol. Il est destiné à soutenir, au moyen de chaînes ou tirans, le cadre inférieur et la maçonnerie qu'il supporte.

On creuse alors de nouveau mais on laisse du terrain sous le cadre inférieur, c'est-à-dire qu'en s'enfonçant avec le diamètre intrà-muros, on ne s'élargit que peu à peu pour obtenir le diamètre extrà-muros du puits. Cette espèce de corniche circulaire qu'on laisse, soutient en partie la maçonnerie supérieure ; on l'enlève ensuite par portion et on la remplace incontinent par la bâtisse.

La profondeur que l'on peut atteindre sans danger varie avec la nature des roches : la moindre est d'un mètre et ne se rencontre que dans les terres ébouleuses, les schistes friables. Alors on se hâte de murailler tout autour sur une courbe circulaire pareille à la première et posée comme elle. Il faut avoir la précaution de serrer le dernier rang de briques contre le cadre, au moyen de coins ; puis, pour soutenir cette portion de mur, on cloue autour du puits un certain nombre de palplanches d'une courbe à une autre.

Si la profondeur était de plusieurs mètres, après avoir placé une courbe au fond de l'excavation, on bâtirait jusqu'à la hauteur de deux mètres environ; on poserait une nouvelle courbe, on bâtirait dessus, et ainsi de suite, en divisant la hauteur totale par des courbes placées à deux ou trois mètres l'une de l'autre, qu'on lierait entr'elles par des planches de longueur convenable.

Quand, en creusant, on trouve un rocher solide, on en profite pour décharger le puits au moyen d'un cadre en bois dont les extrémités s'appuient sur les parties consistantes de ce rocher. On peut ainsi interrompre le revêtement jusqu'à ce qu'on ait passé le terrain dur, dont l'arrachement à la poudre cause souvent des dommages au muraillement; on peut même se dispenser de bâtir dans ces endroits solides.

On se servit pour exécuter ce muraillement, de briques qui avaient dans les roches tendres les dimensions suivantes : longueur 0^m22, largeur moyenne 0^m11, épaisseur 0^m08; dans les terrains solides et les roches sèches, ces dimensions étaient: longueur 0^m11, largeur 0^m22, épaisseur 0^m08 (fig. 78).

Le mortier est fait avec soin : c'est un mélange de chaux et de sable dans les proportions convenables.

Presque toujours il existe un vide entre la bâtisse et les parois de l'excavation ; il faut avoir le soin de le remplir exactement avec des déblais et quelquefois de l'argile délayée, quand on veut détourner les eaux. La courbe est toujours serrée avec des coins de bois pour prévenir le moindre dérangement.

Il arrive quelquefois, quand on creuse dans des terrains ébouleux, qu'il se forme des vides derrière la partie du muraillement antérieurement faite, et comme on ne peut l'empêcher totalement, on se hâte de murailler le peu qu'on a creusé, et souvent par portions de circonférence, puis de combler ce vide au-dessus par un trou pratiqué dans le briquetage, avant que l'éboulement ne se soit propagé à une plus grande distance. Sans cette précaution le puits quitterait la verticale, les pressions latérales n'étant plus contre-balancées.

Détail de la dépense d'un mètre courant de muraillement en briques d'un puits de deux mètres de diamètre à Fins (Allier).

Briques, 300 à 16 fr. le mille, rendues au bord du
     puits. . . . .   4 fr. 80 c.
Mortier, deux hectolitres préparé à 2 fr. . . . . . .   4 »
Bois, un tiers de courbe, frais d'assemblage, de

                 A reporter. . .   8 fr. 80 c.

Report...	8 fr.	80 c.

mise en place d'une courbe 5 fr. Il faut pour la
faire 171 décimèt. cubes de bois à 2 fr. Total
du prix d'une courbe 15 fr., le tiers........ | 5 | »

6 mètres de croûtes, clous, pose, etc. .... | 2 | 50

Cales ou coins de bois à 60 centimes le cent..... | » | 20

Main-d'œuvre du maçon, prix convenu........ | 4 | »

On emploie 96 heures pour élever 10m de puits.. | » | »

Aide du maçon................. | » | 85

Service des matériaux jusqu'à la profondeur de 30m
4 hommes à 0 fr. 85, total 3 fr. 40 ; de 50m à
180m, 3 hommes et deux chevaux, les premiers à 0 fr. 85 centimes et les autres à 2 fr.,
total 7 fr. 40 ; plus profondément 3 hommes et
3 chevaux à 9 fr. 40. Prix moyen......... | 6 | 75

Eclairage................... | 2 | 50

| | 30 | 60 |

Dans un terrain ébouleux il faut moitié plus de briques,
parce qu'elles sont moitié moins larges, et deux fois plus de
mortier : la dépense s'élève alors à 35 fr. 40.

*Détail d'un mètre courant de boisage d'un puits rectangulaire
alongé faisant le même service à Fins.*

1 cadre avec étresillon cubant 754 décimèt. à 1 fr.
65 les 34 décimèt. cubes........ | 36 fr. | 30 c.

4 porteurs équarrissant 14 à 16 centimètres..... | 4 | »

8 croûtes ou courbes clouées........... | 2 | »

50 esclèmes à 7 fr. 50 le cent........... | 3 | 75

100 coins.................. | 2 | 50

Pose (deux mineurs travaillant huit heures, y
compris l'éclairage)............ | 2 | 70

Service extérieur jusqu'à 200m........... | 5 | 15

| | 56 | 40 |

Dans les terrains ébouleux et aux approches des galeries, il
faut doubler le boisage ; quelquefois le prix du mètre courant
s'élève alors à 102 fr. 80 c., mais en supposant le cas le plus
général, celui où l'on travaille moitié dans le tendre et moitié
dans le dur,

La dépense du boisage est de.............. 65 fr. 80 c.
Celle du muraillement de............ ..... 42 75
Différence à l'avantage du muraillement....... 23 05

A cela il faut ajouter l'avantage résultant de la différence de durée du muraillement.

On rencontre souvent des sources à différentes profondeurs; si on laissait les eaux couler sur toutes les parties du muraillement, elles auraient bientôt entraîné le mortier et les déblais qui sont derrière, ce qui amènerait la ruine de l'ouvrage. Voici quel a été le moyen employé pour prévenir cet accident. Après avoir trouvé une source, on cherche un peu au-dessous une place solide, et l'on établit une large courbe ayant à son bord antérieur une rigole de 0m 08 de largeur et de 0m 05 de profondeur. La courbe (fig. 76) est goudronnée dans toutes les jointures et placée à l'aplomb des parois du puits; elle est serrée contre la roche au moyen de bois ou simplement d'un conroi de terre glaise; on la recouvre d'une autre courbe peu épaisse, dont les surfaces brutes ne s'appliquent pas exactement sur elle, et dont le diamètre est assez grand pour laisser la rigole à découvert, puis le muraillement se construit à l'aplomb ordinaire. L'eau qui arrive dans la bâtisse est arrêtée par le conroi, et forcée de se rendre dans la rigole par l'entaille laissée entre les deux courbes; un petit tuyau en bois reçoit l'eau de la rigole et la conduit au fond du puits, ce tuyau est formé de la réunion de deux planches étroites et un peu épaisses, dans lesquelles on a fait une rainure demi-cylindrique. Pour empêcher que le mineur soit incommodé par la chute de l'eau, on attache à la partie inférieure du tuyau une corde assez grosse et peu tordue dont on dirige à volonté l'autre extrémité vers le point où l'eau ne peut gêner en tombant.

C'est surtout dans les couches voisines de la surface et sous la terre végétale, que les eaux pénètrent; quand on ne peut pas les détourner par des travaux faits au jour, on les reçoit au moyen d'une courbe à rigole, dans une citerne placée sur le côté du puits, et on les élève au moyen d'une pompe. On a ainsi l'avantage de ne pas être incommodé par les eaux au fond du puits, et de les élever d'une moindre profondeur et par conséquent avec le moins de force motrice.

Le muraillement en briques tel qu'il est employé en Angleterre, présente avec celui exécuté à Fins, cette différence : qu'au lieu de reposer sur des courbes en bois, la maçonnerie est établie sur des cercles de fer gros carré, de 0m 05, et placés à 1m ou 1m 25 de distance. Ils sont assemblés à mi-fer et boulonnés convenablement. Le muraillement offre ainsi une durée illimitée qu'on ne peut pas espérer avec les cadres en bois, sujets à se pourrir avec le tems, et exigeant par suite des réparations toujours dispendieuses.

CHAPITRE XI.

—

MOYENS DE CONTENIR LES EAUX.

Les eaux sont un des grands obstacles des travaux des mines ; lorsque ces eaux sont en petite quantité, leur épuisement est facile ; mais il arrive parfois que l'on rencontre de vastes réservoirs ou amas d'eaux qui, si elles n'étaient contenues, auraient bientôt inondé les travaux. Les moyens de contenir ces eaux diffèrent suivant qu'on les rencontre dans le percement d'une galerie ou le creusement d'un puits ; dans le premier cas on exécute un barrage ou serrement ; dans le second, un cuvelage et picotage.

Serrement. — C'est surtout dans les mines du nord de l'Angleterre, de la Belgique et du nord de la France, que ces travaux sont indispensables. Nous prendrons pour exemple de serrement, celui qui a été établi par M. Reuleaux aux mines de la Chartreuse, près de Liége, et qui a jusqu'à présent, résisté aux efforts de la pression des eaux.

Après avoir mis à nu la roche sur la place du serrement, on dresse les parois latérales qui restent parallèles à la direction de la galerie, et l'on fait au plafond deux entailles obliques (fig. 85 et 87) ; de bons mineurs exécutent ce travail au pic à deux pointes (fig. 89), car la poudre ferait éclater la roche trop irrégulièrement ; pour appliquer convenablement les pièces du serrement ; l'inclinaison des faces obliques est à peu près 39°; mais elle pourrait être moindre. En dressant au pic les surfaces de la roche, on les laisse un peu raboteuses, afin que leurs aspérités, en pénétrant dans le bois, préviennent le glissement et le dérangement des pièces du barrage.

Malgré toutes les précautions, on ne peut toujours régulariser parfaitement les entailles ; aussi on ne coupe les pièces de bois à leur dernière longueur qu'à mesure qu'on les place. Ces pièces sont en bois de hêtre, conservées sous l'eau et équarries à la scie ou à la hache sur trois de leurs faces, l'antérieure et les deux latérales, celle de derrière restant en grume pour plus grande solidité. Leur épaisseur moyenne de devant en arrière est de $0^m 53$, et leur largeur dans le sens perpendiculaire au précédent est $0^m 44$. Comme on les place verticalement, il en faut six pour occuper avec le picotage la largeur de la galerie qui est de $2^m 71$.

On les coupe à la longueur et suivant l'inclinaison, successivement et avant la pose ; pour cela on nettoie et on met parfaitement à sec l'entaille inférieure ; on étend un lit de mousse qu'on recouvre de planches de bois blanc bien sèches, de $0^m 025$ d'épaisseur et d'une largeur arbitraire ; leur longueur excède un peu les pièces du serrement entre lesquelles est la roche ; ces planches servent d'intermédiaire pour faciliter le travail et le rendre plus efficace.

Pour placer les pièces du serrement, on commence par celle de gauche : quatre hommes munis de leviers, de crics, la mettent facilement dans la position qu'elle doit occuper ; on la maintient par deux ou quatre arcs-boutans en bois G, appuyés sur le côté des entailles faisant face au serrement (fig. 85 et 88). Ces arcs-boutans servent à empêcher, lors du picotage, le recul des pièces de bois. On laisse un intervalle de $0^m 02$ à $0^m 025$ entre les pièces de bois et la roche, partout où doit se faire le picotage, c'est-à-dire, entre une des faces latérales et les faces supérieure et inférieure ; cependant, derrière le serrement, les pièces sont coupées justement à la longueur nécessaire pour toucher la roche, et boucher complètement l'ouverture de la galerie.

On place et l'on assujettit de même, à côté de la première, la deuxième pièce du serrement ; mais celle-ci est percée, à une hauteur de $0^m 75$, d'un trou dont le diamètre est proportionné à la quantité d'eau dont on veut se débarrasser, et à laquelle on est obligé de laisser passage jusqu'à l'achèvement des travaux. Le diamètre de l'ouverture est de $0^m 85$; à l'orifice antérieur on adapte un tuyau en cuir E (fig. 88) de $0^m 45$ de longueur, cloué sur la pièce du serrement, et débouchant dans un chenal en bois F, qui conduit les eaux dans une rigole de la galerie; un pareil chenal C met en communication l'autre orifice de l'ouverture avec la partie supérieure de la digue. On peut alors supprimer le canal, qu'on établit en commençant les travaux sur le côté opposé de la galerie.

On procède ensuite à la pose de la troisième, de la quatrième et de la cinquième pièce, qui s'exécute de la même manière.

La sixième ou la clé est plus difficile à poser, parce que la pièce n'est plus accessible de tous côtés. On perce cette pièce d'outre en outre d'un trou de $0^m 04$ de diamètre, destiné à recevoir un boulon à vis (fig. 96); ce boulon porte à une extrémité un anneau destiné à attacher la chaîne, et à l'autre un écrou retenu derrière le serrement dans un étrier en fer I (fig. 88 et 96) qui l'empêche de tourner. A un mètre en-deçà du serrement, on fixe verticalement dans la galerie une solive H (fig. 85 et 88) percée d'un trou correspondant à celui de la sixième pièce, et destiné à recevoir un deuxième boulon K (fig. 85 et 88) semblable au premier, mais dont la tête est tournée du côté opposé; les deux boulons sont unis par une chaîne que l'on peut alonger ou raccourcir à volonté.

On fait entrer la pièce du serrement par l'ouverture réservée entre la deuxième et la cinquième pièce, sur le même alignement, et on la couche sur la solive transversale B, laissée derrière le serrement. Dans cette position, un homme peut encore passer dans l'intervalle triangulaire existant entre les trois pièces. Après avoir examiné si toutes les dispositions sont bien prises derrière le serrement, et assuré le pied de la sixième pièce, on la ramène à la position verticale, en tournant l'écrou M de gauche à droite. Pour empêcher l'accumulation de l'air et autres gaz derrière le serrement, on ménage une petite issue N (fig. 85 et 86) de $0^m 01$ de diamètre. Ce trou est percé dans la partie supérieure de l'une quelconque des pièces, de manière que son orifice en dedans aboutisse au-dessus du plafond de la galerie dans l'entaille, précaution nécessaire pour empêcher que les gaz comprimés par l'eau ne s'ouvrent un passage, et ne rendent par conséquent inutile la construction du serrement.

Les six pièces se trouvent alors assujetties, les cinq premières par des billots en bois appuyés sur la roche, et la sixième par un billot semblable au premier, par les deux vis et la chaîne que l'on tient tendue. L'eau coule toujours par l'ouverture D, et l'air s'échappe par toutes les ouvertures qui restent encore au serrement; il ne s'agit plus que de calfater tous les joints avec de la mousse, et de serrer les pièces les unes contre les autres au moyen du picotage.

Pour exécuter la première opération, on se sert d'un outil très ressemblant au ciseau des menuisiers, mais plus alongé et plus mince (fig. 91). Il y en a de quatre longueurs : le moindre et le plus épais a 0^m 50; le plus long et le plus mince 0^m 70. On commence avec ce dernier l'introduction de la mousse entre la roche à gauche et la première pièce du serrement, et on la tasse jusqu'à ce qu'elle résonne sous le choc comme du bois. On écarte avec des coins en fer la deuxième pièce de la première, et l'on remplit l'intervalle avec de la mousse tassée d'une manière bien uniforme. On interpose un lit compacte de mousse entre toutes les pièces du serrement jusqu'à la paroi du côté droit de la galerie, ensuite à l'entaille du sol, entre la planche de bois blanc et les pièces du serrement, puis au plafond, entre ces mêmes pièces et la roche.

Pour exécuter le picotage, on se sert de trois espèces de coins (fig. 93, 94, 95); le premier est en bois blanc ou en saule plat, de 0^m 30 de longueur, 0^m 11 de largeur, et 0^m 02 ou 0^m 03 d'épaisseur à la tête; le deuxième est en saule plat et moins large; le troisième est en bois de jeune hêtre : il a la forme d'un prisme triangulaire terminé par une pyramide à quatre faces (fig. 95); ce dernier s'appelle picot; tous les coins doivent avoir été séchés avant d'être employés.

Le picotage s'exécute sur tout le pourtour du serrement, entre les pièces de bois qui le composent et la roche. On le commence en même tems au milieu des deux parois latérales, et l'on enfonce les coins plats de bois blanc successivement les uns au-dessus et au-dessous des autres, de manière que l'on avance d'une même quantité vers les deux extrémités de chaque intervalle. Après avoir placé un ou plusieurs rangs de ces cadres, on en fait entrer un de coins en saule, en préparant les places avec le ciseau de menuisier, s'il est nécessaire. Les coins en bois blanc et en saule doivent former un tout bien compacte, dans lequel il faut alors introduire les picots en hêtre. On se sert pour cela d'un instrument en fer (fig. 92) ; c'est une pyramide recourbée en crochet à sa base : cet instrument nommé picoteur, est destiné à préparer l'entrée des picots. Après l'avoir fait pénétrer de 0^{m}045 à 0^{m}060, on le retire et l'on enfonce à la place le picot en hêtre ; on commence aussi cette opération au milieu de la hauteur de la galerie, et l'on avance à la fois vers le haut et le bas. On enfonce un seul rang de picots, mais à grands coups de masse, sauf à en ajouter dans les endroits où ils seraient nécessaires. Les deux côtés du serrement étant ainsi picotés, on procède à la même opération, suivant la même méthode, à la tête entre les pièces et la roche, et au pied entre ces pièces et la planche de bois blanc qui recouvrent l'entaille inférieure.

La mousse introduite avant le picotage est alors tellement comprimée, qu'elle est tout-à-fait imperméable à l'eau, qui continue à couler par l'ouverture D, tandis que l'air s'échappe par le trou N ; on peut maintenant enlever les deux boulons à vis, la chaîne et l'étançon qui maintenaient la sixième pièce, pour les remplacer par une charpente destinée à renforcer le serrement.

Pour retirer le boulon L, on le tourne de droite à gauche : l'écrou I retenu par l'étrier se dévisse et tombe derrière le serrement ; on bouche le trou du boulon avec un tampon en saule bien sec, que l'on enfonce à coups de masse ; on bouche de même l'ouverture par où l'eau s'écoule, après l'avoir dégarnie du tuyau en cuir et du chenal qui dirigeait l'écoulement vers la rigole de la galerie ; enfin, on laisse ouvert pendant cinq ou six jours le trou N, au niveau duquel l'eau s'élève bientôt, l'écoulement inférieur étant interdit. Quand on pense que l'eau est bien purgée de tous les gaz qu'elle contenait, on met un tampon au trou N, et la galerie se trouve complètement fermée.

La charpente établie en avant du serrement (fig. 84 et 87), peut être disposée d'une manière arbitraire ; elle sert à soutenir le serrement et à le faire résister à une pression convenable.

Treize serremens ont été construits ainsi aux mines de la Chartreuse, et tous ont eu un complet résultat.

DÉTAIL DU SERREMENT DROIT ÉTABLI AUX MINES DE LA CHARTREUSE.

Main d'œuvre.

2 journées de charpentier de 8ʰ, pour préparer les six pièces du serrement.	2 journées.
4 journées pour préparer les coins, les picots et les planches.	4
3 journées d'ouvrier mineur de 8ʰ, pour établir la digue et le canal provisoire.	3
8 journées d'ouvrier mineur pour unir les deux côtés de la galerie.	8
8 journées pour faire l'entaille au plafond. . .	8
8 journées pour faire celle du sol.	8
14 journées pour le placement des 6 pièces du serrement.	14
6 journées pour l'introduction de la mousse. .	6
6 journées pour le picotage du pourtour. . . .	6
3 journées pour établir la charpente au devant du serrement.	3
	62

62 journées de charpentier et de mineur, à 1 fr. 77 c. . . . , ... 109 fr. 75 c.

Matériaux.

6 pièces de serrement de 3ᵐ chaque de longueur, à 11 fr. 83 c. le mètre courant. . .	212	94
13 mètres de solive à 2 fr. le mètre courant. .	26	»
30 mètres ds baliveaux et étançons, à o f. 28 c.	8	40
15ᵐ de planches communes pour construire la digue; à o fr. 40 c.	6	»
8ᵐ de planches en bois blanc pour recouvrir l'entaille intérieure, à o fr. 40 c.	3	20
Huile et chandelles pour l'éclairage. , ...	7	»
A reporter...	263	54

	Report...	263 fr.	54 c.
10 sacs de mousse.		5	92
1/2 voiture d'argile et préparation.		3	55
Chaîneaux en bois, tuyau de cuir, écrou, étrier en fer, clous, lattes et autres menus frais.		15	»
		288	12
Total.		397	86

Cuvelage et picotage. — Lorsque, dans le creusement des puits, on rencontre des couches de terrains laissant passage à des infiltrations d'eau assez considérables, on est obligé de contenir les eaux au moyen d'un cuvelage et picotage; ce procédé, employé fréquemment dans les mines d'Anzin, a été décrit avec une grande précision, par M. d'Aubuisson, dans le Journal des Mines, et nous répétons ici la description qu'il en a donnée, et à laquelle il serait pour ainsi dire impossible de rien changer.

Lorsque l'emplacement d'un puits est déterminé, on commence à creuser dans le terrain d'alluvion et dans les premières couches du terrain crayeux; ce travail se fait sans difficulté et sans qu'on soit incommodé par les eaux, tant qu'on est au-dessus de la vallée de l'Escaut : le niveau commence à cette profondeur; pour le passer, il faut, à mesure que l'on fonce, épuiser toute l'eau que les sources et les infiltrations, provenant des terrains adjacens, versent dans le creux que l'on fait : il faut, à cet effet, que les machines soient toujours capables d'en élever une quantité au moins égale à celle qui peut arriver.

Comme les eaux ne peuvent se rendre d'un endroit à l'autre qu'en traversant, et en quelque sorte filtrant à travers la masse de pierre qui plonge dans le niveau, il s'ensuit qu'elles éprouvent d'autant plus d'obstacle dans leur mouvement, et qu'elles se rendent par conséquent plus lentement, ou, ce qui revient au même, en plus petite quantité dans le puits, que le terrain des environs est plus compacte et plus serré; ainsi plus un terrain est serré, et plus on passe le niveau avec facilité.

Lorsqu'en creusant on est parvenu à un banc de pierre calcaire nommé le gris, on établit le premier picotage; voici comment se fait ce travail.

On unit le fond du puits ainsi que les parois dans leur partie

*

inférieure; on creuse encore la partie centrale, de manière à ce que l'on ait au fond du puits un creux central de 1^m à 1^m 25 qui sert de puisard, et dans lequel les ouvriers entrent afin de travailler plus commodément au picotage. Cela fait, on pose un châssis ou grand cadre de bois sur la partie du fond qui est restée plus élevée que la partie centrale : ce châssis que l'on nomme trousse à picoter, est fait de quatre pièces de bois de chêne bien équarries et bien unies, qui ont 3^m de longueur, sur 0^m 33 de largeur et 0^m 25 de hauteur ; elles sont bien assemblées, et le côté inférieur du carré qu'elles forment a 2^m 23 entre les faces extérieures du châssis et les parois du puits ; il règne tout autour un espace d'envion 0^m 10 de largeur. On place dans cet espace et derrière chacun des quatre côtés du châssis, une planche de bois blanc posée de champ ; l'intervalle qui reste encore entre ces planches et les parois, est rempli de mousse que l'on bourre bien. On introduit ensuite de longs coins de bois entre les planches et les côtés du châssis ; on les enfonce à grands coups de masse, de manière à ce qu'ils pressent fortement contre les parois, les planches et la mousse; qu'ils les impriment en quelque sorte dans la pierre, et que le tout fasse ainsi un ensemble bien assujetti contre ces parois : tel est le picotage proprement dit.

Le châssis à picoter étant bien établi, on élève le cuvelage par dessus : celui-ci consiste en une suite de nouveaux châssis également en bois de chêne bien équarri et bien dressé, qui ont la même longueur sur 0^m 18 de largeur et 0^m 20 à 0^m 30 de hauteur et plus. Sur chacune de leurs faces extérieures on cloue une bande de grosse toile faite avec de l'étoupe ; elle a environ 0^m 20 de largeur, et est fixée de manière que lorsqu'un châssis est en place, elle pend devant le joint qui est entre ce châssis et celui sur lequel il repose. L'intervalle qui reste entre le cuvelage et les parois du puits, est ensuite rempli de cendrées ; c'est ainsi qu'on nomme le résidu qu'on ramasse dans les fours où l'on cuit la chaux avec de la houille ; c'est un mélange de chaux vive et de cendres de houille ; on le délaie dans l'eau, il durcit et acquiert, au bout de quelque tems, la consistance du roc. La toile d'étoupe qui est devant les joints a pour but de retenir la cendrée, et d'empêcher qu'elle ne soit entraînée par l'eau pendant qu'elle est encore molle. On élève de cette manière le cuvelage jusqu'à l'orifice du puits, et ensuite l'on étoupe avec soin tous les joints, jusqu'à ce qu'il ne passe plus aucun filet d'eau.

Le premier picotage et cuvelage étant terminé, on continue à foncer le puits, en tenant les eaux toujours épuisées à mesure qu'elles arrivent.

On a soin de ne pas toucher à la partie du roc qui est immédiatement au-dessous du châssis à picoter; on en laisse subsister une épaisseur de 0^m66. Lorsqu'on est dans la bonne pierre qui est un calcaire gris très tendre, on y établit un second picotage de la même manière que le précédent; mais au lieu d'une simple trousse à picoter, on en met deux l'une au-dessus de l'autre : l'inférieure est appelée trousse plate, parce que le bois qui la forme n'a que 0^m18 de hauteur, tandis que la seconde en a 0^m28; quant à sa longueur et à sa largeur, elles sont comme celles du premier picotage. Les deux trousses étant bien assujetties, on élève par dessus un second cuvelage, semblable au premier : la seule différence c'est que le bois, au lieu de n'avoir que 0^m18 de largeur, en a 0^m24. Lorsqu'en élevant le cuvelage, on est parvenu au massif de roc que l'on avait laissé subsister sous le châssis du premier picotage, on le fait tomber et l'on met à sa place un ou deux châssis de cuvelage; ce dernier est appelé la clé. Les châssis étant placés, on en étoupe les joints et ensuite l'on enfonce de gros coins de bois entre la clé et le châssis à picoter qui est au-dessus, afin de bien serrer les uns contre les autres les châssis de cuvelage que l'on vient de poser. Cela fait, on abandonne le puits, on le laisse se remplir d'eau jusqu'à la hauteur du premier châssis à picoter, afin que le cuvelage ait le tems de se bien asseoir, et pour que l'eau de filtration qui arrive par derrière et qui tend à passer entre les joints, n'ait pas la même force et n'entraîne pas la cendrée avant qu'elle ait pris une certaine consistance. Au bout de trois ou quatre jours on épuise les eaux, l'on rebouche soigneusement avec de l'étoupe tous les endroits où l'on aperçoit quelques filtrations, et l'on serre encore les coins qui sont entre la clé et le picotage supérieur, afin que tous les châssis joignent bien et que le cuvage soit imperméable à l'eau.

Ce travail fini, on recontinue le creusement du puits, et lorsqu'on est assez avant dans le banc de craie renfermant du silex (banc des cornus), on établit encore un cuvelage et un

picotage pareils aux précédens ; on en établit encore un quatrième sur le premier banc d'argile (bleu), mais comme on
est ici au-dessous du fort niveau, et que le poids à soutenir
est en outre plus considérable, il faut lui donner plus de force.
A cet effet, au lieu de deux châssis de picotage on en pose
trois l'un au-dessus de l'autre. L'inférieur est une trousse plate
pareille à celle dont nous avons parlé, et les deux autres ont
0^{m}42 d'épaisseur et 0^{m}28 de hauteur ; on les picote aussi
fortement que possible, et le cuvelage a 0^{m}28 d'épaisseur. Dans
les deuxième et troisième bancs d'argile, on fait des picotages
et cuvelages entièrement semblables.

Enfin, les derniers châssis de picotage, ceux que l'on doit
regarder comme le fondement de tout l'édifice de charpente
de cette espèce de tour carrée qui revêt les parois du puits, se
posent dans ce banc d'argile connu sous le nom de dief : on
en met trois comme dans chacun des bleus, on leur donne les
mêmes dimensions, et on les assujettit avec le plus grand soin.

Au-dessous de ces châssis, le puits se continue et se revêt
comme dans les exploitations ordinaires.

On voit d'après ce qui vient d'être dit, que l'ensemble de
tous les châssis de picotage et de cuvelage présente comme une
longue cuve carrée et sans fond, arrêtée à frottement dur par
plusieurs de ses bandes (les trousses à picoter) contre les parois
du puits. Comme l'eau du niveau ne saurait passer ni à travers
le dief, ni entre ce dief et les châssis inférieurs de la cuve, à
cause du picotage, il s'ensuit qu'elle entoure la cuve à l'extérieur et qu'on a une libre communication entre le jour et les
excavations qui sont au-dessous du niveau.

On sent d'après cela, combien il est important que tous ces
cuvelages soient solides et faits avec soin ; la plus petite négli-
gence à cet égard, le moindre accident, si l'on n'y apporte
un prompt remède, peut occasioner la ruine entière des exploitations, en y introduisant le lac souterrain qui est au-dessus,
et comme presque toutes les exploitations communiquent entre elles, la ruine de l'une entraînerait infailliblement celle
des autres. Aussi le foncement et le cuvelage des puits est-il
peut-être le mieux soigné de tous les travaux que l'on fait dans
les houillères d'Anzin : on y a une classe d'ouvriers uniquement occupés de cet objet : les bois que l'on emploie sont tous
de chêne bien choisi ; ils ont 0^{m}28 à 0^{m}40 d'équarrissage,

et malgré cela la pression latérale des eaux est quelquefois si forte, qu'elle courbe et fait plier ces grosses pièces ; ce qui oblige à les soutenir et à les étayer avec de grosses barres de fer.

La cherté du bois dans le département du Nord, les frais d'épuisement, le nombre des ouvriers qu'il faut employer au foncement des puits, etc., rendent ce travail excessivement coûteux.

On estime qu'un puits, avant d'avoir atteint la houille, revient à une centaine de mille francs ; il y entre pour vingt-cinq ou trente mille francs de bois. Certains puits ont coûté plus de 300,000 francs.

Malgré toutes ces entraves, dit M. Brard, les mines d'Anzin, dont l'exploitation remonte à peine à cent ans, et dont les couches sont d'une épaisseur assez médiocre, n'en sont pas moins celles de toute la France, qui donnent les plus beaux résultats et les plus grands bénéfices à leurs actionnaires, tant il est vrai que l'art de bien exploiter et de bien administrer, surmonte les plus grands obstacles et supplée au peu d'abondance des minerais.

Lorsqu'on n'a qu'une faible quantité d'eau à contenir, il suffit généralement d'un cuvelage partiel.

Les puits étaient ainsi cuvelés en Angleterre, mais la grande cherté des bois força d'employer une autre méthode. En 1795 M. Barnes se servit, aux mines de Walker, d'un tubage en fonte de même diamètre que le puits, et il en obtint un bon effet pour traverser les couches de sable, celles surtout qui se trouvent près de la surface.

Ce système fut perfectionné par M. Buddle, qui imagina d'employer, au lieu de cercles en fonte, des segmens de cercle de même métal, assemblés au moyen d'oreilles saillantes se boulonnant avec des écrous : on place ainsi plusieurs de ces segmens les uns au-dessus des autres jusqu'à ce qu'on ait traversé la couche aquifère. M. Buddle appliqua ce système aux mines de Percy-Main, en 1796.

Ce tubage en fonte remplace avantageusement le cuvelage en bois, et il serait à désirer qu'on pût l'employer en France avec autant d'économie qu'en Angleterre.

La méthode du cuvelage est sans contredit une excellente méthode, pour arrêter les sources d'eau que l'on rencontre dans le percement des puits. Le seul inconvénient qu'elle présente est son extrême cherté, qui provient des fortes dimensions et de la grande quantité des bois employés pour ce travail. C'est cette raison qui a fait chercher, en Angleterre, un moyen moins dispendieux que le cuvelage, pour arrêter les eaux. On y est parvenu par une méthode dite Quaffering : elle a été décrite par M. Hammon, dans une notice insérée dans le tome VI des Annales des Mines, et d'où nous extrayons ce que nous allons dire à cet égard.

Fig. 97. — Première reprise du puits partant du sol $a' b'$. Huit poutres destinées à fournir des points de suspension en cas de besoin, sont placées horizontalement à la surface du sol, et se trouvent retenues par les terres provenant de la première reprise du puits, qui élèvent ainsi le sol jusqu'en $a b$.

Fig. 98. — Pour établir cette reprise, on dispose sur une retraite une courbe en bois de chêne, de l'épaisseur d'une brique et de la largeur de quatre, et sur cette courbe on élève la maçonnerie, qui n'a que trois briques d'épaisseur ; lorsqu'on a élevé ainsi $0^m 30$ environ de muraillement, on remplit le vide avec de la terre glaise qu'on refoule soigneusement avec des bois de bout. On continue ainsi jusqu'au sol. Les briques, au lieu d'être placées de niveau, sont disposées en spirale : on évite de la sorte le raccordement à chaque tour du puits. Les assises présentent ainsi une hélice qui continue dans toute la hauteur du cylindre. Les briques de la première assise doivent être amincies de manière à former le commencement de l'hélice. Il faut aussi placer le rang du milieu plus haut, de la moitié de son épaisseur, que ceux de chaque côté.

Lorsqu'on attaque la deuxième reprise (fig. 99), on doit laisser au-dessous de la première courbe un massif d'une épaisseur convenable, pour supporter provisoirement la maçonnerie. On place une seconde courbe, sur laquelle on bâtit comme sur la première : lorsqu'on est arrivé au massif qui supporte la première courbe, on l'abat en raccordant la maçonnerie inférieure avec le dessous de la courbe. On ne fait tomber la terre qu'au fur et à mesure qu'on la remplace par des briques dont on pose deux ou trois assises à la fois. On opère ainsi le raccordement de la première avec la deuxième reprise ; en donnant au puits une forme cylindrique et un diamètre convenable, on peut faire de grandes reprises sans dangers d'éboulement.

Fig. 100. — Dans la troisième reprise, on a trouvé en *e* une source qu'il s'agit d'arrêter. Pour cela on met derrière le muraillement un tuyau en fer-blanc de 1ᵐ de longueur 0ᵐ05 de diamètre, et percé dans toute sa hauteur de trous de 0ᵐ013; on peut encore employer des caisses en bois de 0ᵐ08 sur 0ᵐ04, et percées de trous comme les tuyaux. On place la caisse verticalement sur la courbe et contre la terre, de manière à ce qu'il reste au moins 0ᵐ05 d'argile entre elle et le muraillement; on lui fera au besoin un peu de place dans la terre. La courbe est percée horizontalement dans son épaisseur, et puis verticalement, pour trouver l'orifice de la caisse. Cela fait, on peut bâtir sur la courbe, sans être gêné par l'eau qui s'écoule par le trou de la courbe. Lorsqu'on remplit les vides, on commence du côté opposé de la caisse; mais il faut conserver une pente convenable pour que l'eau trouve son écoulement par les trous de la caisse, et puisse se vider par le trou de la courbe. On augmente la longueur de la caisse à mesure qu'on élève la maçonnerie : on ajoute pour cela des morceaux de bois d'un mètre, qui s'emboîtent l'un dans l'autre, et l'on continue ainsi jusqu'à ce qu'on ne rencontre plus d'eau; on ferme alors l'ouverture de la caisse au moyen d'une petite planche, et le muraillement se poursuit sans laisser de vides. L'eau arrive ainsi dans le puits d'où il est facile de l'épuiser. Comme elle a toujours son écoulement libre, elle ne tend ni à forcer son passage entre le mur et la courbe, ni à exercer une pression contre la maçonnerie, trop fraîche pour pouvoir y résister.

Si dans la reprise suivante la source coule toujours, on la conduit le long des parois du puits par les moyens suivans. On applique à la courbe une guirlande (fig. 101). C'est un liteau en bois de 0ᵐ05 à 0ᵐ08 carrés, qu'on dispose sur les bords de la courbe de manière à former une saillie de 0ᵐ08, sur la paroi intérieure du puits. Ce liteau est cannelé sur toute sa surface supérieure, pour recevoir l'eau de quelque côté qu'elle vienne. Le fond de ce canal est troué dans un endroit pour recevoir un tuyau de cuir qui conduit l'eau au fond du puits. On pourrait, au lieu de liteau, et si l'on prévoyait à l'avance le besoin de s'en servir, établir le canal dans la courbe même. Il faudrait alors poser la première assise de briques 0ᵐ05 en arrière, et faire dépasser chaque assise de 0ᵐ013, afin de retrouver à la quatrième les dimensions du puits. Ce dernier système est plus solide et ne présente pas de saillie, mais on ne peut l'appliquer en tout tems.

Plus tard, lorsque la maçonnerie sera assez sèche et assez consistante, on enlevera le tuyau de cuir, et l'on bouchera le trou de la courbe au moyen d'un tampon. De cette manière, la source se trouvera complètement arrêtée, et ne pourra plus couler dans le puits.

Si le terrain était trop peu consistant pour supporter le poids de la maçonnerie, il faudrait avoir recours au moyen suivant : Huit tringles en fer de 0^m027 carrés et d'une longueur convenable, sont disposées contre les parois du puits. Leur extrémité supérieure est taraudée et passe dans les trous au bout des arbres placés sur le sol ; leur extrémité inférieure est pliée en crochet et prend la courbe en bois. Les crochets doivent être en fer plus fort que les tringles ; ils sont soudés à ces tringles.

Le muraillement se trouve ainsi suspendu aux poutres. On place au fond du puits, une courbe deux fois plus large que celles qui ont précédé, mais de même diamètre intérieur ; on commence à bâtir sur toute sa largeur, sauf la place pour l'argile, de manière que le mur, à la première assise, ait deux fois l'épaisseur précédente. A chaque assise cette épaisseur va en diminuant, de manière à reprendre l'épaisseur ordinaire du mur à une hauteur de 1^m50 environ. Le muraillement se continue ensuite jusqu'à la courbe supérieure comme à l'ordinaire ; on sort les crochets l'un après l'autre, à mesure que la maçonnerie les remplace.

Si l'on n'avait à suspendre qu'une partie du muraillement à une certaine profondeur, on pourrait, afin d'éviter la longueur des tringles, faire quatre entailles pour recevoir des poutres, ou bien percer seulement la maçonnerie pour recevoir des traverses, dans le cas où une base conique interviendrait entre ces traverses et le mur que l'on veut supporter.

M. Hammon fait remarquer que généralement on n'a aucun besoin de se servir de tringles, et que, lorsqu'elles sont nécessaires, on peut employer celles destinées aux pompes, dont la forme et les assemblages conviennent parfaitement à cet usage.

Les briques que l'on emploie pour ce travail doivent avoir

0^m 10 de longueur sur 0^m 10 de largeur et 0^m 07 d'épaisseur. Elles doivent être parfaitement cuites et fabriquées avec de la terre qui ne soit pas trop grasse, mais cependant pas assez maigre pour rendre les briques fragiles. L'emploi du ciment hydraulique n'est pas nécessaire. Un mélange de chaux et de sable de bonne qualité, suffit pour établir une construction solide et durable.

Un travail de ce genre a été exécuté aux mines du Vigan. Un puits carré-long et boisé servait à l'extraction d'une première couche, et il fallait approfondir le puits pour arriver à une deuxième couche; on fonça le puits en changeant graduellement la forme carrée en forme ronde. Lorsqu'on fut arrivé au bas du puits, on éleva le muraillement jusqu'à la première couche, puis on le continua en remblayant les angles de manière à obtenir une forme ronde. Le boisage était enlevé à mesure qu'on disposait la maçonnerie. On obtint ainsi une construction parfaitement solide et impénétrable aux eaux.

Quant à la dépense, 33 mètres de muraillement ont été exécutés en vingt-un jours, par deux maçons anglais travaillant nuit et jour, par poste de six heures. On les payait à raison de 30 francs le mètre courant. Les manœuvres étaient à leur charge. Le puits a 2 mètres de diamètre, et il a fallu 730 briques par mètre de hauteur.

~~~~~~~~~~~~~~~~~~~~~~~~~~~~~~~~~~~~~~~

CHAPITRE XII.

—

ÉPUISEMENT DES EAUX.

Nous avons dit que les eaux arrivaient continuellement dans les mines par les fissures du terrain; leur épuisement est plus ou moins dispendieux suivant leur quantité; dans certaines mines, on retire trois fois plus d'eau que de charbon.

Le moyen le plus simple d'épuiser les eaux est une galerie d'écoulement; mais il n'est pas toujours possible d'en établir une, soit à cause des localités, soit à cause des frais. Nous avons vu que la pente convenable à donner à ces galeries était de $0^m 001$ à $0^m 002$ par mètre, et que si la quantité d'eau n'est pas très considérable, la galerie d'écoulement peut servir en même tems de galerie de roulage, en y pratiquant une rigole.

Lorsqu'on ne peut pas avoir de galerie d'écoulement, il faut concentrer et simplifier l'épuisement; car, en augmentant le nombre des appareils, on augmente la somme des résistances. On cherche donc à concentrer les eaux dans un seul bassin nommé puisard, ou un réservoir situé à côté du puisard, et on les épuise. A la vérité, en concentrant les eaux, on les élève d'un niveau plus bas; mais cette différence de niveau est peu sensible sur la hauteur du puits; si, cependant elle était assez considérable, on pourrait avoir une pompe pour épuiser à un certain niveau.

La seconde condition est d'épuiser, autant que possible, verticalement; car à égalité de hauteur, l'épuisement est plus facile et moins coûteux que l'épuisement incliné.

Enfin, le moteur doit être placé à l'intérieur de la mine, et l'on doit disposer les travaux d'exploitation en contre-haut du puisard, de manière à ce que les eaux s'y rendent.

L'épuisement, dans les mines, se fait au moyen de tonnes ou de pompes mues par des machines situées au jour; on concentre les eaux dans le puisard, qui a le même diamètre que le puits, et une profondeur variable suivant la quantité d'eau qu'il doit contenir. Dans le cas ordinaire, où l'épuisement se fait la nuit, on donne au puisard 26 ou 30 mètres de profondeur, et l'on peut avoir un ou plusieurs réservoirs communiquant avec le puisard par un trou de sonde fermé au moyen d'un robinet. Ces réservoirs tiennent entièrement lieu de puisard quand on emploie des pompes.

Les réservoirs sont plus faciles à creuser que les puisards, ils offrent moins de variations dans le niveau de l'eau; en outre, ils épurent les eaux, qui déposent au fond toutes les matières nuisibles aux corps de pompe.

Lorsque l'épuisement a lieu par des pompes, on doit établir, pour couvrir le puisard, un plancher percé d'une ouverture par où passe la pompe.

Il faut de tems en tems curer le puisard et le réservoir; ce curage est pénible, surtout quand il y a beaucoup de vase. Dans les puits où l'on ne place pas de planches sur le puisard, il est nécessaire de le répéter plus souvent.

Lorsqu'on épuise au moyen de tonnes, on se sert de cables en chanvre et d'une chaine assez longue. Les tonnes doivent être construites solidement, et avoir des dimensions aussi grandes que le diamètre du puits et la force de la machine le permettent, sauf à diminuer la vitesse : elles cubent 5 ou 6 hectolitres, souvent 8 ou 10, et quelquefois même 15 ou 20. Comme ces tonnes sont très chargées et exposées à recevoir des chocs, elles doivent être très solides ; elles sont en pin, avec un double fond cloué l'un sur l'autre à joints croisés. Les tonnes de 8 à 10 hectolitres ont un mètre de diamètre au ventre, et 0^m89 aux deux extrémités, sur une hauteur plus ou moins grande ; elles ont cinq cercles en fer, et des bandes lient le fond aux douves ; les douves ont 0^m04 d'épaisseur et 0^m08 à 0^m10 de largeur ; chaque cercle est retenu par des rubans en fer ; on donne à ces pièces une longueur et une largeur assez grande pour que le ventre de la tonne soit presque totalement couvert de fer ; les chaînons sont en fer de Bourgogne, et sont fixés aux anneaux qui terminent les cables.

Les tonnes prennent l'eau d'elles-mêmes dans le puisard ; on les vide en les faisant basculer sur le devant du puits où se trouve un dégorgeoir ; il faut quinze secondes environ, y compris le tems de ralentissement qu'on donne près de l'orifice du puits, pour vider une tonne. La vitesse qu'on leur imprime, varie entre 1^m20 et 1^m40 ; elle n'est jamais plus de 1^m50, une plus grande vitesse serait désavantageuse. Le déchet varie de 5 à 10 pour cent ; on pourrait le diminuer, en recouvrant la partie supérieure de la tonne d'un couvercle ayant un diamètre un peu inférieur. Le dégorgeoir a la forme d'une caisse dont le fond est incliné.

L'épuisement par tonne a l'avantage de ne pas exiger de nouveaux agrès ; il n'exige pas non plus que les eaux soient claires ou pures. Les tonnes suivent l'abaissement des eaux, mais elles n'en épuisent qu'une certaine quantité limitée, surtout quand le puits et profond ; elles ne donnent pas lieu à un épuisement continu ; elles ne peuvent prendre l'eau dans les réservoirs latéraux ; il y a en outre des frais de main-d'œuvre pour le versement de l'eau ; de plus, il y a intermittence dans le moteur. L'emploi des tonnes convient quand il y a peu d'eau, et lorsqu'on ne veut pas extraire la nuit : autrement, on doit préférer les pompes.

Les pompes employées à l'épuisement ont été long-tems construites pour élever l'eau à 10 mètres ; on avait ainsi, dans un puits, un grand nombre de pompes mues par une maîtresse tige. Ce système était très coûteux, surtout à cause des réparations. On employa ensuite les pompes hautes, qui élevaient l'eau à 30 mètres ; depuis quelques années, on emploie les pompes à haute colonne.

En Angleterre, on a des pompes de 60 à 80 mètres, placées en répétition les unes des autres : elles sont foulantes. A Saint-Étienne on a des pompes de 60 à 100 mètres de hauteur ; quelques-unes même ont 120 mètres.

A Poullaouën, M. Juncker a élevé les eaux, au moyen de deux pompes d'un seul jet de 170 mètres de hauteur.

En Bavière, une pompe élève d'un seul jet de l'eau salée à 356 mètres, ce qui correspond à 445 mètres pour l'eau douce.

On peut donc, en adoptant les perfectionnemens successifs apportés à la construction des pompes, avoir une colonne de pompe occupant toute la hauteur du puits.

Les pompes sont foulantes ou aspirantes : les premières semblent présenter un peu plus d'avantage.

Les pompes ont été décrites dans tant d'ouvrages différens, que nous ne nous étendrons pas davantage sur ce sujet ; nous renvoyons aux excellens mémoires publiés dans les Annales des Mines.

CHAPITRE XIII.

—

TRANSPORT INTÉRIEUR.

On emploie pour le transport intérieur, l'homme, le cheval et les machines.

L'homme est employé comme porteur, traineur et brouetteur ; la journée est de 8 à 9 heures ; ce sont ordinairement des jeunes gens de 16 à 25 ans, qui font ce service.

Les porteurs transportent la houille sur leur dos, dans des

sacs qu'ils soutiennent d'une main, et ils s'appuient de l'autre sur un bâton ; ils portent en même tems leur lampe. La charge ordinaire est de 50 kilogrammes ; elle n'est que de 40 dans les montées les plus inclinées. La pente maximum est de 45° à 50°. Il faut absolument, dans ces grandes pentes, avoir des escaliers ; une pente descendante au-dessous de 13° favorise le transport ; mais quand elle dépasse 13°, elle est moins avantageuse qu'un chemin de niveau, et à 20° elle est très fatigante. Les galeries doivent avoir au moins 1m 30 ; le sol peut être mauvais, pourvu qu'il soit bien éclairé. Il est avantageux d'avoir des distances peu considérables, 40 à 50 mètres, à cause de la fatigue ; cependant, la difficulté du chargement ne permet pas d'établir de relais. Dans ces diverses circonstances, le chiffre du transport varie de 190 à 360 kilogrammes transportés à 1 kilomètre. Ce mode de transport est généralement abandonné aujourd'hui.

Les traîneurs s'attèlent à une benne, à l'aide de bricolles ; le volume de la benne varie de 1 hectolitre un tiers à 1 hectolitre 1/2 de 110 à 120 kilogrammes. La benne pèse 33 kilogrammes, et coûte à Saint-Étienne 18 francs. La pente des galeries de traînage ne dépasse pas 16°. Lorsqu'il y a plus de 12°, il faut un pousseur ; la hauteur convenable des galeries est de 1m 50, et la largeur de 1m 20. Cette largeur est nécessaire pour le croisement des bennes. Le traîneur peut se reposer à l'aise pendant le trajet ; la distance doit être de 100 mètres.

L'effet utile varie beaucoup ; dans les mines basses, il est de 200 à 250 kilogrammes transportés à un kilomètre ; dans les mines hautes, de 400 à 800 ; ce chiffre peut même aller à 1100.

Les brouettes donnent un effet utile qui excède d'un quart celui du traînage ; on dispose le service par relais de 50 mètres, en faisant marcher les brouettes sur des planches ; la charge ordinaire est de 100 kilogrammes ; mais elles ont l'inconvénient de briser la houille dans les transbordemens.

Les chevaux que l'on emploie dans les mines, sont des gros chevaux ou des petits chevaux. Les gros chevaux ont 1m 50 de taille, et leur dépense journalière s'élève à 4 francs. Les petits chevaux ont 1m 35, et dépensent 3 francs par jour.

Les petits chevaux présentent de grands avantages ; ils coûtent moins d'achat, leur dépense est moindre, ils font le même transport, ils sont moins délicats, ils vont plus vite, ils résistent mieux à la chaleur et au mauvais air; ils sont plus faciles à conduire, ils conviennent au transport dans les galeries basses, ou celles dont la température est très chaude et le sol humide, ce qui détruit le sabot des gros chevaux.

Les gros chevaux conviennent, dans le cas d'un tirage rendu pénible, soit par la pente, soit par le mauvais état des galeries.

Pour introduire les chevaux dans les mines par les puits, on place sur le cheval un filet de cordes qui l'enveloppe entièrement; ce filet est établi de manière à ce que, lorsque le cheval sera suspendu, il se trouve assis sur sa croupe; on lui couvre les yeux, on met à ses pieds quatre manchons munis de boucles, on y passe une corde; on fait tomber le cheval, que la chute étourdit, et on le descend par le cable.

L'écurie est placée dans le voisinage du puits, près du chemin d'air. Les chevaux deviennent très gros et très gras dans les mines; mais leur vue s'affaiblit et ils sont sujets à la morve et à l'ulcération des pieds. Ils deviennent plus intelligens et plus dociles qu'à l'extérieur, et l'on emploie même beaucoup de chevaux aveugles.

Les chevaux sont attelés à une benne de 240 à 250 kilogrammes, pesant 80 kilogrammes et coûtant 33 francs; quelquefois on les attèle à 2 bennes; ceci a lieu lorsque des traîneurs amènent la houille jusqu'à l'endroit où les chevaux travaillent; le chiffre de transport varie de 700 à 1000 pour des mines mal aérées; mais, dans des mines bien tenues, il est de 1800 à 2700 : on répare les chemins en brisant des schistes, qu'on humecte et qu'on dame fortement dans la portion de la galerie où le traînage doit se faire.

L'effet utile du cheval varie en raison des distances; pour une distance moindre de 100 mètres, il n'offre pas d'avantage : au-delà de 100 mètres, son effet utile dépasse celui de deux traîneurs : au-delà de 300 mètres, il dépasse celui de trois traîneurs, et la dépense du cheval est égale à celle de deux traîneurs. C'est pourquoi, dans certaines mines, on fait aller les chevaux au trot, quoique cela diminue un peu leur effet utile, mais leur journée est plus vite finie, et on les remplace par d'autres.

La distance de parcours ne doit pas excéder 450 ou 500 mètres ; il vaut mieux percer un autre puits.

Pour les gros chevaux, il suffit de donner 1m 60 de largeur aux galeries, et pour les petits 1m 40 ; le sol doit être bien tenu, mais plutôt pour les bennes que pour le cheval. On peut fixer à 13° le maximum des pentes à la remonte avec des bennes de 250 kilogrammes ; quand la couche est plus inclinée, on réduit à 13° la pente des traverses.

S'il y a dans la mine des galeries de niveau, des galeries de pente et des galeries de traverse, il vaut mieux, au lieu de faire parcourir toute la galerie de niveau et la traverse, les faire alterner, monter et descendre.

Si la pente dépasse 13° sans excéder 40°, il faut opérer la remonte d'une manière continue : on place au sommet de la galerie, une poulie ; on y fait passer une corde qu'on attèle à la benne, et le cheval fait descendre les bennes vides et remonter les bennes pleines ; il remonte ensuite à vide. Les chevaux donnent ainsi un effet utile de trois chevaux.

Si la pente est trop forte et dépasse 40°, on fait agir les chevaux par une machine à mollettes. Si la galerie est assez large, on fait remonter les bennes vides et descendre les bennes pleines à la fois, sinon on les monte et on les descend l'une après l'autre : alors, pendant la descente, il faut, avec les vargues ordinaires, que le cheval tourne en sens contraire pour détourner, et que l'on fasse agir un frein pour qu'il ne soit pas blessé par les bras du manège.

M. Marsais a construit un vargue intérieur qui est à l'abri de cet inconvénient. L'arbre en fonte (fig. 102) qui porte le tambour, peut tourner indépendamment du bras ; celui-ci est lié à deux mâchoires en fonte allésées qui embrassent une partie tournée de l'arbre sans la serrer, et il repose par un tasseau sur une couronne en bois fixée à l'arbre ; le bras peut être lié à la couronne par une chaîne. Quand le cheval doit élever les bennes pleines, on attache la chaîne à la couronne, et tout le système tourne en même tems ; quand les bennes vides doivent descendre, on décroche la chaîne, et le tambour et la couronne tournent avec l'arbre indépendant du bras, celui-ci forme alors frein au moyen des tasseaux, et le conducteur peut en varier l'effet en pesant dessus : de cette manière la descente se fait très vite et sans fatigue.

Quant aux descentes, le cheval ne doit pas traîner dans une pente au-delà de 15°; cette pente est à peu près celle où les bennes descendent seules, et pourraient blesser le cheval.

Les bœufs s'attèlent comme le cheval, et s'introduisent de même; leur effet utile est à peu près le même que celui du cheval, mais ils travaillent plus lentement, ils tournent difficilement, et supportent difficilement le mauvais air et la chaleur. Ils présentent cependant de l'économie sous le rapport de leur achat, de leur nourriture et d'autres dépenses; ils exigent moins de soins et ne perdent pas de leur prix en vieillissant. Ils ne conviennent que dans les mines spacieuses, où les transports se font à de grandes distances.

Le mulet présente presque autant d'avantage que le bœuf; il fait le même service journalier que les chevaux, mais il est très difficile à conduire.

L'âne, quand il est robuste, fait à peu près la moitié de la besogne du cheval, et sa dépense est moitié. Il convient en remplacement du cheval, dans les galeries basses.

Les chemins de fer sont généralement adoptés aujourd'hui pour le transport intérieur dans les mines. On se servait autrefois des chemins à ornières creuses; on emploie maintenant les chemins à rails plats et à rails saillans.

Dans les chemins à rails plats, les barres sont fixées à plat au moyen de longrines établies sur des traverses de distance en distance, et les barres de fer plates sont assemblées par des vis à tête de fer noyées. Les traverses sont en pin de 0^m13 d'équarrissage et distantes de 1^m; les longrines sont en chêne de 0^m08 sur 0^m10 de hauteur. Les barres ont 0^m029 de largeur sur 0^m009 de hauteur. Un chemin de ce genre coûte à peu près 5 francs le mètre courant, à St.-Etienne.

Détail du chemin établi aux mines de Mions (Loire).

Fer, 3 kilogrammes 85 par mètre à 0^f36.	1 fr.	39 c.
Posage des barres	0	25
Vis à bois.	0	46
Longrines en chêne à 0^f90 le mètre courant.	1	80
Traverses en pin de 1^m20 de longueur à 0^f60 le mètre	0	72
Entaille des traverses et pose.	0	40
Déblai, remblai.	0	25
	5 fr.	**27**

Ce chemin présente des inconvéniens : les longrines se déjettent et se fendent par l'effet de l'humidité, les barres s'usent latéralement, et le bois est mangé à son tour assez rapidement ; par suite les réparations sont plus fréquentes, plus dispendieuses et plus longues : aussi les a-t-on généralement abandonnés.

Les chemins à rails de champ sont généralement les seuls employés aujourd'hui ; ils se composent de bandes de fer plat ; ces bandes sont placées de champ sur des traverses, et maintenues au moyen d'entailles faites sur chaque traverse, et de coins. Ces traverses doivent être en chêne, leur distance dépend de l'épaisseur des barres ; comme il arrive que celles-ci fléchissent horizontalement, on doit augmenter l'épaisseur des barres ou rapprocher les supports. Cette distance est de 0^m65 ; on donne aux barres 0^m015 d'épaisseur ; l'entaille a 0^m035 de profondeur et 0^m108 de longueur.

Un chemin ainsi construit peut porter des chars de 1200 kilogrammes ; il faut environ 15 kilogrammes 1/2 de fer par mètre courant, qui coûte 2 fr. 35 de plus que le mètre courant de chemins à rails plats.

Il faut, dans les grandes courbes, donner au rail 0^m03 à 0^m04 d'élévation au rail extérieur sur le rail intérieur, lorsque le traînage se fait par hommes ; mais si le moteur est un cheval, on élevera le rail intérieur de 0^m10 à 0^m15 sur le rail extérieur.

Ces chemins de fer n'ont qu'une voie, mais on établit des doubles voies de rencontre.

La pente la plus convenable est celle sur laquelle les chars commencent à descendre seuls ; cette pente est de 0^m005 par mètre sur les chemins extérieurs, mais on peut la porter à 0^m009 ou 0^m010 dans les chemins de fer de mines, et l'on apporte moins de soin à l'entretien, les boites sont moins bien huilées, et le rapport entre les diamètres des roues et des essieux est en général plus grand.

M. Gervoy a déterminé cette pente, au moyen du dynamomètre. Si cependant les distances étaient trop longues et les convois composés de plusieurs chars, comme ils seraient exposés, à la descente, à sortir de la voie, on ne donnera au chemin qu'une pente de 0^m005.

La principale difficulté des chemins de fer est celle de la

construction des courbes ; on est parvenu à vaincre cette difficulté, en modifiant la disposition des chars : le rayon à donner aux courbes est 2 ou 3 mètres ; il faut que, dans les courbes, le chariot continue à tourner et que le frottement qui tient à la différence de longueur des deux axes soit détruit. Ces deux effets sont produits en donnant aux roues un jeu suffisant, et permettant à chacune d'elles de tourner librement. On emploie des chars à quatre roues indépendantes, pour cela chacune des roues, de 0m 24 de diamètre, est garnie de deux rebords de 0m 013 comme une poulie, et fixée à un petit essieu qui porte une chape mobile autour d'un axe vertical, comme des roulettes de lit. Ce système est celui de M. Fournet.

M. Wery place les deux essieux à roues fixes d'un char ordinaire, à 0m 40 l'un de l'autre.

Avec les chars à quatre essieux, on peut franchir des courbes de 3m de rayon.

Les roues doivent avoir 0m 015 à 0m 020 de jeu ; elles sont moulées en coquilles comme celles des grands chemins de fer (fig. 104).

Les essieux sont en fer tourné à l'endroit où porte le coussinet ; ils doivent avoir 0m 30 à 0m 40 ; on les introduit presque à frottement dans l'ouverture carrée un peu conique de la roue.

Les chars se composent de deux sommiers longitudinaux de 0m 08 de largeur sur 0m 16 de hauteur, réunis par trois ou quatre traverses, et recouverts par deux ou trois planches de peuplier de 0m 035 (fig. 103).

On peut mettre six ou sept chars à la file ; il convient de réunir de préférence les deux chars voisins par une chaîne unique placée au centre, plutôt que par deux chaînes placées latéralement.

Dans de fortes pentes, on peut adapter aux chars un frein qui presse les roues de derrière horizontalement ; il se compose de deux tasseaux de chêne portés par une barre de fer transversale. Le conducteur placé à l'arrière du convoi, manœuvre ce frein très aisément.

Un cheval attelé à 7 chars à bennes, contenant, 4200 kilogrammes, peut faire 20 voyages par jour, en parcourant une distance de plus de 500 mètres. L'effet utile d'un cheval sur un chemin de fer, est de 46000 kilogrammes transportés à un kilomètre.

On a construit dans les mines de la Loire, des chemins de fer suspendus; mais ce système, qui n'a été établi que dans les mines dont le sol est mobile, et qui a l'avantage de ne pas entraver le service, offre de grands inconvéniens. Le ballottement résultant du défaut de stabilité du véhicule, occasione une grande perte de l'effet utile du cheval, et les réparations sont plus fréquentes. Les frais d'établissement sont aussi plus considérables pour les chemins suspendus que pour les chemins ordinaires.

CHAPITRE XIV

.—

EXTRACTION AU JOUR.

Quand on a une galerie d'écoulement, on peut s'en servir pour le roulage ; mais l'extraction se fait généralement par les puits, et l'on emploie pour cela le cheval et la vapeur. Il est rare qu'on puisse employer d'autres machines que les machines à vapeur ; les machines à vent ne peuvent servir à cause de leur intermittence. Quant aux machines mues par l'eau, elles ne sont pas non plus employées ; car il est rare qu'un cours d'eau se trouve près du puits, cette position étant désavantageuse.

Comme on a intérêt à éviter le transbordement de la houille, on l'élève au jour dans les mêmes bennes qui ont servi à l'amener du chantier au bas du puits. On élève souvent deux bennes de front ; chacune est attachée par deux chaînons aux extrémités d'une balance dont le centre est fixé à la corde du puits. Il faut pour cela que le puits ait un certain diamètre (trois mètres) ; la vitesse est d'un mètre par seconde.

Si le puits est trop étroit, on met les bennes à la suite l'une de l'autre : alors deux chaînons partant de la chaîne principale, viennent prendre successivement les deux bennes ; on peut même en élever trois ainsi. On laisse entre elles un intervalle pour les recevoir commodément. Ce système est peu convenable. Les mollettes doivent être placées plus haut ; on les met à 8 mètres au-dessus du sol, soit à cause de la place que prennent les bennes, soit à cause de la facilité que cela donne aux receveurs.

On pourrrait même élever quatre bennes, en en plaçant deux de front.

Les bennes contiennent 16 à 19 hectolitres à Mons.

Il est plus commode pour l'accrochage d'avoir une grande tonne. Aussi elle présente un avantage sous le rapport de la production journalière dans des puits profonds de 300 à 400 mètres, où l'extraction est en retard sur l'abattage; mais ces tonnes occasionent des frais de transbordement et le brisement de la houille : on peut même, avec des petites bennes, éviter un nouveau transbordement, en les plaçant sur un char qui les conduit par un chemin de fer jusqu'au lieu de placement.

Quand il n'y a pas de transbordement, la galerie de recette aboutit au pied du puits ; autrement on établit un gradin qui met la bouche de la grande tonne au niveau du sol.

S'il y a un puisard en contre-bas de la recette, on le bouche d'un plancher volant formé de planches posées sur trois ou quatre traverses établies sur des entailles pratiquées sur le mur du puits. Ce plancher sert à empêcher la chute des ouvriers dans le puisard.

Deux accrocheurs se tiennent dans la recette ; ils guident les bennes avec un crochet, pour qu'elles ne frappent pas contre les parois du puits, soit en montant soit en descendant.

Les bennes d'extraction sont simplement accrochées au crochet qui termine les chaînons ; ce crochet peut être arrêté par des boulons. Les chaînons sont liés à la maîtresse chaîne qui se trouve à l'extrémité du cable ; au lieu de boulons qui sont sujet à se dévisser, on préfère se servir d'une clavette. Les fers employés doivent être très doux et avoir des dimensions très fortes.

Les chevaux agissent au moyen de manèges et de tambours; ils vont au trot, mais si le puits est en creusement et qu'on les emploie à élever des déblais, ils vont au pas; on peut compter sur un effet utile de 60 à 70 kilogrammes élevés à 1 mètre par seconde.

Les diamètres des manèges et des tambours varient selon les vargues ; ce diamètre doit être assez grand pour que le cheval tourne aisément. En Allemagne, le diamètre des tambours est de 2^m 50, et celui du manège de 11 à 15 mètres ; 2^m 50 et 15^m sont des nombres très convenables.

Le chemin doit être bien uni pour que le cheval ne s'abatte pas ; quand il y a plusieurs chevaux, le toucheur doit être prêt à décrocher le cheval abattu ou à couper ses traits.

Les arbres des tambours sont en chêne très sain, de 0^m 45 à 0^m 60 de diamètre ; leur hauteur est en rapport avec celle des poulies : on leur donne 4 à 7 mètres de hauteur. L'arbre est arrondi coniquement aux extrémités ; il est équarri sur le reste, cependant il est tronqué pour recevoir les enrayeurs.

Les tambours ont deux mètres de hauteur ; ils sont presque toujours cylindriques. La forme à double cône qu'on leur a donné quelquefois pour compenser le poids des cordes, est moins avantageuse. Dans la pratique on fait les tambours légèrement coniques ; le diamètre inférieur surpasse de 0^m 05 à 0^m 06 le diamètre supérieur. Cette disposition a pour but de serrer la corde sur le tambour, en la faisant agir comme une frette, et de l'établir plus solidement ; elle empêche le glissement de la corde sur le tambour.

La masse du tambour est formée par deux, trois ou quatre encroix. Ces encroix se composent de quatre pièces longues assemblées en croix à mi-bois ; ces quatre bras sont reliés par quatre traverses ; il y a en outre quatre contreforts d'où partent quatre faux bras (fig. 80). Les jantes sont formées de plateaux taillés circulairement et assemblés à mi-bois. Les bras sont assujettis au moyen de deux boulons.

Toutes ces pièces sont en chêne : pour empêcher que la corde ne tombe à terre, il est bon de placer un rebord ou simplement de prolonger les bras au-delà des jantes.

On applique sur ces encroix des douves en chêne ou en sapin ; elles sont planes et on les fixe sur les jantes au moyen de gros clous à tête noyée.

Les barres du manège sont en chêne ou en sapin ; elles doivent avoir deux mètres de longueur de plus que le rayon du manège.

Pour soutenir l'arbre on le saisit par deux bras de fer.

La tête de loup est fixée à l'extrémité du bras par une cheville, et le bras entre dans cette pièce (fig 79).

Le tourillon supérieur de l'arbre est en fer ; il a deux ailes. Le tourillon inférieur demande plus de soin ; il porte plusieurs ailes réunies entre elles par une plaque.

Pour support du tambour, il faut un terrain solide; on y élève un cylindre de maçonnerie terminé un peu obliquement: au centre est un vide occupé par une pierre de taille ayant un trou rectangulaire où l'on place une grenouille en fonte.

Lorsqu'on commence un creusement de puits, la barre est inclinée; mais on remblaie autour de l'arbre, et la barre prend une position horizontale.

Dans le haut, le tourillon est fixé contre le sommier, et retenu par une pièce en chêne. Ce sommier est en sapin, il a 0m 18 à 0m 22 au petit bout. Le gros bout repose sur les piliers du puits; le petit bout sur un poteau en pin établi sur une semelle.

La longueur du sommier est fixée par le diamètre du manège.

Pour monter le vargue, on établit sur le puits le chevalement, le sommier et son poteau; on tourillonne l'arbre, on le monte au moyen de la chèvre, on dispose les enrayures en posant d'abord trois bras et ajustant ensuite le quatrième; les traverses et faux bras se placent à mesure; on commence par l'enrayure inférieure, on cloue ensuite les douves.

Les poulies sont en fonte (fig. 81); elles ont un mètre de diamètre et 0m 08 à 0m 11 de gorge; mais on diminue la raideur en leur donnant 1m 50 ou 2m de diamètre: les cordes s'usent ainsi moins rapidement; il convient de donner à la gorge 0m 20 de profondeur, pour empêcher que la corde ne saute.

Le chevalement le plus simple se compose de deux poteaux réunis par deux traverses horizontales, entre lesquelles sont deux pièces verticales où se meuvent les poulies (fig. 82); il est bon de réunir ces deux pièces par deux petites planchettes entre lesquelles la corde peut passer. Le plus souvent on emploie les chevalemens à quatre poteaux, dont on se sert pour l'extraction par machines.

L'extraction par machines se fait au moyen de tambours couchés: ceux-ci sont plus faciles à établir que les tambours verticaux, ils n'exigent ni un si grand espace, ni sommiers, ni poteaux; il suffit de chevalets.

Ils reçoivent le mouvement de la machine au moyen d'un engrenage droit, les roues étant parallèles; quelquefois l'arbre du tambour sert d'arbre à la machine. Les cordes s'enroulent plus régulièrement, on peut mieux les examiner.

Les poulies qui, dans les tambours droits, sont placées à des hauteurs différentes, se placent à la même hauteur dans les tambours couchés. Les premiers n'ont qu'un avantage, c'est de donner plus de fixité au chevalement.

Les tambours sont cylindriques, quelquefois coniques. Le tambour doit avoir un grand diamètre; les cordes se brisent moins et font moins de tours. En faisant abstraction des tambours à petit diamètre, ces diamètres varient de 4 à 6 mètres selon la profondeur du puits.

Le tambour est conduit par un engrenage qui ralentit la vitesse de l'arbre du tambour; le rapport de la grande roue à son pignon dépend de la vitesse des bennes; cette vitesse peut être de deux à trois mètres et plus dans les puits étroits où les bennes glissent sans choc; mais dans les puits ordinaires elle est de 0^{m}75 à 1^m, et rarement 1^{m}50.

La largeur du tambour est habituellement de 1^m à 1^m 50; les cordes se suivent sur le tambour à un intervalle de 0^m 14.

Un tambour de ce genre est formé par deux enrayures composées de deux bras et de deux faux bras liés par deux tourtes. L'arbre est en fonte ou en fer; lorsqu'il est en fonte on lui donne une forme octogonale; on peut leur donner également une forme ronde.

Les axes en fer ont 0^{m}15, ceux en fonte 0^m 20, et des saillies de 0^m 03.

Ces tambours sont portés par deux ou trois enrayures formées de bras attachés par des boulons, sur trois tourtes en fonte fixées sur l'arbre de la machine.

Le tambour doit être assez éloigné du puits pour que les différences de la corde, en s'enroulant, ne se fassent pas trop sentir. On le place à 15 ou 18 mètres. La machine doit regarder le puits; on l'enferme dans une petite maisonnette, et le machiniste est placé de manière à voir le puits.

On emploie aussi des tambours à petit diamètre, mais sur des puits peu profonds. Ces tambours évitent les engrenages; ils sont portés sur l'arbre de la machine; celle-ci est à haute pression et couchée.

Le diamètre de ces tambours est de 1^m, leur longueur de 2^m. L'axe est en fer carré ou en fonte; les douves composant le tambour sont portées sur des couronnes placées en croix ; chaque couronne est liée à l'axe par des coins ou des clous ; les douves sont en chêne.

Ces tambours sont peu convenables, parce qu'on ne peut assez modérer le mouvement.

Les cordes employées sont rondes et de $0^m 16$ de circonférence, elles pèsent 2 kilogrammes 50 le mètre courant ; et se vendent 1 fr. 50 centimes le kilogramme.

Le chevalement se compose de quatre piliers réunis par des traverses et des croix de S.-André. Les poulies sont placées à 15 où 16 mètres de hauteur, pour les puits en creusement, et à 9 ou 10 pour les puits d'exploitation.

Au lieu de cables ronds, on se sert dans les mines de cordes plates. Elles sont composées de quatre petites cordes : deux sont tordues à droite et deux à gauche ; on les assemble au moyen d'une machine qui a pour objet de les tendre. Elles s'enroulent sur des tambours qui ont la largeur de la corde. Ils sont terminés par six ou huit bras longs, suivant la longueur de la corde ; la corde passe ensuite sur des rouleaux ou poulies à gorges plates.

Ces cordes ont l'avantage de s'étendre très peu ; elles pesent un peu plus et produisent des compensations entre les inégalités des charges, mais elles augmentent trop la vitesse, ce qu'il faut éviter lorsque le puits est destiné à la remonte et à la descente des ouvriers.

On a aussi fabriqué des cables en fer plat, s'enroulant sur eux-mêmes, mais on a dû y renoncer à cause des nombreux accidens auxquels ils ont donné lieu ; on se borne à placer un cable de ce genre à l'extrémité des cordes en chanvre, pour que la partie qui trempe soit moins sujette à être détériorée.

La chaine qui est liée au cable a jusqu'à dix ou douze mètres ; les anneaux ont $0^m 013$.

CHAPITRE XV.

—

MOYENS D'AIRAGE.

Un des points les plus importans de l'exploitation des mines, celui qui a le plus occupé l'attention des gouvernemens et des hommes de science, c'est l'airage; aussi existe-t-il sur cette partie de l'exploitation, un grand nombre de mémoires qui sont les fruits de recherches et d'expériences faites dans un but d'intérêt et d'utilité publique. Celui de M. Combes occupe, à juste titre, le premier rang parmi tous ceux publiés jusqu'à ce jour. Ce savant professeur a ouvert à la science une nouvelle voie de recherche dont il a aplani les plus grandes difficultés.

Plusieurs causes tendent à vicier l'intérieur des mines : ce sont la respiration des hommes, la combustion des lampes, le tirage à la poudre, la décomposition des bois, la fermentation lente des matières combustibles, enfin, les gaz qui se dégagent des combustibles fossiles. Les gaz nuisibles résultant de ces diverses causes sont l'azote, l'acide carbonique, l'hydrogène protocarboné, l'acide sulfureux.

L'azote provient de la respiration et de la combustion des lampes ; sa pesanteur spécifique est de 0,976 ; il est impropre à la respiration et à la combustion.

Le gaz acide carbonique est aussi le produit de la respiration, de la combustion des lampes, du tirage à la poudre, de la fermentation ou décomposition lente des matières combustibles. Il se dégage encore fréquemment des fissures du terrain. On rencontre parfois, dans les travaux des mines, des sources d'acide carbonique. Ce gaz, dont la pesanteur spécifique est de 1,524, ne peut être respiré sans danger, et il est impropre à l'entretien de la combustion. Il occupe la partie inférieure des galeries, et l'on peut juger de l'état de la galerie, sous ce rapport, en approchant la lampe du sol. On ne doit pénétrer qu'avec les plus grandes précautions dans les galeries que l'on pourrait supposer renfermer un amas d'acide carbonique.

Le gaz hydrogène protocarboné, qui est un composé d'hydrogène et de carbone, est connu dans les mines, sous le nom de *grisou*. C'est surtout dans les couches de houille grasse, que ce gaz se développe principalement; cependant, on le rencontre quelquefois dans les couches de houille maigre; il se dégage avec un léger bruit qu'on ne saurait mieux comparer avec M. Combes, qu'à celui que produit l'eau dans l'instant qui précède l'ébullition. Il s'échappe tantôt des fissures naturelles, tantôt des trous de sonde, et produit des jets abondans et continus. On voit souvent dans les galeries, dont le sol est couvert d'eau, les bulles de gaz se succéder rapidement et venir crever à la surface; il se dégage même sous des pressions considérables, en traversant des masses d'eau de 15 à 20 mètres de hauteur. On reconnaît la présence de ce gaz, dans les mines par une impression semblable à celle d'une toile d'araignée qu'on sentirait sur les yeux; il arrive même que les mineurs le voient voltiger sous forme de bulles arrondies blanchâtres et transparentes; mais on le reconnaît bien plus sûrement à la flamme des lampes, qui s'alonge et s'élargit lorsqu'elle se trouve dans un milieu d'hydrogène protocarboné; la couleur de la flamme est en outre d'un bleu d'autant plus foncé, que le gaz se trouve en plus grande quantité. Ce gaz se trouve en quantité très variable, suivant les diverses parties d'une même couche; il est généralement plus abondant dans le voisinage des failles, des étranglemens, des renflemens, et dans tous les joints où la houille est altérée. Les portions de galeries récemment excavées donnent beaucoup plus de gaz que les galeries anciennes; aussi, le dégagement est-il plus considérable au moment de l'abattage ou quand il survient des éboulemens. Le grisou se rencontre souvent dans les anciennes galeries ou les vieux chantiers non aérés, où il forme un mélange explosif; aussi, ne doit-on en approcher qu'avec les plus grandes précautions. L'hydrogène protocarboné mêlé à l'air atmosphérique, forme un mélange explosif. Le tableau suivant indique les proportions nécessaires pour l'explosion.

PROPORTIONS du mélange.	FAITS OBSERVÉS.
1 2	Le mélange brûle sans détonation et avec une flamme bleue.
1 3	— —
1 4 à 5	— inflammation plus subite.
1 6	L'inflammation a lieu avec une légère détonation.
1 7	— détonation plus forte.
1 8	Explosion violente.
1 9 à 14	Inflammation, détonation décroissante.
1 15 à 30	L'inflammation ne se propage plus dans toute la masse; il n'y a plus explosion, mais la combustion a lieu dans la partie du mélange qui est en contact immédiat avec la flamme de la bougie; de sorte que celle-ci s'alonge, s'élargit et paraît environnée d'une espèce d'auréole d'un bleu pâle, qui devient d'autant moins sensible que la proportion d'hydrogène carbonné est moindre, et qui disparaît entièrement quand cette proportion est au-dessous de 1/50.

L'acide sulfureux est produit par le tirage à la poudre : il se dégage en même tems de l'acide carbonique, de l'azote et de la vapeur d'eau; mais ces gaz se dégagent très vite. Il est aussi le produit de la combustion de la houille et des boisages dans les mines en feu. Il a une odeur très âcre; sa pesanteur spécifique est de 2,1204.

On doit user des plus grandes précautions, avant de pénétrer dans l'intérieur d'une mine, dans les parties surtout depuis long-tems abandonnées; il est important de s'assurer si l'air est respirable ou non, ou s'il présente des dangers d'explosion. Les gaz impropres à la respiration et à la combustion, ne peuvent être complètement expulsés par l'effet des agens chimiques, parce que ces gaz se reproduisant continuellement, on ne peut les chasser qu'au moyen d'un courant d'air atmosphérique ; autrefois, il était d'usage, dans les mines contenant du grisou, de mettre chaque matin le feu au gaz qui s'était accumulé pendant le jour précédent ; des hommes couverts de vêtemens mouillés, pour éviter d'être brûlés par l'effet de l'explosion, et munis d'une longue perche au bout de laquelle était une mèche allumée, se couchaient à plat ventre et mettaient le feu au gaz ; mais, outre les dangers que cette méthode présentait pour les ouvriers chargés de ce soin, elle avait de plus l'inconvénient de remplacer le grisou par de l'acide carbonique et de la vapeur d'eau provenant de l'explosion, et par conséquent, viciait l'air de la mine ; aussi, est-elle maintenant abandonnée. Un courant d'air vif et entretenu, est le seul moyen d'assainir l'intérieur des mines. Sans une bonne ventilation, il n'est pas d'exploitation possible. La ventilation peut être naturelle ou artificielle. Elle est naturelle, lorsque le courant d'air s'établit par la seule influence atmosphérique ; elle est artificielle, lorsque ce courant d'air exige l'emploi d'une force pour être entretenu d'une manière continue. Pour que la ventilation soit bonne, il faut qu'un courant d'air continuel circule dans toutes les parties de la mine, entraînant au-dehors les gaz nuisibles qui se forment sans cesse. Les travaux d'exploitation doivent être disposés de telle sorte, que la ventilation se fasse, autant que possible, d'une manière naturelle. La ventilation repose sur le principe naturel suivant : si l'on a deux colonnes d'air, et que l'on parvienne à raréfier l'air d'une de ces colonnes, ou à diminuer sa pesanteur spécifique, on obtient un courant d'air, c'est-à-dire, que le mouvement de l'air tend à se produire dans le sens de la colonne. Cette raréfaction s'obtient par différens moyens.

AIRAGE SPONTANÉ OU NATUREL.

L'airage naturel est dû à la température constante des mines, celle de l'extérieur variant avec les saisons ; 2° aux différences de niveau des différens orifices d'une mine ; 3° aux différences de dimensions de ces orifices. La température d'une mine est à peu près constante, c'est la température moyenne du lieu : elle est de 12° à 13° en tout tems ; dans certaines galeries, cette température est de 30° à 40°. En général, le mouvement de l'air s'établit mieux en hiver qu'en été ; car, l'air qui occupe le puits reçoit des parois du puits de la chaleur qui élève sa température ; en outre, il se sature presque toujours d'humidité à cette température plus élevée ; sa pesanteur spécifique est donc moindre que celle de l'air extérieur ; en vertu de cela, il tend à monter dans l'atmosphère, et il est remplacé par l'air froid extérieur qui s'échauffe et s'élève à son tour. Pendant l'été, les parois du puits refroidissent l'air, le rendent plus dense, et le courant d'air s'établit avec plus de difficulté, à moins que l'excavation n'ait de grandes dimensions. La ventilation s'opère difficilement vers les équinoxes du 20 mars et du 20 septembre.

Nous distinguerons dans l'airage naturel, deux cas : celui où l'on n'a qu'une seule excavation, et celui où l'on a plusieurs ouvertures.

Premier cas. — Lorsqu'on n'a qu'une seule ouverture, il s'établit deux courans, l'un qui est chaud et concentrique, l'autre qui est froid et longe les parois du puits. La profondeur à laquelle on peut aller ainsi est très variable ; elle dépend des vents et de la température locale ; on peut aller jusqu'à 60 ou 80 mètres, quelquefois même jusqu'à 200 mètres. La roche a aussi de l'influence sur la ventilation. L'airage est fortement activé par des filtrations d'eau venant de la partie supérieure du puits ; car l'eau, en tombant, entraîne de l'air avec elle, et produit un courant descendant le long des parois, tandis qu'il s'établit un courant ascendant concentrique. La ventilation est aussi favorisée par les grandes dimensions du puits.

Si, au lieu d'un puits, on avait une galerie horizontale, il s'établirait un courant d'air en sens inverse ; l'un à la partie supérieure, l'autre à la partie inférieure. En hiver, le courant d'air sortant est à la partie supérieure, et le courant d'air entrant à la partie inférieure. C'est le contraire en été. De même que pour les puits, la ventilation s'établit d'autant plus facilement, que les dimensions de la galerie sont plus grandes.

Quand on veut aller au-delà de 200 mètres, ou que l'airage n'est pas suffisant dans un puits ou une galerie, on active la ventilation en divisant l'ouverture en deux parties : on se sert, pour cela, d'une caisse ou d'une gaîne d'airage. Les caisses sont établies le long de la paroi du puits, et retenues par des happes en fer ; on en met trois par caisse de 2ᵐ50, on fait une entaille dans le rocher, on y chasse une pièce de bois dans laquelle on introduit les happes ; les caisses ont, en général, 0ᵐ25 sur 0ᵐ40 ; l'épaisseur des planches est de 0ᵐ027, et la longueur convenable 2ᵐ50. La partie de la ligne de caisse qui se trouve au-dessus du puits, est assujettie au moyen de charpentes ; elle doit être placée de manière à ne pas gêner la manœuvre des bennes : il faut que l'air pénètre dans la mine par la partie la plus basse des travaux.

Une gaîne se compose de moises, de tiges et de plateaux. Les moises sont des traverses en pin de 0ᵐ20, équarries à leurs extrémités et aplanies à leurs faces antérieures ; les tiges sont des longrines en pin, aussi longues que possible ; on les assemble à tiers bois sur les moises, et elles sont réunies par des boulons ; quelquefois on en place une deuxième ligne, et l'on recouvre par des plateaux les plus larges possible ; pour fermer les joints, on établit une ligne de planchettes obliques, et l'on remplit soigneusement avec de la mousse tous les joints. La ligne des tiges commence au bas du puits ; il faut, en outre, raccorder la gaîne, soit avec l'orifice d'entrée de l'air, soit avec l'orifice de sortie ; on doit, pour cela, avoir soin de fermer, avec de la mousse, tous les joints de la maçonnerie, si elle est construite à sec. Souvent on habille la gaîne, en couvrant ses parois avec des planches fixées par des happes. Une gaîne de ce genre coûte de 25 à 30 francs le mètre.

Pour que l'établissement de ces cloisons continues ait un effet utile, il faut que la section du compartiment étroit soit aussi grande que possible ; aussi, doit-on prendre, pour leur emplacement, la totalité de l'espace dont on peut disposer, sans gêner la circulation des ouvriers et la manœuvre des tonnes d'extraction.

Au lieu de caisses en bois, on s'est servi de caisses de tôle ou de zinc ; mais les premières ont l'inconvénient d'être coûteuses, et d'obliger à prendre un petit diamètre ; et les dernières sont trop sujettes aux ruptures, par suite des chocs qu'elles peuvent éprouver dans la remonte et la descente des bennes ; aussi, les caisses en bois doivent-elles être toujours préférées.

S'il s'agit d'une galerie, l'on pourra établir, soit au sol, soit au toit, une gaîne d'airage ; dans le premier cas, elle formera un plancher sur lequel s'opérera le roulage ; dans le second, la voie de roulage sera établie au-dessous de la gaîne. Si la galerie a de grandes dimensions, on peut la diviser en deux compartimens par une cloison verticale. Lorsque la gaîne est établie au sol, il convient de mettre la partie supérieure de la galerie en communication avec une cheminée, et de fermer cette galerie par une ou deux portes, qui ne s'ouvrent que pour laisser passage aux ouvriers (fig. 107).

Deuxième cas. — L'airage est plus facile à établir dans une mine, dont les travaux communiquent avec le jour par deux ou plusieurs ouvertures. Lorsqu'on n'a que deux ouvertures, la ventilation s'opère, en vertu des différences de niveau de ces ouvertures, et l'on peut activer la ventilation, en augmentant cette différence de niveau. Il suffit, pour cela, de surmonter le puits le plus haut d'une cheminée en maçonnerie. La circulation de l'air s'établit d'autant plus facilement, que les ouvertures sont plus multipliées et plus rapprochées, et les galeries plus spacieuses ; dans ce cas, il est rarement nécessaire de recourir aux moyens artificiels. Si les ouvertures sont éloignées et les galeries très longues, on peut diviser les travaux en plusieurs parties, dont chacune est aérée par un courant allant de l'une des ouvertures à une autre. Dans les mines d'une grande étendue, il est rare que l'airage naturel soit suffisant, et l'on est généralement obligé d'employer une force pour établir la ventilation.

Les moyens jusqu'à présent employés, sont : 1° l'échauffement de l'air sur une certaine hauteur, dans le puits de sortie.

2° L'aspiration de l'air sur le puits de sortie par des machines à piston.

3° L'introduction de l'air dans le puits d'entrée par des machines soufflantes.

Premier moyen. — Des trois moteurs indiqués, les foyers d'airage sont les plus généralement employés. L'emplacement le plus convenable pour l'établissement d'un foyer d'airage, est le bas du puits. Lorsque la mine n'a pas de grisou, on place ordinairement le foyer dans une galerie aboutissant au puits de sortie, et il est alimenté par l'air qui a circulé dans les travaux ; on peut voir cette disposition (fig. 105). La galerie doit être muraillée en briques, et élargie dans la partie où se trouve le foyer, de manière à présenter la même largeur que devant le foyer. Ce n'est que lorsque le puits n'est destiné qu'à la sortie de l'air, qu'on place ainsi le foyer ; une disposition plus fréquente est celle indiquée (fig. 106). L'emplacement du foyer communique avec la galerie par une galerie très étroite, et avec le puits par une cheminée inclinée qui va rejoindre le puits à une plus ou moins grande hauteur. On peut ainsi faire servir le puits à l'extraction, et régler plus facilement la circulation de l'air.

Si la mine contenait du gaz inflammable, il y aurait danger à alimenter la combustion avec l'air qui aurait circulé dans les travaux, et par conséquent serait vicié ; il faut donc se servir d'un courant d'air pur venant de l'intérieur, ou si l'on veut employer l'air qui a circulé dans les travaux, il faut prendre des précautions pour que, dans le cas où cet air viendrait à s'enflammer, l'explosion ne puisse refluer dans la mine ; mais il vaut toujours mieux n'employer que de l'air pur.

Dans les mines du Nord, qui sont infestées de grisou, on se sert d'une méthode particulière pour alimenter la combustion des foyers d'airage. L'air arrive directement de l'extérieur par des petits puits nommés *beurtias*, communiquant avec le puits principal d'extraction. Ces beurtias contiennent les échelles servant au passage des ouvriers. L'emplacement du foyer communique d'une part avec les beurtias, de l'autre avec le puits principal. On peut, au moyen d'une double porte percée de petites ouvertures et communiquant avec les beurtias, régler le courant d'air servant à alimenter la combustion. Une cheminée qui débouche dans le puits d'extraction, à quinze ou vingt mètres au-dessus du foyer, sert d'issue à l'air échauffé ; cet air se mêle avec le courant sortant de la mine, élève sa température et active le tirage. Il faut avoir le soin de donner à la cheminée un développement assez grand pour qu'aucune étincelle ne puisse arriver dans le puits où les gaz chauds se mêlent au courant d'air vicié. Une longueur de vingt mètres est suffisante. La galerie conduisant des beurtias à la voie de sortie doit être soigneusement fermée par deux ou trois portes, afin que l'air vicié ne puisse jamais arriver au foyer. On pourrait, si l'on n'avait pas de descenderie ou beurtias, faire communiquer par une petite galerie, le puits de descente de l'air avec le foyer situé près du puits de sortie. Une partie du courant d'air entrant serait conduite au foyer par cette galerie, et l'air chaud passerait dans le puits de sortie par une cheminée d'une longueur convenable.

Aux mines de Seraing, en Belgique, on a établi un calorifère particulier.

Il consiste en un poêle de tôle de 8^m de hauteur et de 1^m 20 de diamètre, revêtu intérieurement d'une chemise en briques dans sa partie supérieure, et communiquant avec elle par deux ouvertures : l'une, située près du sol, sert à l'entrée de l'air vicié qui, après avoir circulé autour du poêle, entre dans la cheminée par l'ouverture supérieure située au plafond. Un tuyau en tôle traverse la voûte et rejette dans l'atmosphère la fumée du foyer. Ce tuyau est muni d'un régulateur pour régler le tirage.

La méthode usitée dans le Northumberland et le comté de Durham diffère peu de celle des mines du nord de la France. Les mines sont divisées en quartiers isolés, qui sont aérés chacun par un courant particulier ; ces quartiers sont séparés les uns des autres par des piliers de houille massive, des cloisons en briques ou des portes doubles fermant hermétiquement. Parmi ces quartiers quelques-uns sont moins infectés de gaz que les autres, et l'on se sert pour alimenter le foyer, du courant qui a parcouru le quartier contenant la moindre quantité de gaz. Les courans des autres quartiers se rendent dans le puits à un niveau différent. Le foyer, les portes et la cheminée sont d'ailleurs disposés comme dans les mines du Nord. C'est à M. Buddle que l'on doit cette méthode de subdiviser la mine en quartiers isolés, et le courant en plusieurs branches.

Les machines employées jusqu'à ce jour pour la ventilation, sont les machines à piston aspirantes ou foulantes, le ventilateur du Hartz, les trompes. Quelle que soit la machine que l'on emploie, elle devra toujours satisfaire aux conditions suivantes : elle doit déplacer un volume d'air considérable, doué d'une vitesse modérée et sous une pression peu différente de la pression atmosphérique; en outre la puissance de la machine doit être telle qu'on puisse à volonté augmenter la masse d'air circulant dans les travaux.

Les machines à piston aspirantes ou foulantes ont l'inconvénient d'être d'une construction difficile et coûteuse; elles exigent de plus un entretien continuel, et occasionent une perte considérable de force motrice, perte souvent bien supérieure au travail utile. M. Combes à constaté que le rapport du travail utile au travail moteur est de 1 à 3 pour la machine de l'Espérance près de Seraing, de 1 à 4 pour celle de Sacré Madame près de Charleroi, et de 1 à 5 pour celle de Monceau-Fontaine près de Charleroi. Un déchet aussi énorme, dit-il, ne doit pas être attribué à une mauvaise construction des machines dont on vient de parler; elles sont, au contraire bien établies. Il est inhérent au système des machines à piston, qui est radicalement vicieux pour le genre d'effet que doivent produire les appareils destinés à l'airage. Il faut en effet que ces sortes de machines n'impriment pas à l'air une vitesse inutile, et ne le compriment point au-delà du degré nécessaire, pour le rejeter dans l'atmosphère si la machine est aspirante, ou pour l'introduire dans la mine dans le cas contraire.

Le ventilateur du Hartz est remarquable par sa simplicité, et par suite il offre un grand avantage sur les machines à piston. Il peut être simple ou double; la figure 111 représente le ventilateur double. Il se compose d'un balancier terminé par deux secteurs circulaires, et de quatre caisses dont deux mobiles *cc'* et deux fixes *CC'*. Les caisses *cc'* peuvent se mouvoir dans les caisses *CC'*; elles sont ouvertes par le bas et portent à leur partie supérieure une ouverture munie d'un clapet s'ouvrant de bas en haut; et elles sont suspendues par des chaines fixées au secteur. Les fonds des caisses *CC'*, qui contiennent de l'eau, sont traversés par des tuyaux communiquant avec le conduit par où l'air arrive à la machine. Ces tuyaux sont munis à leur extrémité, qui doit dépasser le niveau de l'eau, de clapets s'ouvrant du dedans en dehors. D'après la disposition de la machine, on voit que lorsque la caisse *c* se soulève, elle se remplit d'air ; tandis que lorsqu'elle s'abaisse, l'air qu'elle contenait se répand dans l'atmosphère. Le mouvement inverse se produit dans la caisse c'.

Le ventilateur simple se compose d'une seule caisse mobile liée à un balancier chargé d'un contrepoids.

Cette machine exige peu de réparation, et les frais d'entretien sont presque nuls. L'eau qui remplit la caisse fixe empêche toute fuite d'air entre les parois des deux caisses, et celles-ci n'ont pas besoin d'être alésées : de là économie dans les frais d'établissement; mais elle a l'inconvénient d'absorber en pure perte une assez grande partie de la force motrice, pour vaincre la résistance que l'air éprouve à traverser les clapets.

Les trompes s'emploient lorsqu'on a à sa disposition une assez forte chute d'eau : elle doit avoir quatre mètres au moins de hauteur, et la trompe sera établie près de l'ouverture d'entrée de l'air. La trompe dont nous donnons ici la description est celle qui fut établie aux mines de fer de Rancié (Ariège) par M. D'Aubuisson (1). Cette machine, d'une construction simple et facile, se compose d'un arbre de sapin (fig. 112) recevant l'eau à la partie supérieure par le canal C, et aboutissant à une barrique B ouverte par le bas et plongée dans un creux plein d'eau. L'arbre a $8^m 03$ de longueur depuis le seuil du canal qui amène l'eau jusqu'à la barrique ; le diamètre intérieur de l'arbre est de $0^m 216$. E est une plaque de fonte ou de bois sur laquelle l'eau vient se briser en tombant par l'arbre creux ; elle se nomme tablier et se trouve à $0^m 70$ en contre-bas du fond supérieur. La distance entre l'orifice supérieur de l'arbre et le tablier est de $0^m 95$; f est le conduit par lequel l'air dégagé de l'eau se rend dans le puits ou dans la galerie. A sa partie supérieure l'arbre est percé d'une ouverture c très alongée, dite étranguillon, et dont le diamètre est de $0^m 15$. Au-dessous de l'étranguillon l'arbre est percé de quatre trous *dd* nommés aspirateurs; deux de ces aspirateurs ont $0^m 09$ de longueur sur $0^m 06$ de largeur; les deux autres, placés entr'eux, sont de simples ouvertures de tarières. La barrique a $1^m 15$ de diamètre au renflement, et $1^m 00$ au fond;

(1) Annales des Mines, 1re série, tome VIII, 2e série, t. III et IV.

sa hauteur est de 1ᵐ325 ; elle plonge de 0ᵐ85 dans un petit bassin cylindrique , et repose sur deux pièces de bois mises en croix. Le volume d'eau motrice était de quarante à cinquante litres par seconde.

L'effet utile des trompes est représenté par une très petite fraction du travail dépensé : il est tout au plus de 0,15 de celui-ci. La trompe établie à Rancié servait à aérer la galerie Becquey, et l'air fourni par cette trompe devait circuler dans des tuyaux en fer blanc de 0ᵐ10 de diamètre et d'une longueur de quatre cents mètres ; aussi fut-il nécessaire d'obtenir une forte pression dans la caisse de la trompe, à cause du frottement de l'air dans une conduite si étroite ; c'est pourquoi on fit plonger la barrique de 0ᵐ85 dans le bassin cylindrique.

M. D'Aubuisson pense que, pour une forte trompe, on doit multiplier les arbres creux implantés sur le fond supérieur d'une même caisse. On doit encore placer l'étranguillon aussi haut que possible au-dessus du tablier. Il suffit de donner à l'orifice de l'étranguillon un diamètre suffisant pour que toute l'eau que doit recevoir l'arbre puisse y passer avec une vitesse de trois ou quatre mètres par seconde.

Les trompes sont, comme on le voit, des machines fort simples qu'on peut employer toutes les fois qu'on a à sa disposition une assez forte chute d'eau, et qu'on a des moyens faciles d'épuisement. Les frais d'établissement sont peu considérables, et ceux d'entretien presque nuls ; mais elles ne sont avantageuses que lorsqu'on peut disposer d'une chute élevée et d'une très grande quantité d'eau.

Si l'on voulait employer les trompes pour aérer une mine d'une grande étendue , il faudrait donner à la caisse une très grande dimension , donner au conduit d'air une section égale à celle des galeries de la mine, et adopter pour l'issue de l'eau, au bas de la caisse, une disposition analogue à celle indiquée par M. D'Aubuisson, et représentée (fig. 113 et 114). La caisse aurait la forme d'une baignoire, et les arbres seraient placés à l'une des extrémités. Le tablier serait un peu incliné en avant. L'eau, après avoir jailli sur le tablier, s'écoulerait vers l'extrémité opposée de la caisse, et sortirait par une fente pratiquée au bas de la paroi contre laquelle est appuyé le tablier ; elle remplirait l'espace fermé par la paroi verticale, et s'épancherait par dessus le bord horizontal de la paroi. La hauteur de cette paroi serait de 0^m30 à 0^m35. Le conduit d'air serait adapté à l'extrémité de la caisse opposée à celle ou seraient les arbres.

En 1838, M. Combes a pris un brevet d'invention pour une machine à laquelle il donne le nom de ventilateur à ailes courbes, et qui se trouve décrite au long dans son mémoire sur l'airage. Cette machine mérite à tous égards de fixer l'attention, et elle paraît remplir toutes les conditions nécessaires pour une bonne machine d'airage, savoir : l'économie des frais d'établissement et de construction, l'économie du travail moteur, et la facilité de régler la ventilation. Ce ventilateur est destiné à remplacer la machine à piston du puits de l'Espérance ; il peut, au moyen d'une légère modification, servir de machine soufflante. Pour tous les détails sur cette machine, nous renvoyons à la description qui en a été donnée par M. Combes et que nous ne pourrions que transcrire ici.

Les foyers d'airage et les machines ont leurs inconvéniens réciproques. Ainsi, avec les foyers, la dépense en combustible est plus considérable pour un même effet obtenu. Il y a danger d'explosion, car il peut arriver que l'air chargé de grisou pénètre à travers les portes et arrive jusqu'au foyer, et si ces portes étaient renversées, il serait impossible de rétablir la direction du courant d'air. Mais la ventilation se règle plus facilement à l'aide des foyers que par des machines.

Les machines sont sujettes à des dérangemens qui peuvent interrompre la ventilation, et par suite arrêter les travaux ; elles exigent en outre un puits uniquement consacré à l'airage.

Les foyers sont jusqu'à présent généralement employés, mais comme les machines présentent un avantage marqué sur les foyers sous le rapport de la force, et comme quelques-unes peuvent s'établir très simplement et à peu de frais, nous conseillons de les employer de préférence aux foyers d'airage, toutes les fois que les circonstances locales le permettront ; c'est-à-dire, toutes les fois que l'on pourra disposer d'un puits uniquement pour l'airage.

DISTRIBUTION DE L'AIR DANS LES TRAVAUX.

Après avoir exposé les moyens de produire la ventilation, il nous reste à indiquer comment l'air doit être distribué dans les travaux souterrains. Nous prendrons pour exemple les mines du nord de l'Angleterre, parce que les difficultés y sont plus grandes que partout ailleurs, et que l'airage y est admirablement bien conduit.

La figure 115 indique la disposition autrefois employée dans ces mines, pour la conduite de l'air. Le puits est divisé en trois compartimens au moyen de cloisons. L'air arrivant par les compartimens, se répand dans les travaux; il est obligé de passer successivement dans chaque galerie par les portes et les barrages qu'il rencontre sur sa route; il arrive au foyer d'appel f, et remonte par le compartiment. Cette méthode avait le grave inconvénient de faire parcourir à l'air une trop grande étendue, et de laisser accumuler dans l'intérieur de la mine, où n'arrivait pas le courant d'air, de vastes amas de gaz, qui souvent occasionaient de graves explosions. Les inconveniens de ce système furent vivement sentis par les hommes de l'art, et la méthode proposée par M. Spedding de Workington, et modifiée par M. Buddle, vint y remédier. Cette méthode généralement employée aujourd'hui, consiste à diviser le courant d'air en plusieurs branches. Avant l'introduction de ce système, par M. Buddle, l'air parcourait souvent une étendue de trente milles depuis son point de départ jusqu'à son point de sortie. Il y a dans chaque mine des ouvriers nommés wastemen, parce qu'ils sont continuellement occupés à visiter les excavations; ils ont une telle habitude, qu'ils peuvent dire au son que rend l'air près des portes, si l'airage se trouve dans de bonnes conditions. Ils disent que les portes chantent ou appellent, lorsqu'il y a quelque dérangement dans la voie d'airage. Il existe un autre signe de dérangement c'est lorsque les portes deviennent si lourdes, que les enfans auxquels elles sont confiées ne peuvent ni les ouvrir ni les fermer; aussitôt qu'ils s'aperçoivent de cela ils crient *holloa*, les portes appellent.

Dans le système de M. Spedding, tout le courant d'air revenant se rendait par une seule voie, au foyer d'appel, qu'il fût explosible ou non, ce qui n'était pas sans danger, et donna lieu à de nombreuses explosions de gaz.

En 1807, M. Buddle qui, depuis long-tems, s'occupait de recherches à cet égard, imagina de faire arriver seulement une partie du courant au foyer d'appel, tandis que l'autre se rendrait directement dans le puits de sortie, mais à une certaine hauteur.

Les mineurs n'adoptèrent ce système qu'avec répugnance, pensant que la ventilation perdrait de son activité par cette grande division du courant d'air, mais ils ne tardèrent pas à changer d'opinion à cet égard. M. Buddle, dans son système, divise le courant d'air au fond du puits, en deux branches séparées, ainsi que le montre la figure 116. Les flèches simples indiquent la partie des travaux où l'air est libre de tout mélange explosible, c'est-à-dire ne contient pas plus d'un trentième d'hydrogène carboné, ce qu'on peut reconnaître au moyen de la flamme de la lampe. Les autres flèches indiquent la partie des travaux où l'air contient un mélange explosible; cet air se dirige en D et se rend dans le puits de sortie; il reçoit la chaleur de l'air échauffé par le foyer d'airage, ce qui facilite son ascension au jour. Au moyen des cloisons indiquées sur la figure, on voit qu'il est facile de faire parcourir au courant d'air toutes les parties des travaux, et par conséquent de débarrasser ceux-ci des gaz nuisibles qu'ils pourraient contenir. La ventilation se règle à volonté. Les cloisons sont des portes munies de guichets, et en réglant l'ouverture de ces guichets on distribuera le volume d'air, dans telle proportion qu'on voudra, entre les groupes. Les dimensions de ces guichets dépendent de l'étendue du groupe.

Les groupes ou quartiers sont séparés les uns des autres, par des piliers massifs ménagés pendant l'exploitation, ou par des murs en maçonnerie; il faut cependant avoir le soin de laisser entre ces quartiers les communications nécessaires pour le roulage; mais pour maintenir entre les groupes un isolement complet, on établit dans le passage des portes principales, dites *main-doors*, qui doivent être très solides et fermer hermétiquement. On établira au moins deux portes principales, séparées par une distance assez longue dans chaque passage, afin qu'il n'y ait jamais dans le roulage qu'une seule porte d'ouverte à la fois; souvent même on place trois portes,

Quant aux travaux dans lesquels on n'a plus à revenir, on les isole des travaux en activité, soit par des piliers ménagés, soit par une maçonnerie ; on y pratique une porte d'une largeur suffisante pour le passage d'un homme, afin de pouvoir pénétrer par la suite dans les anciens travaux, s'il est nécessaire ; mais cette porte doit être fermée hermétiquement.

CHAPITRE XVI.

—

ÉCLAIRAGE.

L'éclairage se fait dans les mines, au moyen de chandelles ou d'huile. Lorsqu'on emploie les chandelles, les chandeliers ont une forme particulière. Ce sont de petits instrumens de fer portant une pointe qui sert à les fixer, soit au chapeau du mineur, quand il descend, soit dans la roche ou le boisage, quand il travaille.

Dans les mines où l'on brûle de l'huile, on se sert de lampes en fer ou en cuivre ; celles en fer sont les plus communes. Ces lampes (fig. 117) sont formées de deux portions presque hémisphériques, la partie supérieure porte un petit couvercle à charnière, qui se ferme au moyen de la mouchette, et que l'on ouvre pour nettoyer ou changer la lampe. Cette lampe est suspendue à une queue de fer terminée par un anneau recourbé ; c'est par ce crochet que le mineur porte sa lampe sur son doigt, ce qui lui laisse la liberté de ses mouvemens. Les deux pointes placées à l'extrémité inférieure de la queue, servent à maintenir la lampe éloignée de la roche, de manière à ce qu'elle soit toujours librement suspendue. L'huile dont on se sert de préférence, est de l'huile de lin ou de noix. Les lampes doivent contenir la provision d'huile nécessaire pour un poste, 65 grammes environ. Celles des rouleurs seront un peu plus grandes, parce que la combustion se fait plus vite pour les lampes en mouvement que pour celles qui restent en place. Outre la lampe, chaque mineur doit avoir avec lui un briquet, une pierre à feu, de l'amadou et quelques petites mèches soufrées.

On employait aussi, dans les mines contenant du grisou, un instrument nommé rouet à silex : cet instrument se composait d'une roue d'acier frottant sur une pierre à feu, et les étincelles jaillissant par suite de ce choc, suffisaient pour éclairer le mineur. Ces rouets variaient de grandeur aussi bien que de forme; les dimensions habituelles étaient $0^m,15$ à $0^m,20$ de diamètre. Cet appareil, qui exigeait l'emploi d'un homme, était très dispendieux; dans une seule mine des environs de Sunderland, les frais occasionés par ce mode d'éclairage étaient de 1500 francs par mois. On se servait principalement du rouet à silex dans les mines de Liége et du nord de l'Angleterre.

Les divers modes d'éclairage que nous venons de citer furent, jusqu'en 1816, les seuls employés; mais les nombreux accidens auxquels ils donnaient lieu, avaient depuis long-tems excité l'attention publique. En Angleterre, où les explosions se répétaient fréquemment, il s'était formé une société, dans le but louable d'engager les savans à tourner leurs recherches vers le moyen d'obtenir un mode d'éclairage présentant plus de sécurité. Le docteur Paris, dans son Histoire de sir Humphrey Davy, expose tous les détails relatifs à l'heureuse découverte qui fait l'orgueil de la science, le triomphe de l'humanité et la gloire du siècle dans lequel nous vivons. Ce fut à une époque à laquelle tout espoir de réussite était regardé comme impossible, que M. Wilkinson, avocat de Londres, suggéra l'idée d'établir une société pour rechercher s'il n'y aurait pas quelques moyens de prévenir les nombreux accidens qui affligeaient les mines du Northumberland et du comté de Durham. En conséquence, une société fut formée à Bishop-Wearmouth, le 1er octobre 1813. Peu de jours avant la première séance, vingt-sept personnes avaient été tuées dans une mine de houille; sir Ralph Milbanke, un des propriétaires de la mine, fut appelé à cette première séance, pour rendre compte des particularités de l'accident. A cette époque, ainsi que l'établit le docteur Gray, on avait un si faible espoir d'arriver à un heureux résultat, que le but que se proposait la société, quelque humain qu'il fût dans son principe, était regardé par la plupart des personnes, comme chimérique et insensé. Cependant, la société accablée par les difficultés et les découragemens, et par les nombreuses propositions de moyens impraticables qu'on lui transmettait de toutes parts, n'en persista pas moins dans son but, et réussit à établir des communications avec les autres sociétés des différentes parties du royaume.

Ce fut par suite d'une communication particulière faite par le docteur Gray à son ami sir Humphrey Davy, que ce dernier fut engagé à appliquer ses connaissances chimiques à la recherche de la nature du gaz inflammable des houillères, et à la découverte des moyens de prévenir les explosions de ce gaz. Au mois d'août 1815, Davy se rendit à Newcasle, où il eut une entrevue avec M. Buddle, que nous avons déjà eu plusieurs fois l'occasion de citer; il fournit au chimiste une collection de gaz pris dans les mines et sur lesquels devaient porter les expériences. A son retour à Londres, sir Humphrey se mit à l'œuvre avec ardeur, déclarant dans une de ses lettres, qu'il n'éprouva jamais autant de plaisir d'aucun de ses travaux chimiques; car, disait-il, je crois que la cause de l'humanité en retirera quelque profit.

Je trouve, par l'analyse chimique, dit ce savant, dans une communication confidentielle datée du 30 octobre 1815, que le grisou n'est autre chose que le gaz hydrogène carboné, ainsi qu'on l'avait déjà supposé. C'est une combinaison chimique de gaz hydrogène et de carbone dans les proportions de quatre parties en poids d'hydrogène, et de onze parties et demie de carbone. Je trouve qu'il ne fera pas explosion, s'il est mêlé avec moins de six fois ou plus de quatorze fois son volume d'air atmosphérique. L'air rendu impur par la combustion d'une chandelle, mais dans lequel la chandelle brûlera encore, n'occasionera pas l'explosion du gaz, et lorsqu'une lampe ou une chandelle brûle dans un vase clos n'ayant qu'une ouverture en dessus et une en dessous, le mélange explosible ne fait qu'augmenter la flamme de la lampe, et finit par l'éteindre tout-à-fait sans produire d'explosion. J'ai découvert que, lorsque le gaz est mélangé en certaines proportions avec l'air, il ne fait pas explosion dans un tube dont le diamètre serait moindre de 2 millim., ou même dans un tube plus large, s'il y a une force mécanique qui pousse ce gaz au travers du tube. Les mélanges explosibles de ce gaz avec l'air exigent, pour faire explosion, une plus forte chaleur que les mélanges de gaz inflammable ordinaire; le charbon de bois bien brûlé à la chaleur rouge, et ne donnant plus de flamme, ne fait détoner aucun mélange; le fer, en petite quantité, chauffé à la chaleur rouge, n'a également aucune action sur un mélange explosif; mais la détonation a lieu lorsqu'il est au rouge blanc.

La découverte de ces curieuses propriétés du gaz conduit à plusieurs méthodes pratiques d'éclairer les mines sans danger d'explosion.

Sir Humphrey décrit ensuite quatre lampes différemment construites, mais reposant toutes sur les principes suivans : 1° un mélange d'azote et d'acide carbonique prévient les explosions de grisou, et ce mélange est nécessairement formé dans la lampe de sûreté; 2° le grisou ne fait pas explosion dans les tubes dont le diamètre est assez petit. L'entrée et la sortie de l'air se font dans ma lampe, dit-il, au moyen de ces tubes, en sorte que, lorsqu'une explosion est produite artificiellement dans ma lampe, elle ne se communique pas à l'extérieur.

Le 9 novembre, les recherches et les découvertes de Davy furent soumises à la Société royale, dans un mémoire ayant pour titre : *Du gaz inflammable des houillères, et des moyens d'éclairer les mines sans produire d'explosion* (1).

Le docteur Paris donne tous les détails relatifs aux progrès des recherches sur l'emploi des tubes de petit diamètre, et des tissus métalliques dans les lampes de sûreté. Ces recherches prouvèrent d'une manière évidente, que pour éclairer avec sécurité, les mines infectées de grisou, il fallait employer une lampe bien close, recevant l'air au moyen de petits tubes qui ne permettaient pas l'explosion, et munie, à la partie supérieure, d'une cheminée construite d'après le même principe, pour laisser passage à l'air vicié par la combustion. Davy, plus tard, fit varier la disposition des tubes de différentes manières, et les remplaça enfin par des canaux qui se composaient de cylindres creux en métal de diamètres différens, et réunis de manière à former des canaux circulaires d'un millimètre à un demi

(1) On the Fire-damp of coal mines, and on methods of lighting the mines, so as to prevent its explosion.

millimètre de diamètre, et de 5 centimètres de longueur ; l'air pénétrait par ces canaux en plus grande quantité que par les petits tubes. Davy trouva que des canaux en métal placés longitudinalement, pourraient être employés avec autant de sécurité que les canaux circulaires.

Au mois de janvier 1816, sir Humphrey Davy écrivant au docteur Gray, lui disait: « J'ai inventé une lampe très simple, très économique, et qui non seulement offre toute sûreté possible, mais qui détruit la puissance de ce redoutable agent, le grisou, et en fait pour le mineur un objet d'utilité. » Sa première lampe, avec ses tubes ou canaux, présentait une sécurité complète dans un milieu explosible ; mais elle avait l'inconvénient de s'éteindre. Avec les tissus métalliques qu'il eut plus tard l'heureuse idée d'employer, le grisou continue à brûler, et procure au mineur une lumière utile, tout en le mettant à l'abri des explosions. La première lampe, ainsi construite, est conservée dans la collection de l'Institution royale. Davy trouva que des tissus métalliques composés de fils de 0^m0007 à 0^m0019 de diamètre, et contenant 28 fils ou 784 ouvertures par 27 millim., présentait toute sécurité dans un milieu explosible ; ce fut donc ainsi qu'il établit ses lampes de sûreté, qui furent immédiatement adoptées au mois de janvier 1816. Avant de donner la description de ces lampes, nous allons en continuer l'histoire. Peut-être trouvera-t-on que nous avons déjà donné trop de détails à cet égard ; mais ils offrent un tel intérêt à toutes les personnes qui s'occupent de mines, que nous pensons qu'ils seront bien accueillis par le plus grand nombre de nos lecteurs.

Au mois de mars 1816, dans une assemblée de propriétaires de mines qui eut lieu à Newcastle, on vota des remercîmens à sir Humphrey Davy, et l'utilité de la lampe de sûreté fut établie d'une manière positive. M. Buddle rapporta que douze douzaines de ces lampes étaient employées dans les mines de Wallsend, et que depuis leur introduction, il n'y avait pas eu un seul de ces accidens qui se répétaient si fréquemment autrefois.

Au mois de septembre 1817, Davy, qui avait fait un voyage en Ecosse, devait, à son retour, passer par Newcastle ; on fit de grands préparatifs pour le recevoir, un repas fut donné, afin de présenter à l'illustre savant un riche service de vaisselle plate. La réunion se composait d'un grand nombre de propriétaires de mines et de personnes qui avaient pris part au progrès de la découverte, et de la propagation de la lampe de sûreté.

Après le repas, lord Durham qui présidait l'assemblée, se leva, et s'adressant au célèbre convive : « Sir Humphrey, lui dit-il, il est de mon devoir de remplir le but de cette réunion, en vous présentant ce service, qui vous est offert par les propriétaires de mines de la Tyne et de la Wear, comme un témoignage de leur reconnaissance, pour le service que vous avez rendu à l'humanité. Votre brillant génie qui travaille depuis si long-tems à étendre les bornes de la chimie, n'a jamais obtenu un plus beau résultat et un plus noble triomphe. Vous aviez à lutter avec un élément de destruction, dont la puissance ne semblait pas pouvoir être restreinte ; et qui mettait à chaque instant en danger la vie des intrépides mineurs employés au service des propriétaires de mines. Vous avez augmenté la valeur d'une branche importante de l'industrie ; et ce qui est bien plus encore, vous avez contribué à la sécurité d'un nombre infini de vos semblables. Il y a près de deux ans que votre lampe est employée par les mineurs dans les plus dangereuses profondeurs de la terre, et partout elle a rempli le but que vous vous êtes proposé ; sa supériorité est démontrée d'une manière incontestable. Nous avons, il est vrai, à déplorer plusieurs accidens provenant de la témérité, et l'ignorance avec laquelle plusieurs personnes se sont servies de votre lampe ; mais ces accidens, quoique terribles, loin de diminuer le mérite de votre découverte, ne servent qu'à le relever davantage. Si votre nom avait besoin de quelque chose pour le rendre immortel, cette découverte suffirait à elle seule pour le faire connaître et bénir dans les siècles futurs. Recevez, sir Humphrey, ce présent, comme un témoignage de notre profond respect et de notre haute admiration, et puissiez-vous vivre long-tems encore pour continuer la noble carrière de découvertes scientifiques dans laquelle vous marchez à si grands pas, et acquérir, s'il est possible, de nouveaux droits à la reconnaissance et à l'estime du monde. »

« Messieurs, répondit sir Humphrey, je sens qu'il m'est impossible de répondre d'une manière convenable, à l'éloquente et flatteuse allocution de votre honorable président.

L'éloquence ou même l'élégance de langage, sont incompatibles avec les sentimens fortement éprouvés, et vous pensez que je dois ressentir une assez grande émotion dans une occasion comme celle-ci. J'ai appris que mes travaux avaient été utiles à une branche importante de l'industrie humaine en rapport avec nos arts, nos manufactures et notre commerce. Apprendre cela de votre bouche, est la plus belle récompense que puisse souhaiter un homme dont l'unique désir a toujours été d'appliquer la science à un but d'utilité. J'ai appris aussi que la découverte à laquelle vous rendez un si grand honneur, a servi à mettre en sûreté la vie d'une classe d'hommes utile et laborieuse ; cet éloge, venant de votre bouche et basé sur l'expérience, me fait le plus vif plaisir ; car la plus grande ambition de ma vie a été de mériter le nom d'ami de l'humanité. Vous venez de me donner, par ce riche présent, la preuve de vos sentimens et de votre bonne opinion à mon égard. Je ne puis faire ici que de faibles et vains efforts pour vous remercier. Dans toutes les circonstances de ma vie future, le souvenir de ce jour ranimera mon cœur, et cette noble expression de votre bienveillance excitera ma reconnaissance jusqu'aux derniers momens de ma vie. »

La lampe de sûreté dont nous allons maintenant donner la description, rendit de suite, en Angleterre, de très grands services ; elle permit d'exploiter des parties de couches où il était impossible de pénétrer auparavant sans danger, et l'on put extraire la presque totalité de la houille que l'on était forcé d'abandonner dans les mines sujettes au grisou. Le dépilage se fit avec plus de sécurité et d'économie, dans des parties de mines où l'on n'avait pas osé jusqu'alors l'entreprendre.

La lampe de sûreté se compose de trois parties principales : 1° le réservoir d'huile ; 2° l'enveloppe métallique ; 3° la cage (fig. 118).

Le réservoir (fig. 119) est cylindrique et plus large que haut, afin que l'huile soit moins éloignée de l'extrémité allumée de la mèche, et puisse l'alimenter facilement, même lorsqu'elle est près d'être entièrement consumée. Sur la partie supérieure de ce réservoir, se trouve une ouverture circulaire de 0,020 de diamètre, que recouvre la plaque horizontale du porte-mèche ; il est surmonté d'un anneau cylindrique dont la surface verticale intérieure est taillée en écrou. C'est par cette ouverture circulaire qu'on introduit l'huile dans le réservoir.

Le tube *a* est soudé sur le fond du réservoir, et s'élève jusqu'au-dessus de la plaque du porte-mèche qu'il traverse. Il reçoit une tige cylindrique qui le remplit exactement, et qui sert de mouchettes pour la mèche. Cette tige peut être arrêtée au moyen de la plaque, dont une extrémité est libre, et l'autre soudée sous le réservoir.

Le porte-mèche *p* a 0^m005 de diamètre et 0^m030 de longueur; c'est un petit tube vertical qui est soudé au centre d'une plaque horizontale de 0^m045 de diamètre.

L'enveloppe métallique est formée d'un tissu en fil de fer ou de cuivre rouge de trois dix-millimètres de diamètre, et contenant cent-quarante ouvertures par centimètre carré; sa hauteur est de 0^m15 à 0^m17; son extrémité supérieure a 0^m035 de diamètre, et l'extrémité inférieure 0^m038 à 0^m040. Elle a, par conséquent, la forme un peu conique, ce qui permet de la retirer avec facilité de la cage pour la nettoyer.

Pour éviter que la partie supérieure du cylindre métallique ne vienne à s'altérer, et à se trouer promptement par l'effet de la chaleur, M. Chevremont a adapté à la partie supérieure un cylindre en cuivre laminé, percé d'une multitude de petits trous, dont le diamètre égale celui des mailles du cylindre de toile métallique: cette pièce en cuivre est réunie à la toile de métal par un lien en gros fil de fer. La forme conique donnée au cylindre, est aussi une modification introduite par M. Chevremont.

La cage, qui sert à retenir l'enveloppe, se compose de quatre ou cinq petites tiges de fer de 0^m18 de longueur. Elles sont fixées, par leur extrémité inférieure, sur le bord d'un anneau de cuivre, et par leur extrémité supérieure, sur une plaque de tôle de 0^m07 à 0^m08 de diamètre. Cette plaque doit être assez large pour couvrir le cylindre et le réservoir, et mettre la lampe à l'abri des gouttes d'eau; elle est munie d'un crochet servant à suspendre la lampe. L'anneau de cuivre *c* porte quatre ou cinq pas de vis. On fait entrer le cylindre dans la cage jusqu'à son bord inférieur, qui est fortement serré sur une virole en cuivre, reposant sur l'anneau; on visse alors cet anneau dans l'écrou du réservoir, et il fixe en même tems la cage, le cylindre et le porte-mèche.

Ces lampes doivent, pour remplir leur but, être soigneusement fermées, de manière à ce que l'ouvrier qui s'en sert, ne puisse pas l'ouvrir à volonté. Divers moyens ont été successivement employés pour opérer cette fermeture. On s'est d'abord servi d'une petite serrure ; mais l'entrée de cette serrure se trouvait souvent obstruée par la poussière ou la boue, et les ouvriers essayaient souvent de l'ouvrir ou de la forcer ; ce moyen était, d'ailleurs, assez dispendieux. M. Chevremont proposa d'employer des cadenas à la Regnier ; mais ils avaient l'inconvénient d'exiger beaucoup de soins et d'augmenter le prix des lampes. Plus tard, on adopta généralement l'usage d'une tige à vis t, qui traverse dans un tube le réservoir d'huile, et pénètre ensuite dans une ouverture pratiquée sur le bord de l'anneau inférieur de la cage de fer ; cette vis ne peut être tournée qu'avec une clé particulière. La tête de la tige est cachée dans le tube qui la renferme, à une certaine profondeur, ce qui augmente la sûreté de la fermeture.

Ce mode avait aussi ses inconvéniens : la disposition du tube qui traverse le réservoir d'huile, complique un peu la construction de la lampe et rend sa fabrication plus coûteuse ; les deux soudures exigent de fréquentes réparations, et puis il n'est pas sans exemple, que des ouvriers aient ouvert leur lampe avec une fausse clé ou une petite pince.

M. Regnier, mécanicien à Paris, rue de Sorbonne, n° 4, a imaginé un mode de fermeture très économique, et qui paraît offrir toutes les garanties désirables. Il consiste à fermer la lampe avec une lame étroite de plomb laminé, dont on rapproche les deux bouts en la pliant, et qu'on marque d'une double empreinte, à l'aide d'une presse portative de l'invention de M. Regnier.

Ce procédé a fait l'objet d'une circulaire de M. le Directeur-général des ponts et chaussées et des mines (1), et d'où nous tirons tous les détails donnés ici.

L'appareil se compose :

1° D'une tige mobile de fer de $4\frac{1}{2}$ millimètres de diamètre, et d'une longueur suffisante pour traverser le chapeau en tôle ainsi que la virole en cuivre de la lampe, et pour pénétrer dans un trou cylindrique creusé dans le fond supérieur du réservoir d'huile.

(1) Circulaire sur un nouveau mode de fermeture des lampes de sûreté. — Annales des Mines, 1832.

2° D'une petite lame de plomb, longue de 25 à 27 milli-mètres, large de $2\frac{1}{2}$ millim., et épaisse de $1\frac{1}{2}$ à 2 millim., qui traverse une ouverture longitudinale (semblable à l'œil d'une aiguille ou d'un carrelet) percée dans la partie inférieure de la tige mobile, entre la virole et le réservoir ; ce sont les deux bouts de cette lame qui, repliés et rapprochés l'un de l'autre, comme il est dit ci-dessus, sont en quelque sorte, soudés à froid et marqués de la double empreinte par la presse de M. Regnier.

La tige mobile de fil de fer doit avoir la même grosseur que les tiges qui forment ordinairement la cage de la lampe, et qui servent à protéger la cheminée en tissu métallique contre tout choc extérieur. Elle peut être mise à la place d'une de ces tiges et en tenir lieu.

Quant au trou percé dans le fond supérieur du réservoir, il doit être assez profond pour qu'on ne puisse pas en retirer entièrement la tige mobile, lorsqu'elle est traversée par la lame de plomb timbrée, et quel que soit le jeu ou l'intervalle restant entre cette lame et la virole de la cage. Comme il convient que ce trou n'ait point de communication avec le réservoir d'huile, il faut, si le fond supérieur de ce réservoir n'a pas une épaisseur suffisante, ajouter au-dessus ou au-dessous de ce fond, soit une plaque de cuivre soudée à la soudure forte, soit une petite masse ou poupée de cuivre soudée ou vissée.

Cette espèce de fermeture est fort simple et d'une exécution très facile ; elle a l'avantage de conserver à la lampe et à sa cage leur disposition ordinaire ; elle dispense d'employer la tige à vis et le tube qui traversent le réservoir d'huile ; elle diminue aussi les frais de fabrication et d'entretien, et il paraît que la dépense du renouvellement et du timbrage, n'excède pas un huitième ou un dixième de centime par jour, surtout si on défalque la valeur du vieux plomb. (Chaque lame longue de 27 millimètres, large de $2\frac{1}{2}$ millim., et épaisse de $1\frac{1}{2}$ millim., ne pèse que 9 décigrammes.)

L'opération du plombage des lampes, au moment même où on les allume, n'exige pas une main-d'œuvre bien longue, quel que soit le nombre des lampes, si elle est convenablement ordonnée, et surtout si elle est divisée entre plusieurs ouvriers ; le premier allume la lampe et la ferme ; le second met la lame de plomb en place et la replie ; le troisième marque le plomb d'une double empreinte, à l'aide de la presse, qui doit être solidement fixée sur une table.

On pourrait, pour plus de simplification, se dispenser de l'emploi de la tige mobile en fil de fer, en rivant sur l'anneau ou collet cylindrique du réservoir d'huile, une petite pièce de cuivre saillante et percée d'un trou correspondant à un trou semblable pratiqué dans la virole de la cage. C'est alors dans ces trous qu'on introduirait la lame de plomb, dont on rapprocherait ensuite les deux bouts pour les timbrer.

Enfin, on peut aussi ajouter la lame de plomb timbrée aux lampes qui ont déjà la tige à vis, et réunir ainsi les deux espèces de fermeture. Dans ce cas, la lame de plomb traverse la partie supérieure de la tige à vis entre le réservoir d'huile et la virole de la cage, et son emploi n'exige l'addition d'aucune pièce nouvelle.

Pour timbrer les lampes de la première et de la troisième espèce dont il vient d'être parlé, la presse, qui est en forme d'étau, doit être couchée horizontalement ; elle doit être placée verticalement pour celles de la seconde espèce, où l'on a simplement rivé sur l'anneau du réservoir d'huile une petite pièce de cuivre.

Les deux premières lampes offrent le même genre de garantie, garantie uniquement morale, il est vrai, puisqu'elle ne repose que sur la crainte d'une réprimande ou d'une punition que le mineur encourrait, si on reconnaissait qu'il a ouvert sa lampe au mépris du réglement qui le lui défend : garantie, néanmoins, qui sera suffisante dans la plupart des cas, si la lampe de chaque mineur porte son nom ou son numéro, si les surveillans font leur devoir, et si le réglement est toujours ponctuellement exécuté. Mais en réunissant les deux espèces de fermeture, c'est-à-dire, la tige à vis et la lame de plomb timbrée, on obtiendra encore plus de sécurité ; car, il est bien peu probable qu'un ouvrier ose se hasarder à faire usage d'une fausse clé, quand il sera certain d'avance que sa contravention sera reconnue et punie.

Un des reproches faits à la lampe de Davy, est celui de ne donner qu'une faible clarté, bien inférieure à celle des lampes ordinaires ; cette perte de lumière interceptée par les fils de l'enveloppe, est d'un cinquième ou d'un quart ; on remédie à cet inconvénient, au moyen d'un réflecteur destiné à concentrer la lumière ; il est en cuivre étamé ou argenté. On ne doit, du reste, pas tenir compte de cette circonstance.

Lorsque le volume de gaz hydrogène carboné est le tiers de celui de l'air atmosphérique, la lampe s'éteint aussitôt ; pour obvier à cet accident, Davy imagina de placer dans l'intérieur de la lampe un fil de platine, qui deviendra assez lumineux pour guider les mineurs lorsqu'ils se retirent. Au lieu d'un seul fil de platine, M. Chevremont conseilla d'en employer plusieurs tournés en spirale. Ces fils ont trois dixièmes de millimètre environ : leur emploi est très avantageux dans un grand nombre de cas, et il sera bon d'avoir des lampes munies de ces spirales.

Nous avons dit, qu'immédiatement après son invention, cette lampe fut adoptée dans les mines de l'Angleterre ; au lieu de diminuer par suite de son emploi, le nombre des accidens parut s'accroître ; mais les faits démontrés par la commission d'enquête de la Chambre des communes, doivent être attribués à ce qu'après l'invention de la lampe de sûreté, on reprit l'exploitation de mines ou de parties de mines que l'on avait abandonnées comme trop dangereuses ; à ce que l'on donna aux travaux un développement beaucoup plus considérable qu'auparavant ; enfin, à ce que la trop grande confiance dans l'appareil, fit négliger des mesures de surveillance dont on n'aurait pas dû s'écarter.

« La lampe de Davy, dit M. Buddle, dans une lettre adressée en 1831, au docteur Paris, construite avec soin et employée avec précaution, prévient les explosions de grisou qui ont si souvent désolé l'intérieur des mines, et l'on ne doit attribuer qu'à la témérité et à l'ignorance la plupart des accidens survenus depuis l'invention de ce précieux instrument. »

« Construite avec soin, dit M. Baillet, cette lampe offre au mineur toute la sûreté désirable, et elle peut servir à l'éclairer sans danger dans toutes les excavations souterraines où il peut avoir à craindre la présence de l'hydrogène carboné. Elle a l'avantage, quand le gaz ne se renouvelle pas, et ne se mêle pas continuellement dans l'atmosphère de la mine, de le brûler peu à peu, et d'en réduire la quantité au-dessous de celle qui est nécessaire pour l'explosion.

Lorsqu'au contraire, le gaz afflue sans cesse, et avec une telle abondance, qu'il ne peut être consumé assez vite, la lampe fournit des indices certains de l'état de l'air de la mine ; elle signale le danger qu'il pourrait y avoir à y rester, et elle avertit ainsi le mineur du moment où il doit se retirer.

Si le gaz inflammable commence à se mêler avec l'air ordinaire, dans les plus petites proportions, son premier effet est d'augmenter la longueur et la grosseur de la flamme.

Si ce gaz forme le douzième du volume de l'air, le cylindre se remplit d'une flamme bleue très faible, au milieu de laquelle on distingue la flamme de la mèche.

Si le gaz forme le sixième ou le cinquième du volume de l'air, la flamme de la mèche cesse d'être visible ; elle se perd dans celle du gaz qui remplit le cylindre, et dont la lumière est assez éclatante.

Enfin, si le gaz vient à former le tiers du volume de l'air, la lampe s'éteint tout-à-fait ; mais les mineurs ne doivent pas attendre jusque là pour se retirer.

Nous venons de dire que, dès que l'air de la mine est devenu explosif, c'est-à-dire, quand il contient un douzième ou un treizième de gaz hydrogène carboné, le cylindre de la lampe est à l'instant rempli de la flamme de ce gaz, et que la lumière de cette flamme augmente ensuite en intensité à mesure que la quantité du gaz augmente. Les ouvriers doivent donc consulter continuellement cette indication : elle doit être leur sauve-garde, et leur montrer s'ils doivent enfin quitter la mine jusqu'à ce qu'on ait pu y faire arriver une plus grande masse d'air atmosphérique. »

Malgré l'utilité incontestable de cet appareil, qui fut connu en France aussitôt après son invention, ce ne fut qu'en 1825, qu'on put parvenir à l'introduire dans les mines de la Loire. Son emploi procura d'heureux résultats ; car le nombre d'ouvriers victimes d'accidens, qui était avant 1825, de 1 sur 144, ne fut plus, en 1831, que de 1 sur 446.

La plus grande prudence doit être employée dans l'usage de ces lampes, sans cela il n'y aurait plus garantie de sécurité. L'ouvrier ne doit jamais ouvrir sa lampe ou même en écarter l'enveloppe : la moindre infraction à cette mesure pourrait compromettre la vie de toutes les personnes qui se trouveraient dans la mine.

Les lampes devront être visitées chaque fois avant d'être remises aux ouvriers, et allumées hors de la mine. Lorsque l'ouvrier sera rendu à son poste, il placera sa lampe à quelque distance des tailles, à l'abri des chutes de fragmens de houille ou de roche, et des courans de gaz qui s'échappent dans l'abattage.

Si le mineur se trouve dans un milieu explosible et que la combustion des gaz dans l'intérieur de la lampe, échauffe et fasse rougir la toile métallique, quoique l'explosion ne puisse pas être communiquée, même à ce haut degré de température, il devra, lorsque son travail peut être retardé sans inconvénient, se retirer dans une autre partie de la mine jusqu'à ce qu'on ait fait arriver une assez grande masse d'air pour diminuer la proportion du gaz inflammable.

Si au contraire le travail ne peut être suspendu, et que l'ouvrier soit obligé de rester long-tems dans ce milieu explosible, il devra rafraîchir, de tems en tems, le cylindre de toile métallique avec une éponge imbibée d'eau.

Dans aucune circonstance le mineur ne doit éteindre la lampe en la soufflant, car il serait à craindre que la flamme chassée au-dehors par le souffle ne produisit l'explosion. C'est en couvrant la lampe d'un étui en tôle, ou en l'étouffant dans leurs vêtemens, que les ouvriers doivent l'éteindre.

Pour mettre la flamme de la lampe à l'abri des courans d'air. Davy avait conseillé l'emploi d'un écran, mais il ne remplit qu'imparfaitement le but proposé, puisqu'il ne garantit la lampe que d'un seul côté. Le mouvement imprimé à l'air par une multitude de circonstances, peut faire varier la flamme de la lampe, et produire des accidens qu'un simple écran ne saurait prévenir.

Ces causes d'accident firent rechercher les moyens de s'y opposer. Diverses lampes furent imaginées à cet effet, mais celles qui méritent principalement de fixer l'attention sont celles de J. Roberts et de M. Dumesnil.

Lampe de J. Roberts. — En 1835 J. Roberts, ancien ouvrier mineur, présenta à la commission d'enquête de la chambre des communes une lampe de sûreté qui repose sur le même principe que celle de Davy, mais qui cependant offre un grand nombre de points de différence avec celle-ci.

Cette lampe dont nous devons la description à M. Combes, diffère de celle de Davy, 1° en ce que le cylindre en gaze métallique, est entouré, depuis sa base jusqu'à la moitié ou aux deux tiers de sa hauteur, par un cylindre épais en cristal, maintenu en place par un autre cylindre en cuivre, qui entoure la partie supérieure de la toile métallique, et se visse dans un écrou aussi en cuivre, porté par les trois ou quatre tiges en fil de fer qui forment la cage extérieure de la lampe. Le cylindre en cristal est pressé par le cylindre en cuivre, entre deux rondelles annulaires de drap, dont l'une est adaptée au bas de ce dernier cylindre, et l'autre repose sur le réservoir de la lampe ; 2° l'accès latéral de l'air étant ainsi prévenu, l'air nécessaire pour alimenter la combustion de la mèche, arrive dans le corps de la lampe par une rangée circulaire de trous, percés tout autour de la partie supérieure du réservoir, à la hauteur de la base du porte-mèche. Il traverse deux rondelles annulaires de gaze métallique très serrée, contenues dans des montures légères en cuivre, et posées horizontalement au-dessus de la rangée de trous ; 3° après avoir traversé cette double toile, l'air ne se répand pas encore librement dans le corps de la lampe, mais il est dirigé tout près de la mèche, dont il doit alimenter la combustion, par une pièce que l'inventeur appelle le cône ; sa forme est à peu près celle d'un pavillon de cor dont la grande base reposerait sur le réservoir d'huile, et qui serait coupé à la hauteur du porte-mèche par une ouverture circulaire, au centre de laquelle se trouve la mèche et dont le diamètre est un peu plus grand que celui d'une pièce de cinquante centimes. Il résulte de cette disposition que la totalité de l'air entrant dans la lampe, rase la mèche de très près, et l'expérience prouve que l'air contenu dans les parties latérales de la lampe, près de la toile métallique, et entre cette toile et le cylindre en cristal, est impropre à l'entretien de la combustion.

M. Combes a répété sur cette lampe les expériences de la commission d'enquête, et il en résulte qu'elle est complètement sûre dans toutes les circonstances et au milieu des mélanges les plus explosifs qui se rencontrent dans les mines. La vitesse du courant, l'agitation de l'air explosif ne déterminent jamais le passage de la flamme. M. Combes a dirigé sur cette lampe un jet de gaz hydrogène pur, et il n'a réussi qu'une seule fois, après beaucoup de tentatives inutiles, à faire passer la flamme à travers les trous destinés à l'introduction de l'air. La commission s'est servie d'un jet de gaz composé de trois ou quatre parties en volume d'hydrogène pur et d'une partie de gaz d'éclairage. La lampe a parfaitement résisté à cette épreuve.

Un reproche qu'on fait à cette lampe est son prix de construction qui est le double de celui de la lampe de Davy, et le danger de fracture que présente le cylindre en cristal, ce qui la réduirait à une lampe ordinaire; mais le cristal est si bien protégé, que ce danger de fracture paraît presque nul.

Un autre reproche est qu'elle donne moins de clarté que la lampe de Davy, et qu'il est à craindre que les trous destinés à l'introduction de l'air, et les ouvertures des deux rondelles superposées, en gaze métallique très serrée, que l'air doit traverser, soient obstruées, en peu de tems, par la poussière de la houille.

La lampe présentée en 1838 par M. Dumesnil à l'Académie des sciences, repose sur le même principe que celle de Roberts, mais sa construction est différente.

Le réservoir d'huile est établi latéralement, et l'huile arrive à la mèche par un conduit placé au-dessous de la plate-forme circulaire. La mèche est plate, en coton tressé; l'air nécessaire à la combustion est amené sur les deux faces par deux conduits inclinés cc', coiffés d'une gaze métallique, que l'on peut changer très facilement quand elle est usée (fig. 120).

Le cylindre en toile métallique de la lampe de Davy est supprimé et remplacé par un cylindre en cristal recuit très épais. La plate-forme supérieure repose sur ce cylindre qu'elle déborde de deux centimètres environ. Le cristal serré contre les deux plates-formes est protégé par des tiges en fil de fer, assez écartées pour ne pas intercepter une portion notable de la lumière.

Au-dessus de la plate-forme supérieure s'élève une cheminée d'un diamètre moindre que celui du cylindre en cristal et d'une assez grande hauteur. Cette cheminée est à double paroi; la paroi interne descend un peu dans le corps de la lampe, où elle s'évase en forme d'entonnoir renversé. La cheminée se termine par un orifice rétréci, qui n'est garni d'aucune toile métallique; la hauteur totale de la lampe, y compris la cheminée, est de 0^m40 à 0^m44.

Cette lampe fut envoyée à St.-Etienne pour y être essayée. M. Gruner fut obligé d'y apporter quelques modifications pour faire les expériences. Il résulte de ces expériences et d'après les modifications qu'on fit subir à la lampe.

1° Qu'elle paraît être d'un emploi moins dangereux que la lampe de Davy, toutes les fois qu'elle sera destinée à être suspendue ou posée par terre.

2° Qu'elle est moins simple et plus volumineuse que la lampe de Davy, mais éclaire beaucoup mieux et doit mériter, sous ce rapport aussi, la préférence.

3° Que la fragilité du verre ne paraît pas être la cause d'un danger bien réel, si la lampe n'est pas mise entre les mains des traîneurs.

4° Que cette lampe présentera toutefois encore des chances d'explosion, tant que l'on ne parviendra pas à fermer la partie supérieure de la cheminée par un treillage métallique.

5° Qu'enfin il reste encore des expériences à faire pour arriver à de nouveaux perfectionnemens de cette lampe, et que d'autres expériences plus prolongées sont nécessaires pour prononcer sur le mérite de cette invention.

La commission d'enquête, nommée par le gouvernement belge, pour s'occuper de la question des explosions dans les mines de houille, s'est exprimée favorablement au sujet de la lampe de M. Dumesnil. Elle a proposé l'emploi dans les mines, de cette lampe ainsi que de celles imaginées par M. Lemielle et M. Mueseler, afin que l'usage demontrât quelle était celle qu'on devait adopter de préférence.

CHAPITRE XVII.

—

MOYENS DE PÉNÉTRER DANS LES LIEUX OÙ MANQUE L'AIR RESPIRABLE.

On a imaginé, pour pénétrer dans les excavations remplies de gaz méphytique, plusieurs appareils dont la construction repose sur l'un des principes suivans: 1° fournir à l'homme de l'air pur, soit au moyen d'un réservoir portatif d'air atmosphérique, soit en entretenant une communication libre entre

les organes respiratoires de cet homme et l'atmosphère extérieure ; 2° entretenir la respiration avec l'air vicié de la mine,
en ayant soin de le dépouiller du principe méphytique qu'il
contient.

L'appareil le plus simple, mais qui ne peut être employé que
dans les mines peu profondes, est le tube respiratoire ; il consiste en un masque ou nez artificiel posé au-dessus de la bouche, attaché par des cordons derrière la tête, et auquel s'a-
dapte le bout d'un long tube flexible, qui a son autre bout
ouvert dans l'air ordinaire ; les inspirations se font par le
nez, et l'air sortant des poumons est expiré par la bouche. Le
tube flexible de cet appareil (fig. 121) peut être fait en
peau ou en taffetas, enduit d'un vernis de gomme élastique ;
il doit être cousu avec soin, et soutenu par des spires en fils
de fer. Ces fils de fer seront huilés, pour empêcher que la
rouille ne les détériore. L'air nécessaire à la combustion de
la lampe qui sera renfermée dans une lanterne en verre épais
bien close, sera fourni à l'aide d'un petit tube d'embranche-
ment entre la lanterne et le tube principal qui amène l'air
extérieur. On se servira d'une lampe de sûreté si l'on a à
craindre les explosions.

Le second appareil consiste en un réservoir d'air portatif
à parois flexibles. L'homme est ainsi muni de l'air nécessaire
à sa respiration et à la combustion de la lampe. Le réservoir
est formé d'une matière souple, soit en peau soit en taffetas
gommé, ou en toile vernie, afin qu'il puisse s'affaisser de lui-
même à mesure que l'air en est aspiré ; on le remplit d'air
atmosphérique au moyen d'un soufflet muni d'une soupape ;
le tube respiratoire est dans ce cas très court, et communique
avec le réservoir. Ces réservoirs peuvent être portés à dos ou
sur un chariot ; dans le premier cas, ils contiennent environ
140 litres, et dans le second 630. M. Boisse qui fut chargé,
en 1838, d'essayer ces appareils, a trouvé que le premier réservoir ne peut entretenir la respiration que pendant 11 minutes 1/4, et 7 minutes 1/2 seulement si l'on emploie une partie de l'air pour alimenter la combustion de la lampe ; que le
grand réservoir suffit à la respiration pendant 52 minutes 1/2,
et 34 seulement si l'on emploie une partie de l'air à la combustion de la lampe.

Ces appareils, dit-il, sont insuffisans ; car l'enveloppe de cuir dans laquelle est renfermée la provision d'air, n'est jamais imperméable ; malgré l'enduit de caout-chouc dont elle est revêtue, d'où résulte une perte assez notable d'air.

Cette enveloppe a d'ailleurs le défaut de se détériorer assez promptement.

Les dernières portions d'air ne peuvent être aspirées qu'avec difficulté, à cause de la résistance que l'élasticité des parois du sac oppose à la pression atmosphérique.

Les grandes dimensions que l'on est obligé de donner aux sacs à air, les rendent fort embarrassans et très peu portatifs, de sorte que (et c'est là le plus grand inconvénient de cette sorte d'appareils) il est impossible à l'ouvrier qui en est armé de pénétrer dans les galeries ordinaires des mines ; et, en supposant qu'il puisse y parvenir, il ne lui restera ni la force ni la liberté de mouvemens nécessaires pour secourir ses camarades blessés ou asphyxiés, et les transporter en lieu de sûreté.

Ces considérations engagèrent M. Boisse à remplacer ces sacs par des réservoirs métalliques à air comprimé. Il fit donc construire un appareil en cuivre, destiné à contenir de l'air sous une pression de seize atmosphères; ses dimensions étaient: 0^m40 de hauteur, 0^m50 de largeur, 0^m25 d'épaisseur ; il avait la forme d'un cylindre à base elliptique, terminé par deux calottes. Sa capacité était de 39 litres 29 centilitres : il pouvait donc contenir, sous une pression de seize atmosphères, 628 litres d'air. Ce réservoir, fixé sur un coussinet élastique au moyen de courroies en cuir, était attaché aux épaules par des bretelles également en cuir, et se portait de la même manière qu'un sac de soldat, dont il n'excédait pas de beaucoup les dimensions.

Les avantages de cet appareil sur les réservoirs en cuir, consistent :

1º En ce que sous un petit volume on peut porter une forte provision d'air ;

2º Les petites dimensions du réservoir métallique et la manière dont il est porté, laissent à l'ouvrier toute liberté de mouvemens et permettent de pénétrer dans les galeries les plus étroites ;

3º Des dispositions particulières permettent de régulariser l'écoulement de l'air, et de le faire arriver, soit dans la lampe, soit dans la bouche de l'ouvrier, sous une pression constante, peu différente de la pression atmosphérique.

4° Ces réservoirs peuvent enfin, ce qui est de la plus grande importance, rester chargés pendant un très long tems, sans éprouver de perte d'air sensible ; ce qui permet d'en avoir toujours de prêts à fonctionner dans un cas pressant.

L'appareil que fit construire M. Boisse pesait avec sa garniture dix-sept kilogrammes, mais on peut réduire encore ce poids.

M. le Directeur général des ponts et chaussées et des mines fit construire en 1839, sur ce principe, des réservoirs devant contenir, sous une pression de trente atmosphères, 1020 litres d'air, quantité nécessaire pour la respiration d'un homme et l'entretien d'une lampe pendant une heure. Ces réservoirs consistent en un cylindre en tôle terminé par deux calottes sphériques ; ils ont 0^{m}26 de diamètre et 0^{m}73 de longueur, et une capacité de trente-quatres litres. L'écoulement de l'air est réglé par le même appareil régulateur, qui a été imaginé pour régulariser l'écoulement du gaz portatif comprimé, destiné à l'éclairage.

J. Roberts, l'inventeur de la lampe décrite ci-dessus, proposa en même tems à la commission d'enquête, un appareil respiratoire. Il consiste en une boîte dont la capacité est d'environ deux ou trois litres ; elle contient une éponge lâche fortement imbibée d'eau de chaux ou d'une solution alcaline. Le dessus de la boîte est percé de trous auxquels sont adaptés des tubes par lesquels entre l'air ambiant qui est forcé de passer à travers l'éponge.

Un tube respiratoire est adapté à la partie supérieure de la boîte, et conduit l'air à la bouche de l'ouvrier, qui porte l'appareil suspendu en bandoulière.

Cet appareil fort simple, connu sous le nom de *Roberts' safety hood,* ne peut servir que dans le cas où la mine contient beaucoup d'air respirable mêlé à une quantité d'acide carbonique suffisante pour produire l'asphyxie. Il n'a encore été employé dans aucune mine, et l'on ne sait si l'ouvrier peut respirer long-tems sans fatigue à travers l'éponge imbibée. Des essais seraient nécessaires à cet égard.

CHAPITRE XVIII.

—

DES SECOURS A DONNER.

Les ouvriers mineurs sont exposés à une foule d'accidens ; ils peuvent être asphyxiés, noyés, brûlés ou blessés ; on doit toujours être prêt à leur porter secours et à leur administrer les premiers soins, jusqu'à ce qu'on ait eu le tems de faire venir un homme de l'art ; nous allons donc exposer ici la marche à suivre dans ces circonstances. Tout ce que nous dirons à cet égard, est extrait des instructions publiées dans les Annales des mines, par ordre de l'administration.

Lorsqu'on a à rappeler à la vie un asphyxié, il faut

1° Le dépouiller de ses vêtemens, et l'exposer à l'air extérieur le plus frais et au nord ;

2° Faire sur le corps des aspersions d'eau bien froide;

3° Essayer de faire avaler, s'il est possible, de l'eau froide légèrement acidulée avec du vinaigre ; on peut prendre également de l'eau-de-vie étendue d'eau ; quelques gouttes d'éther vitriolique avec du sucre et de l'eau, seraient aussi fort utiles, parce qu'elles seraient cordiales et tempéreraient les convulsions de l'estomac.

4° Administrer des lavemens avec deux tiers d'eau froide et un tiers de vinaigre ; on pourra ensuite en administrer d'autres avec une forte dissolution de sel dans de l'eau, ou avec le séné et le sel d'epsom.

5° Tâcher d'irriter la membrane pituitaire, avec la barbe d'une plume qu'on remuera doucement dans les narines de l'asphyxié, ou en lui faisant respirer de l'alcali volatil.

6° Introduire de l'air dans les poumons, en soufflant avec un tuyau dans l'une des narines, et en comprimant l'autre avec les doigts ; on se servirait à cet effet de la canule qui existe dans la boîte-entrepôt.

7° Si ces secours ne produisaient pas assez promptement

l'effet qu'on doit en attendre, le corps de l'asphyxié conservant de la chaleur comme cela a lieu ordinairement pendant long-tems, il faudra recourir à la saignée, dont la nécessité sera suffisamment indiquée si le visage est rouge, si les lèvres sont gonflées et les yeux saillans.

Il faut mettre la plus grande activité dans l'administration de ces divers secours : plus on tarde à les employer, plus on doit craindre qu'ils ne soient infructueux, et comme la mort peut n'être qu'apparente pendant long-tems, il ne faut renoncer à les continuer que lorsqu'elle est bien confirmée.

L'absence des battemens du pouls n'est point un signe certain de mort.

Le défaut de respiration n'est pas suffisant pour la constater.

On ne doit pas non plus regarder comme morts les individus dont l'haleine ne ternirait pas le poli d'une glace, ni ceux dont les membres sont raides et qui paraissent insensibles.

La putréfaction est le seul vrai signe de la mort ; c'est donc un devoir sacré d'attendre avant d'ensevelir un corps asphyxié, qu'il soit réduit à cet état où la mort ne puisse plus être douteuse.

Souvent, après avoir continué quelque tems avec persévérance, à administrer les secours à un asphyxié, on entend un léger soupir qui se renouvelle au bout de quelques minutes. Ces soupirs sont bientôt suivis de petits hoquets. Aussitôt que le malade donne un premier signe de vie, on fait des frictions avec des serviettes sur toutes les parties du corps, on le place dans un lit, on lui fait avaler quelques cuillerées d'eau toujours acidulée avec du vinaigre, ou bien quelques cuillerées d'eau et de vin ; enfin on a soin d'entretenir dans la chambre un courant d'air frais, sans lequel il risquerait de retomber dans son premier état.

Les secours aux noyés doivent être administrés le plus promptement possible, dans l'endroit qu'on jugera le plus convenable.

Il faut y transporter le noyé, sur un brancard ou une civière, dans une voiture ou même sur une charrette dans laquelle on aura mis de la paille ou un matelas, ayant soin de tenir le corps du noyé couché sur le côté, la tête élevée et en dehors.

d'une bonne couverture de laine qui lui enveloppera tout le corps.

Deux ou plusieurs personnes peuvent aussi le porter sur leurs bras ou sur leurs mains jointes : on évitera surtout que dans le transport il éprouve de violentes secousses : tous les mouvemens rudes ou brusques peuvent éteindre facilement le peu de vie qui lui reste.

Le noyé étant arrivé au lieu où les secours doivent lui être administrés, on lui enlevera le plus vite possible ses vêtemens, en les fendant avec des ciseaux.

Après avoir déshabillé le noyé, on l'enveloppera largement dans la couverture de laine, et on le couchera sur un ou deux matelas à terre, et sur un lit peu élevé près d'un grand feu, en observant de le maintenir aussi sur le côté, la tête élevée avec un ou deux oreillers un peu durs, et couverte d'un bonnet de laine.

Sous cette large couverture on fera aussitôt à la surface du corps, et principalement sur le bas-ventre, des frictions avec des étoffes de laine, d'abord sèches et bien chaudes, et ensuite imbibées de quelques liqueurs spiritueuses telles que l'eau de mélisse, l'esprit-de-vin, l'eau-de-vie camphrée, l'ammoniaque, le vinaigre des quatre voleurs.

Pour réchauffer le noyé, on remplira d'eau chaude aux deux tiers, des vessies contenues dans la boîte-entrepôt, et on les appliquera sur la poitrine, vers la région du cœur et sur le ventre : on placera sous la plante des pieds une brique chaude recouverte d'un linge.

On lui poussera de l'air dans les poumons, au moyen d'un tuyau de soufflet qu'on introduira dans l'une des narines en comprimant l'autre.

On fera respirer au noyé de l'alcali volatil ; on lui chatouillera fréquemment le dedans des narines avec la barbe d'une plume ou avec des rouleaux de papier tortillé en forme de mèches, légèrement trempés dans l'alcali volatil.

On versera en même tems dans sa bouche, si on le peut, une cuillerée à café d'eau de melisse, ou d'eau-de-vie camphrée, ou de vin chaud.

Dès que le noyé pourra avaler, on lui donnera quelques autres cuillerées des mêmes spiritueux.

Pour hâter le moment où le noyé doit reprendre ses sens,

il faut lui donner des lavemens irritans. On se servira pour cela d'une décoction de tabac à fumer qu'on passera à travers un linge après l'avoir fait bouillir pendant un quart d'heure ; on réitèrera deux ou trois fois le même lavement, et un autre plus irritant avec la décoction de feuilles de séné , à la dose de 55 grammes , 30 grammes de sel d'epsom et 90 grammes de vin émétique trouble , surtout si le noyé tarde à reprendre l'usage de ses sens.

Tous ces secours doivent être administrés avec ordre, pendant plusieurs heures et sans interruption ; leurs effets sont lents et presque insensibles.

Il y a des noyés qu'on n'a rappelés à la vie que sept ou huit heures après qu'ils avaient été retirés de l'eau.

La putréfaction est en général le seul vrai signe de mort.

Le premier remède à apporter aux brûlures est de faire , sans perdre un moment , des fomentations d'eau fraîche sur la partie brûlée , et même de plonger cette partie dans l'eau froide ou mieux l'eau de goulard , dont l'activité est plus prompte. Si la brûlure a beaucoup d'étendue, on placera le malade dans un bain d'eau fraîche qu'on renouvellera tous les quarts d'heure : il y restera jusqu'à ce que l'inflammation soit tombée , et les brûlures seront ensuite pansées avec du cérat simple ou du cérat de saturne étendu sur du linge fin.

Il convient d'envoyer chercher le chirurgien de l'établissement aussi promptement que possible.

Quant aux fractures , comme leur traitement varie suivant leur état, on ne devra s'en rapporter qu'à un homme de l'art.

Il est indispensable d'avoir dans une mine , une boîte de secours contenant les objets suivans.

Une paire de ciseaux à pointes mousses.

Un double levier.

Deux vessies.

Deux frottoirs de laine.

Deux chemises de laine à cordons.

Un bonnet de laine.

Une couverture.

Une bouteille d'eau-de-vie camphrée.

Une bouteille d'eau-de-vie camphrée et ammoniacée.

Trois petits flacons dont un d'alcali volatil , un d'eau de

melisse ou d'eau de Cologne, ou de vinaigre antiseptique ou des quatre voleurs.

Une cuiller de fer étamé.

Une canule munie d'un petit soufflet, propre à être introduite dans les narines.

Une canule de gomme élastique.

Un soufflet.

Un petit miroir.

Des plumes pour chatouiller le dedans du nez et la gorge.

Une seringue ordinaire avec ses tuyaux.

Deux bandes à saigner.

Une petite boîte renfermant plusieurs paquets d'émétique.

Charpie mollette.

Une boîte à briquet avec amadou et allumettes.

Nouet de soufre et de camphre pour la conservation des ustensiles de laine.

Séné, un demi-kilogramme.

Sel d'epsom un kilogramme.

Vin émétique trouble, une bouteille.

Vinaigre fort, une bouteille.

Acétate de plomb liquide.

Cérat jaune solide.

Alcool camphré.

Quinquina.

Diascordium.

Charpie, bandes et compresses.

CHAPITRE XIX.

—

EXEMPLES D'EXPLOITATIONS.

Après avoir exposé tous les travaux relatifs à l'exploitation des mines de houille, après avoir indiqué les machines employées dans ces travaux, nous allons maintenant, pour compléter ce que nous avons à dire sur cette matière, donner la description générale d'une grande exploitation houillère, et nous prendrons pour exemple les mines d'Anzin, en France, et celles de Newcastle, en Angleterre.

Mines de houille d'Anzin.

La découverte de ces mines fut faite en 1734, par le vicomte des Androuins, après dix-sept années de recherches et de travaux continués avec une persévérance remarquable et digne d'éloges. Cette découverte a donné naissance à l'exploitation houillère la plus considérable que nous ayons en France.

Le terrain houiller d'Anzin occupe une immense étendue. Les couches se dirigent, en général, de l'ouest à l'est, en déclinant un peu vers le nord; certaines portions de ces couches sont presque verticales, et sont séparées par d'autres portions presque horizontales : il en résulte que les couches présentent des plis ou crochets. Le toit et le mur sont les mêmes pour toutes les parties verticales; mais le mur d'une portion verticale devient le toit de la portion horizontale qui lui est contiguë et réciproquement. Cette portion verticale se nomme le droit, et la portion horizontale, le plat de la veine.

Le nombre des couches connues excède quarante; mais elles ont une puissance faible et très variable; quelques-unes même ne sont pas exploitables.

Au lieu de présenter des affleuremens, les couches sont re-

couvertes par des terrains dits terrains morts , dont l'épaisseur varie de vingt-cinq à quarante mètres.

On rencontre souvent dans les crochets un brouillage formé par l'interposition des roches du toit et du mur , qui occasionent ainsi l'interruption de la couche.

La houille d'Anzin est grasse et collante et propre au travail de la forge. Comme cette houille est très tendre et très
friable , il se produit une grande quantité de menus , malgré toutes les précautions que l'on prend pour l'obtenir en
gros morceaux. Dans les crochets , elle est mélangée de matières terreuses qui en altèrent la qualité ; cette altération se
remarque aussi dans les renflemens.

Le toit et le mur des couches sont ordinairement formés
par l'argile schisteuse tirant sur le grès ; c'est elle qui domine
dans la formation houillère d'Anzin ; le grès qu'on y rencontre , y est généralement à fort gros grains.

L'exploitation des mines de houille d'Anzin se fait par gradins. L'examen de la figure 54, montre la disposition de ces
gradins. Ordinairement , on n'établit que deux ateliers à la
fois pour un même puits d'extraction. Chaque atelier , comme
on le voit (fig. 54), comprend quatre ou six tailles. Ces
chantiers peuvent se trouver sur la même couche et au même
niveau , ou sur deux couches différentes et à différens niveaux. On ne donne pas aux voies de roulage plus de cent ou
cent-vingt mètres de longueur ; lorsqu'elles sont poussées à
cette distance, on pratique, à partir de la galerie d'alongement , une galerie montante d'où partent d'autres voies de
roulage.

Les explications données , chapitre VII , et l'examen de la
figure 54 , suffisant pour faire comprendre la méthode d'exploitation suivie à Anzin , nous ne pousserons pas plus loin
les détails à cet égard.

L'extraction se fait au moyen de machines à vapeur.

La quantité de houille qu'on doit extraire de chaque puits
par poste de travail, de neuf à douze heures et par cent ouvriers , se nomme coupe. La coupe est généralement de
75 tonnes cubant chacune cinq hectolitres et demi , et pesant
520 kilogrammes. Il suffit généralement de trois mineurs par
chaque taille. Quelquefois il n'y en a que deux ; mais dans
d'autres cas, il en faut six, et alors 150 et 200 ouvriers sont

nécessaires pour les travaux d'une coupe. Cette circonstance dépend de la puissance de la couche et du nombre des tailles, ainsi que des difficultés de l'exploitation.

Le roulage est disposé par relais, sur toute la longueur de l'espace à parcourir. Chaque ouvrier doit transporter, dans sa journée, 75 tonnes ou 375 hectolitres de houille, en les traînant, hectolitre par hectolitre, à une distance de 20 mètres pour revenir à son poste, après chaque voyage ; ainsi, il devra parcourir 7500 mètres avec sa charge, et autant à vide. C'est d'après cette base que le roulage est réglé ; si donc, on n'a qu'un seul système de galerie, chaque relais sera de 20 mètres ; mais si l'on était obligé d'établir des tailles, de chaque côté du puits, comme alors on n'obtiendrait que la moitié de la coupe de chaque côté, il faudrait que les relais fussent de 40 mètres. Il est facile, d'après ces indications, de calculer, dans les divers cas, le nombre d'ouvriers rouleurs nécessaires pour une coupe.

La direction des flèches indique, sur la figure, le sens dans lequel l'air circule.

Dans la fig. 54, l'air entre par le puits p', et se rend par la galerie a vers les tailles ; il suit le front des gradins en circulant dans les voies v; il est obligé de se rendre par la galerie c vers les tailles situées de l'autre côté, puis il revient en a, de là il entre dans la galerie d et dans le puits p''.

Mines de houille de Newcastle.

Les mines de Newcastle forment la plus grande exploitation houillère de la Grande-Bretagne et de l'Europe. Nous renvoyons au chapitre XXIII pour tout ce qui concerne les détails sur le terrain houiller, la nature et les diverses espèces de houille de Newcastle. Nous dirons seulement qu'on y trouve quarante couches de houille, dont dix-huit sont exploitées.

Le creusement d'un puits est toujours précédé d'un sondage, opération rendue nécessaire par les bouleversemens que les dykes produisent dans les couches du terrain. Les frais de sondage sont ainsi estimés :

De 0 à 10 mètres...... 3 fr. 75 c. par mètre.
De 10 à 20............ 7 50
De 20 à 30............ 11 25
De 30 à 40 .... 15 »

Ces prix sont ceux d'un sondage dans un terrain de moyenne dureté.

Les puits ont généralement une forme circulaire ; leur diamètre varie de 3 mètres à 4^{m}50 ; dans le premier cas , ils sont divisés en deux compartimens séparés par une cloison et servant l'une à l'extraction , l'autre à l'épuisement ou toutes deux à l'extraction ; dans le second cas , le puits est divisé en trois compartimens , se réunissant suivant l'axe du puits et ayant différentes destinations.

L'énorme dépense occasionée par le percement des puits , jointe à la grande profondeur de ces puits, qui descendent souvent à plus de 500 mètres au-dessous de la surface , nécessite l'établissement de ces cloisons.

Le cuvelage des puits se fait , soit en bois, soit en fonte , ainsi que nous l'avons décrit.

Lorsque les puits sont muraillés, le muraillement se fait en briques liées par du ciment.

La méthode d'exploitation suivie à Newcastle , est la méthode des piliers et galeries ; nous ne reviendrons pas sur cette méthode que nous avons décrite , page 70, et qu'on peut voir représentée fig. 116.

On emploie , pour le boisage des galeries , des mélèzes ou des pins d'Ecosse.

Le roulage intérieur se fait au moyen de chemins de fer, les rails sont ordinairement formés de deux bandes de fonte à angle droit ; ils sont fixés sur des traverses en bois, distantes d'environ un mètre. Dans les galeries principales , les rails sont en fer et posés dans des chairs en fonte. On emploie aussi de simples bandes de fer plat , placées les unes à la suite des autres , et fixées sur des traverses en bois. Il faut , pour l'entretien de ces chemins de fer , un certain nombre d'ouvriers qui sont payés à raison de 1 fr. 50 c. à 3 fr. 75 c. par jour.

La houille est mise dans des paniers ronds nommés corves; ils sont formés en osier très fort, et entourés d'une forte barre de fer recourbée à laquelle on attache le cable. Ils contiennent 300 kilogrammes de houille. On place les corves sur de petits chariots bas à quatre roues , dits trams. Un ouvrier suffit pour trainer un tram chargé d'une corve. Les trams sont ainsi amenés à la galerie de roulage ; là , au moyen d'une

grue , on charge les corves sur d'autres chariots plus grands ,
qui peuvent porter deux ou trois corves ; le service est alors
fait par un cheval qui traîne deux ou trois de ces chariots ,
suivant leur grandeur. Comme il n'y a qu'une seule voie de
roulage, on est obligé d'établir , de distance en distance ,
quelques portions de voies doubles pour le croisement des
convois. Ce service est , comme on le voit , conduit avec un
ordre admirable.

L'extraction se fait au moyen de machines à vapeur , on
élève deux ou trois corves à la fois, et l'on a soin d'équilibrer
le poids des cables.

On a remplacé les corves par d'autres vases en tôle, dits
iron tubs. Ces tubs portent des roues ; on les traîne jusqu'au
bas du puits ; là, on les place sur un plancher attaché à
l'extrémité du cable , et on les élève ainsi au jour.

Les mines de houille de Newcastle contiennent une grande
quantité de gaz, ce qui en rend l'airage difficile ; mais nous ne
reviendrons pas sur ce sujet dont nous nous sommes déjà occupés dans le chapitre XV.

Avant d'être livré au commerce , le charbon est ordinairement soumis à un criblage , afin de séparer les morceaux trop
petits. Chaque puits est pourvu d'un appareil destiné à opérer cette séparation.

Ces cribles consistent en grilles de quatre à cinq mètres de
longueur, et de 1^m25 de largeur. Le plan de la grille fait un
angle de 45 degrés avec la plate-forme du puits. Ces grilles
sont en fonte, l'intervalle entre les barreaux est plus ou moins
considérable ; il dépend de la grosseur des morceaux de
houille qu'on veut obtenir. Deux plaques en tôle placées aux
deux extrémités , servent à retenir la houille ; le menu et la
poussière tombent dans des wagons placés au-dessous du crible , puis au moyen de portes mobiles, on fait tomber le charbon dans un autre wagon placé à cet effet. Depuis que la
suppression du droit sur la houille, en 1832 , a permis la
vente des charbons de toute grosseur , les criblés ne sont plus
employés que pour séparer la poussière du charbon.

Le transport de la houille à la surface , se fait au moyen de
chemins de fer ; les frais de transport sont, suivant M. Buddle.
de 1 penny (10 centimes) par tonne et par mille anglais. La
houille est ainsi amenée sur les bords de la Tyne , puis elle

est chargée directement sur le navire, ou transportée au navire, au moyen de bateaux nommés keels.

Pendant long-tems ce dernier mode fut le seul employé; mais on établit des staiths ou embarcadères, qui permirent aux navires de venir recevoir directement leur chargement. Ces staiths ont été, pendant un grand nombre d'années, un sujet de discussion et même de désordre parmi les bateliers, qui se plaignaient de ce qu'ils avançaient trop sur la rivière, et par conséquent, gênaient la navigation. A une époque très ancienne, on établissait sur les bords de la rivière des places d'embarquement pour charger la houille dans les keels; mais c'était simplement des plates-formes ou petits quais.

Lorsque les mines sont situées à une certaine distance de la rivière, il est nécessaire d'avoir près du point d'embarquement, un magasin pour y loger la houille, jusqu'à ce qu'on puisse l'expédier. La voie en fer doit être placée au-dessus du sol du magasin, à une hauteur convenable, pour pouvoir décharger facilement les wagons dans les navires, au moyen d'un embarcadère. La partie couverte du magasin, placé parallèlement au quai de Whitehaven, a environ 110 mètres de longueur, 18 mètres de largeur, et le sol est placé à 7 mètres au-dessous du chemin de fer; il peut contenir plus de 5000 wagons. La partie découverte a 36 mètres de longueur, 25 mètres de largeur, et elle peut contenir plus de 2000 wagons; à Newcastle, sur les bords de la Tyne, il n'y a qu'un ou deux de ces magasins.

Les produits des mines situées au-dessus du pont de Newcastle, sont transportés de l'embarcadère aux navires qui stationnent à Shields, et qui ne viennent pas prendre leur chargement à l'un des embarcadères établis entre ces deux villes: on se sert, pour ce transport, de bateaux ovales nommés keels. Ces keels contiennent huit chaldrons de Newcastle. Lorsque le charbon est en gros morceaux, on l'entasse dans le bateau; lorsqu'il est en menu, on met sur le côté des planches d'une hauteur convenable. Généralement, quand le charbon est friable, on emploie des tubs pour empêcher qu'il ne se brise. Ces tubs consistent en une espèce de wagon sans roues, contenant un chaldron de Newcastle; on en met huit dans une keel, et on les charge sur le navire au moyen d'une grue, puis on vide leur contenu en ouvrant la porte placée à leur partie inférieure.

Les keels, qui sont évidemment construites d'après un ancien modèle, sont un des traits caractéristiques de la navigation de la rivière. Les keelmen sont une race d'hommes dont la profession était déjà très répandue en 1378. La manœuvre de ces keels s'opère, soit au moyen d'une voile carrée, soit au moyen de deux rames.

Le déchargement des keels dans les navires stationnant à l'embouchure de la Tyne, occasione la perte d'une grande quantité de charbons qui tombent dans la rivière. Ces charbons sont entrainés par les eaux, et plus tard, la marée montante les ramène sur le rivage; un nombre considérable de pauvres gens sont occupés à leur recherche; on a vu quelquefois plus de cinq cents personnes s'empressant pour recueillir les morceaux de charbon apportés par les flots.

La direction d'une mine est confiée à un agent nommé viewer, qui a sous lui un under viewer, si l'importance de la mine l'exige.

Après lui vient l'overman, chargé spécialement de la surveillance des travaux souterrains. Il doit visiter, chaque matin, toutes les parties de la mine, et tenir note exacte des travaux. Il reçoit les ordres du viewer et les transmet aux ouvriers.

Les hewers sont les ouvriers employés à l'abattage de la houille.

Les putters et les barrowmen sont chargés de remplir les corves, de les charger sur les trams, et de les amener à la grue ou au puits.

Les drivers sont des enfans qui conduisent les chevaux.

Les trappers sont des enfans plus jeunes que ces derniers, employés à ouvrir et fermer les portes d'airage. Ce service est souvent rempli par d'anciens ouvriers que quelque accident a rendus incapables de tout autre travail. Ce sont principalement d'anciens hewers.

Les onsetters sont chargés d'accrocher les corves pleines au bas du puits, et de recevoir les corves vides.

Le banksman remplit les mêmes fonctions que l'onsetter au haut du puits, à la surface.

Les mineurs résident généralement dans de petites maisons construites près de la mine; on leur fournit le logement et le

Charbon pour trois pence (o,3o c.) par semaine. Ils reçoivent généralement trois shillings (3 fr. 75 c.) par jour. Lorsqu'ils étaient engagés à l'année, on leur donnait quatorze ou quinze shillings par semaine, soit qu'ils travaillassent ou non. On les paie toutes les quinzaines.

Cette coutume de prendre les ouvriers à l'année, à raison de quatorze ou quinze shillings par semaine, fut long-tems en vigueur ; mais, lorsque les propriétaires de mines voulurent diminuer l'ancien tarif, les mineurs se refusèrent à cette diminution, et de là résultèrent des discussions entre les maîtres et les ouvriers. Ceux-ci formèrent une association qui était composée de plus de quatre mille personnes. La mésintelligence ne fit que s'accroître davantage. Les choses en étaient venues à un tel point, qu'en 1832, les mineurs ayant arrêté les travaux pendant long-tems, et ne voulant les reprendre qu'à de certaines conditions ; les propriétaires répandirent, dans le Yorckshire et le Staffordshire, des proclamations par lesquelles ils engageaient les mineurs de ces comtés à venir travailler à Newcastle. Il en résulta une grande émigration ; mais ces ouvriers étrangers trouvèrent, à leur arrivée, la position des affaires si peu flatteuse, que la plupart d'entr'eux repartirent immédiatement ; beaucoup de ceux qui restèrent, périrent victimes du choléra, et la condition des autres fut pénible au dernier point. Cependant, peu à peu, la bonne harmonie se rétablit, des concessions furent faites de part et d'autre, et les choses reprirent leur cours habituel. Voici quelle est aujourd'hui la manière de fixer les salaires des ouvriers.

Chaque année, dans les premiers jours du mois d'avril, les mineurs se réunissent près de la mine, et on leur lit le contrat qui doit être passé entre eux et le propriétaire. Ce contrat est à peu de chose près, le même pour tout le district ; il n'est modifié que par les circonstances particulières et les difficultés de l'exploitation, d'après lesquelles est fixé le tarif. Lorsque la lecture du contrat est achevée, ceux qui désirent s'engager pour l'année, viennent apposer leur signature au bas de l'acte, s'obligeant ainsi à en remplir toutes les conditions sous les peines prévues par cet acte. Ces peines, la nature des travaux à exécuter, et le salaire approprié, sont développés dans douze articles conçus de telle sorte, que rarement il s'élève un cas incertain et douteux. Les hewers ou les hommes qui abattent la houille, gagnent généralement de trois shillings six pence (4 fr. 35 c.) à quatre shillings (5 francs) par journée de travail, et ils travaillent onze jours par quinzaine. Lorsqu'on ne les occupe pas, on leur accorde une certaine portion de cette somme, en sorte que, malgré la suspension des travaux et l'injustice des agens, ils se trouvent toujours en état de pourvoir à leurs besoins et à ceux de leur famille, d'autant plus qu'on leur fournit le logement et le charbon. Ce tarif étant établi convenablement dans tout le district, il ne peut donner lieu qu'à un petit nombre de causes de mécontentement.

Parmi les accidens auxquels sont sujettes les mines de New-castle, ceux provenant des explosions sont les plus fréquens. Nous rapporterons ici quelques-uns de ceux qui ont eu les résultats les plus terribles.

En 1794, dans une mine des bords de la Wear, vingt-huit hommes périrent par suite d'une explosion de gaz inflammable.

En 1799, une explosion occasiona la mort de trente-neuf personnes.

En 1805, trente-trois hommes furent tués par une explosion aux mines de Hepburn-main, et trente-huit à celles d'Exclose.

Le 25 mai 1812, quatre-vingt-douze hommes sont tués par une explosion à Felling, et le 24 décembre 1813, vingt-trois sont tués de la même manière et dans la même mine.

Dans une exploitation des bords de la Wear, trente-deux hommes périssent en 1813, par suite d'une terrible explosion.

En 1814, trente-huit hommes sont tués à Hepburn par le même accident.

En 1815, une inondation envahit subitement la mine de Heaton. Les eaux qui avaient, en peu d'instans, atteint une hauteur de cinquante-un mètres, s'étaient élevées, deux jours après, à cinquante-sept mètres. Soixante-quinze ouvriers et trente-sept chevaux se trouvaient dans la mine au moment de l'inondation; mais comme il n'y avait qu'un seul puits, il fut impossible de leur porter secours. Quelques-uns pourtant avaient gagné une galerie qui se trouvait à un niveau plus

»

élevé que les eaux ; ils vécurent quelque tems avec de l'a-
voine et de la chair de cheval ; mais tous avaient péri lorsqu'on put pénétrer dans la mine.

Au mois de juin de la même année, une explosion tua cinquante-cinq hommes au Success-Pit.

L'année suivante, 1816, une nouvelle explosion fit périr
cinquante-sept personnes aux mines de Newbottle.

En 1821, cinquante-deux hommes périrent aux mines de
Walsend, par l'effet d'une explosion de gaz.

Au mois d'août 1830, une explosion qui eut lieu à Jarrow,
enleva la vie à un grand nombre de personnes.

En 1835, aux mêmes mines de Walsend, que nous venons de citer, cent-et-un ouvriers périrent à la suite d'une
explosion épouvantable.

Suivant M. Buddle, les frais d'exploitation sont de quinze
à vingt-cinq shillings pour un chaldron prêt à être embarqué. Les bénéfices sont de dix pour cent, déduction faite des
droits et dépenses de toute espèce.

Le même ingénieur estimait ainsi, en 1830, le personnel
des mines de Newcastle : 4937 hommes et 3554 enfans employés aux travaux souterrains ; 2745 hommes et 718 enfans
employés à la surface : total, 12000 ouvriers à peu près, dont
9000 pour le district de la Wear. Il y avait, en outre, 2000
hommes employés au transport et à l'embarquement de la
houille : 1400 navires servaient au transport, et ils étaient
montés par 15000 marins. Ainsi, le commerce de la houille
occupait à Newcastle 38000 hommes, dont 21000 étaient
employés au service immédiat des mines.

Ce commerce se fait par l'intermédiaire d'une classe de gens
nommés hostemen ou fitters ; leur création paraît remonter à
la fin du seizième siècle. Déjà en 1602, il y avait à Newcastle
vingt-huit fitters qui vendaient 9080 tonnes de houille par année, et employaient quatre-vingt-cinq keels. Vingt années après,
le chiffre de vente s'élevait à 14420 tonnes. Pendant le règne
de Charles I, le commerce de la houille souffrit considérablement ; un grand nombre des pauvres habitans de Londres
périrent par suite du manque de charbon. Sous le protecto-
rat, l'activité commença à renaître dans les mines, et la Tyne
se couvrit de keels qui transportaient la houille des staiths

aux navires. Depuis cette époque, le commerce acquit chaque année une plus grande importance.

Nous n'entrerons pas dans de plus grands détails à cet égard, ils seraient étrangers à ce chapitre; mais on trouvera plus loin, et lorsque nous parlerons de l'Angleterre, tout ce qui concerne le commerce de la houille, cette source de richesse pour l'industrie anglaise.

CHAPITRE XX.

—

GÉOMÉTRIE SOUTERRAINE.

La géométrie souterraine, ou l'art de lever les plans de mines, n'offre que de légères modifications avec la levée des plans ordinaires.

Les instrumens dont on se sert pour lever les plans de mines sont en petit nombre. On emploie,

1° La boussole suspendue, pour mesurer la direction d'une ligne.

2° Le demi-cercle gradué, pour mesurer l'inclinaison d'une ligne.

3° La chaîne ou le cordeau, pour mesurer la distance d'un point à un autre.

4° Les plaques ou rondelles graduées, au lieu de la boussole, lorsqu'on a à craindre la présence du fer.

La boussole doit être divisée en 360° continus, 360° se trouve au Nord, 90° à l'Est, 180° au Sud et 270° à l'Ouest. Les Allemands divisent leur boussole en heures, soit en douze heures consécutives placées comme celles d'un cadran, midi répondant au nord et six heures au sud; soit en deux fois douze heures, midi répondant au nord et minuit au sud.

Le demi-cercle gradué se compose d'un demi-cercle de cuivre très léger, divisé en deux fois 90°; le point O se trouvant à l'extrémité du rayon perpendiculaire du diamètre de l'instrument, il porte un fil à plomb passant par le centre C, de telle sorte que lorsque le diamètre du demi-cercle est horizontal, le fil correspond avec le rayon CD; mais lorsqu'on incline le diamètre, le fil à plomb restant toujours vertical, fait avec CD un angle mesuré par l'arc DE, car l'angle ABF est égal à l'angle DCE (fig. 122).

Pour se servir du demi-cercle on place bien verticalement deux piquets d'égale hauteur; on tend une chaîne ou une ficelle, on y suspend le demi-cercle, et l'on observe l'angle d'inclinaison. Connaissant l'inclinaison de la ligne AB, il est facile de calculer la différence de niveau AF des deux points A et B; en effet on a

$$\text{Sin. } B : r :: AF : AB$$

d'où Log. AF $=$ Log. sin. B $+$ Log. AB $-$ 10

La projection horizontale BF de la ligne AB s'obtiendra facilement au moyen de la proportion cos. $B : r :: BF : AB$.

Pour lever un plan de mine, il faut opérer de manière à former une suite de triangles rectangles tous situés verticalement, pour chacun desquels on connaisse sa direction relativement au méridien magnétique et son hypothénuse avec un angle adjacent. Les côtés de l'angle droit sont l'un la projection verticale, l'autre la projection horizontale de l'hypothénuse connue.

Il faut ensuite résoudre par le calcul les triangles observés, puis rapporter sur le papier les résultats de l'observation et du calcul, de manière que les projections horizontales de l'hypothénuse forment le plan, et les projections verticales la coupe.

Pour obtenir ces résultats on exécute les opérations suivantes:

On note dans l'intérieur de la mine le point du départ, on tend la chaîne suivant une direction quelconque et on la fixe par ses deux extrémités. Cette chaîne, dont la longueur est déterminée par la division qu'elle porte, sert d'hypothénuse à un triangle rectangle situé verticalement.

On place successivement sur la chaîne, le demi-cercle gradué et la boussole suspendue, en ayant soin de tourner le point N du côté vers lequel on s'avance. On note les indications données par ces deux instrumens, et l'on connaît ainsi la longueur de l'hypothénuse, l'angle adjacent et la direction du triangle rectangle. On note si la chaîne monte ou descend; cette chaîne est fixée d'une paroi à une autre de la galerie.

On mesure l'espace à droite et à gauche de la chaîne et on le note; on mesure aussi la distance au toit et au mur aux deux extrémités de la chaîne. L'ensemble de ces opérations pour un triangle constitue une station.

Lorsqu'une station est terminée, on reporte la chaîne plus loin et l'on recommence une autre station.

Le calepin d'observations se divise en sept colonnes verticales principales, portant les titres suivans.

Numéros de la station.	Longueur de la chaîne entre les points extrêmes de la station.	Direction.	Inclinaison et colonnes accessoires M ou D, si la galerie monte ou descend.	Largeur et colonnes accessoires l'une pour la droite, l'autre pour la gauche.	Hauteur et colonnes accessoires l'une pour la hauteur en haut, l'autre pour la hauteur en bas.	Observations concernant les points de départ, les localités et les détails.

Après avoir résolu tous les triangles des stations, on peut ajouter au tableau les deux colonnes suivantes.

Projection horizontale de la chaîne.

Hauteur ou projection verticale : cette dernière colonne se divise en deux pour les projections montantes et les projections descendantes.

On formera ainsi le tableau suivant.

1	2	3	4		5		6		7	8		9
Numéros d'ord	Longueur de la chaîne.	Direction.	Inclinaison.		Largeur.		Hauteur.		Horizontales calculée.	Verticales calculée.		Observations.
			M	D	D	G	H	B		M	D	

On peut ainsi additionner les hauteurs ou projections montantes et les projections descendantes, et déterminer la différence de niveau de deux points.

Au moyen de ce tableau il est facile de rapporter les opérations sur le papier.

On se sert pour cela de la même boussole avec laquelle on a opéré dans l'intérieur de la mine, mais on la place dans un rapporteur. On choisit une table qui ne contienne rien de susceptible d'attirer l'aiguille de la boussole; on oriente son papier et l'on construit l'échelle. On détermine un point de départ convenable; on pose la boussole sur ce point, de manière que la ligne droite terminant le rapporteur passe par ce point, et que le point N soit toujours dirigé vers l'espace à parcourir. On tourne la boussole autour de ce point de départ pris pour centre, jusqu'à ce que l'aiguille donne l indication observée dans la station dont il s'agit, puis par le point de départ et suivant la règle du rapporteur, on tire une ligne droite sur laquelle on porte la longueur marquée colonne 7. L'extrémité ainsi déterminée sert de point de départ pour le reste; on acheve ensuite le plan au moyen des indications fournies par la colonne 5.

Pour tracer la coupe ou projection verticale des travaux, on détermine une ligne de terre, puis du point de départ et de l'extrémité de chacune des stations projetées horizontalement, on élève des perpendiculaires à cette ligne. Sur la perpendiculaire correspondant au point de départ, on prend une ordonnée arbitraire; du point ainsi déterminé, qui est la projection verticale du point de départ, on mène une parallèle à la ligne de terre jusqu'à la rencontre de la seconde perpendiculaire; à partir du point d'intersection des deux lignes, on prend sur la perpendiculaire la quantité indiquée colonne 8; on continue ainsi jusqu'à ce qu'on ait déterminé toutes les projections verticales des extrémités des stations; l'on obtient ainsi la projection verticale de toutes les positions que la chaîne avait dans la mine, et l'on achève le tracé au moyen des notes de la colonne 6.

Il est quelquefois nécessaire de tracer plusieurs plans à différens niveaux et plusieurs coupes en différens sens, pour avoir l'image complète des travaux.

Pour offrir toute l'utilité désirable, les coupes verticales doivent présenter le profil exact du terrain superficiel, et les plans de l'intérieur doivent correspondre exactement avec le plan de la surface; on saura ainsi, à chaque instant, sous quelle propriété l'on travaille, si l'on n'empiète pas sur la concession, et l'on pourra éviter les filtrations des sources et des ruisseaux, ainsi que l'approche des édifices à la solidité desquels on pourrait nuire.

Supposons qu'une galerie dont le sol s'incline uniformément vers son orifice, soit représentée par un plan et par une coupe, il s'agit de figurer le terrain au-dessus; il faut pour cela 1° déterminer à la surface plusieurs points, correspondant à des points connus de la galerie; 2° déterminer la hauteur de chacun des points ainsi marqués à la surface, au-dessus de l'orifice pris pour point de départ; 3° pour chaque point marqué à la surface comme point correspondant à la galerie, il faut porter dans la coupe déjà tracée, à compter et au dessus du point de départ, la hauteur qui convient à ce point, d'après l'opération deuxième; 4° il faut faire passer par l'extrémité supérieure de ces lignes de hauteur, une ligne qui sera le profil demandé.

Si l'on ne voulait que la pente générale du terrain, depuis l'orifice au jour jusqu'au dessus de l'extrémité obscure de la galerie, il suffirait de rapporter à la surface le point correspondant à l'extrémité obscure du plan souterrain : on peut dire de même de tout autre point, et si le sol de la galerie est diversement incliné, il sera facile d'y avoir égard, comme dans tout nivellement, en faisant la somme des hauteurs montantes, celle des hauteurs descendantes, et retranchant la plus petite de la plus grande.

La boussole offre plusieurs inconvéniens plus ou moins capables d'altérer l'exactitude des opérations que nous avons exposées. Il ne suffit pas, en effet, pour rapporter les stations souterraines, soit sur le papier, soit sur le terrain, d'employer la même boussole que dans la mine, et de ne choisir qu'un tems calme pour opérer à la surface; il faut encore, autant que possible, rapporter les opérations aux mêmes heures, à cause de la variation qu'éprouve l'aiguille aimantée. De plus, si l'on ne s'est pas assuré les moyens de convertir les directions magnétiques en directions vraies, ce qui exige une méridienne tracée avec la plus grande exactitude sur le terrain, et rapportée sur chacun des plans de mine, il est à craindre que, par suite des variations qu'éprouve la déclinaison dans un même lieu, le tracé le plus exact ne se trouve entièrement faux après un certain laps de tems.

L'erreur la plus légère, dans le tracé d'une des stations ainsi représentées, peut rendre faux tout le tracé.

La présence du fer est en outre contraire à la boussole, et n'est pas toujours reconnaissable au premier abord.

Tous ces inconvéniens ont nécessité l'emploi d'un instrument qui pût remplacer la boussole, sans en avoir les inconvéniens. On se sert pour cela de rondelles graduées (fig. 123 et 124).

Ce sont des rondelles de cuivre dont le limbe est divisé, comme celui de la boussole, en 360° ou en heures, et portant un indicateur en cuivre qui se termine par un crochet à l'une de ses extrémités, et qui est fixé au centre, de manière à pouvoir faire le tour de la rondelle, comme l'aiguille d'une montre. Une autre règle AB, servant de support, est fixée sous la plaque ; chacune de ces trois pièces peut tourner seule autour de l'axe commun. Le support se fixe sur une planche, au moyen de deux vis de pression EE ; quant à l'indicateur, on peut le fixer au moyen d'une chaîne, que l'on fait passer dans le trou c.

Il convient d'avoir trois de ces rondelles.

Pour opérer, il faut commencer par s'éloigner assez des objets qui agissent sur l'aiguille aimantée, afin de pouvoir déterminer, par son moyen, la direction d'une première station soit à l'entrée des travaux, soit en dehors. On tend la chaîne, que l'on attache d'un bout au point de départ, et de l'autre à l'indicateur d'une première rondelle fixée convenablement ; on fait tourner la rondelle, jusqu'à ce que l'indicateur marque sur le limbe le même nombre de degrés que marquait l'aiguille de la boussole, et on l'arrête là par une vis de pression, afin que la plaque ne puisse plus tourner sur le support. Après avoir fait les observations ordinaires, on les porte sur les colonnes du calepin, et l'on procède à la seconde station, mais on supprime alors complètement la boussole.

Laissant la première rondelle à la place qu'elle occupait quand on l'a mise en communication avec la boussole, on place la seconde rondelle au point où doit aboutir la station suivante. On détache l'extrémité de la chaîne qui était fixée au point de départ, et on va la fixer à l'indicateur de la deuxième rondelle, et comme l'indicateur de la première a suivi la chaîne dans son mouvement autour du centre, la chaîne se trouve ainsi tendue, de l'extrémité d'un indicateur à l'extrémité de l'autre. Que l'on observe maintenant le degré marqué par la première rondelle, et ce sera évidemment le même que l'aiguille de la boussole eût indiqué pour la direction de la deuxième station, puisqu'on n'a pas dérangé l'appareil; on fait tourner la deuxième rondelle, jusqu'à ce que son indicateur marque ce même degré, et on l'arrête; on fait ensuite les observations, et l'on continue ainsi dans toute l'étendue des travaux. On peut ensuite rapporter les opérations sur le papier, soit à l'aide de la boussole, soit à l'aide d'un rapporteur circulaire et gradué comme les rondelles.

Au lieu de rondelles graduées, on emploie très souvent des planchettes garnies d'une feuille de papier, sur laquelle on trace par des lignes, au lieu de l'exprimer par des nombres, l'angle que forment les projections horizontales de deux stations consécutives. Il est facile de transporter ce même angle sur le plan.

Quelquefois on emploie la chaîne et le cercle gradué, et voici comment on opère :

Supposons deux chaînes consécutives se réunissant en un point (A), on formera un angle qu'on évitera de faire très obtus, et supposons que l'une des chaînes soit déjà orientée; à partir du sommet de l'angle, on mesure sur chacune des chaînes une même longueur a; par les deux points ainsi déterminés, on se figure une ligne droite b, dont on mesure la longueur le plus exactement possible; il faut ensuite mesurer la longueur et l'inclinaison de chacune des chaînes. La ligne droite b est inclinée, à moins que les deux chaînes ne soient horizontales, auquel cas l'opération est très simple. Supposons les chaines inclinées à l'égard de chacune d'elles, le triangle rectangle qui est formé par la longueur de la chaîne, considérée comme hypothénuse, par sa projection verticale et par sa projection horizontale, est semblable à celui qui est formé par a et par les deux projections de a; il est donc facile, au moyen du cercle gradué, de déterminer celles-ci à droite et à gauche de l'angle formé par les deux chaînes. On porte les longueurs de ces projections sur le calepin: il en résulte qu'on trouve facilement, de combien l'extrémité de chacune des portions de ligne a est au-dessus ou au-dessous d'un même plan horizontal passant par l'angle des deux chaînes, et par conséquent de combien l'une des extrémités de la ligne b est au-dessus ou au-dessous de l'autre extrémité; soit c cette hauteur connue, c'est-à-dire la projection verticale de la ligne b, et soit d la projection horizontale de cette ligne; il ne s'agit que de résoudre un triangle rectangle dont on connaît l'hypothénuse b, et un coté de l'angle droit c on a donc

$$b^2 = c^2 + d^2 \quad \text{d'où} \quad d = \sqrt{b^2 - c^2}$$

$$\text{et log. } d = \frac{\log. (b + c) + \log. (b - c)}{2}$$

Après avoir porté le résultat sur le tableau, on tracera le plan des opérations ainsi qu'il suit :

Soit la première chaîne, rapportée sur le papier par le moyen de la projection horizontale connue, et soit le point correspondant de la ligne droite b, marqué sur cette projection en p; du point p, avec une ouverture de compas égale, d'après l'échelle adoptée, à la ligne déterminée d, on décrit un arc de cercle indéfini; de l'extrémité de la chaîne déjà projetée, et avec une ouverture de compas égale à la projection horizontale de la portion a, considérée sur la deuxième chaîne, on décrira un autre arc de cercle qui coupe le premier : par le point d'intersection des deux arcs, et par le point A menons une ligne dont la longueur soit celle qu'indique le calepin pour la projection horizontale de la deuxième chaîne; il est évident que, par cette ligne, la deuxième station est projetée suivant sa véritable direction.

Pour projeter une troisième station, il faudra opérer sur l'extrémité de cette ligne comme nous l'avons fait à l'égard de la précédente; c'est ainsi que toutes les lignes du plan se trouvent déterminées, mais cette méthode est sujette à de grandes erreurs.

On pourrait se servir aussi du graphomètre souterrain, dont on trouvera la description au Journal des Mines, n° 84.

Les travaux des mines offrent un grand nombre de problèmes de géométrie souterraine à résoudre; on peut consulter à cet égard l'ouvrage de M. Duhamel.

On trouvera plus loin, des tables de sinus très commodes, qui sont dues à M. de la Chabeaussière, et au moyen desquelles on peut obtenir facilement la résolution des triangles, sans passer par tous les calculs habituels.

~~~~~~

CHAPITRE XXI.

—

CLASSIFICATION ET COMPOSITION DE LA HOUILLE.

Nous avons parlé, dans un des premiers chapitres de ce volume, de l'origine et de la disposition de la houille dans le sein de la terre ; il nous reste , pour compléter ce que nous avons à dire sur ce précieux combustible , à donner la classification et l'analyse des différentes espèces dans lesquelles il se divise.

Les minéralogistes distinguent six espèces de houilles : 1° les houilles compactes ; 2° les houilles schisteuses ; 3° les houilles piciformes ; 4° les houilles lamelleuses ; 5° les houilles esquilleuses ; 6° les houilles grossières.

La plupart des savans anglais divisent la houille en quatre groupes , établis d'après les propriétés générales : 1° houilles compactes (*cannel coal*) ; 2° houilles molles (*cherry coal*) ; 3° houilles collantes (*caking coal*) ; 4° houilles esquilleuses (*splint coal*).

La houille compacte est d'un noir tirant sur le gris foncé ; sa cassure est conchoïde. Elle offre une grande dureté, et , lorsqu'elle est pure , elle est susceptible de recevoir un si beau poli , qu'on peut la travailler comme le jais. Son nom anglais *cannel* vient de ce qu'elle prend feu à la flamme d'une chandelle , et brûle en répandant une flamme très vive. Sa pesanteur spécifique est de 1,272.

La houille molle est d'un noir de velours , avec une légère teinte de gris, tantôt éclatante et tantôt brillante ; elle est très fragile. Sa cassure est conchoïde et très éclatante ; sa pesanteur spécifique est de 1,265. Elle s'embrase facilement , brûle avec flamme et se consume promptement. Elle produit une chaleur très forte, mais elle ne se ramollit pas comme la houille collante ; on peut cependant l'employer pour fondre les minerais de fer.

La houille collante est d'un noir de velours tirant, sur le gris foncé ; elle a le brillant de la résine ; elle présente souvent des couleurs irisées ; sa cassure principale est presque droite et généralement schisteuse ; sa cassure en travers est conchoïde ; ses fragmens ont une forme à peu près cubique. Lorsqu'on chauffe cette houille, elle se brise en petits morceaux ; puis ceux-ci se fondent, s'agglutinent, et brûlent avec une flamme jaunâtre très vive, et en produisant une très grande chaleur. La combustion dure long-tems, et il est nécessaire de l'activer en brisant la houille.

La houille esquilleuse est d'un noir brun ; elle a le brillant de la résine ; sa cassure principale est feuilletée, sa cassure en travers est grenue et esquilleuse. Cette houille a une pesanteur spécifique de 1,29. Elle exige une température élevée pour entrer en combustion, aussi ne peut-on l'employer qu'en grandes masses ; elle brûle lentement, avec flamme, et produit une très forte chaleur.

Les Belges ont quatre espèces de houille : la houille grasse, la houille maigre, les charbons forts et les charbons faibles. La houille grasse colle et donne plus de chaleur que la houille maigre. Les charbons forts sont excellens quand on veut un feu violent; ils attaquent avec égalité le fer dans toutes ses parties, et le mettent en état de recevoir toutes les formes par le forgeage.

Les houilles anglaises peuvent se diviser en trois variétés, d'après la quantité de bitume qu'elles contiennent.

La première variété comprend les houilles très bitumineuses ; elles donnent beaucoup de lumière et une flamme blanche et brillante. Elles ne se collent pas, et n'exigent pas d'être soulevées : elles ne produisent pas un vrai coke, et donnent un résidu de cendres plus ou moins blanches. Elles sont sujettes à pétiller au feu, et à lancer des esquilles. A cette classe se rapporte le cannel coal et le splint coal des Ecossais: ce dernier est inférieur au cannel. Le flénu de Mons se rapproche du cannel coal.

La seconde variété comprend les houilles moins bitumineuses, mais contenant plus de charbon vrai; elles donnent une flamme qui n'est pas si brillante, mais qui est plus jaunâtre ; elles s'agglutinent, et il se forme à la surface des intervalles d'où jaillissent des jets de flamme. Quand on fait brûler cette houille sur une grille ouverte, il se forme une voûte, et si on ne la brisait pas, le feu s'éteindrait. Ces houilles contiennent moins de cendres que les premières, mais elles sont plus colorées et varient du gris au rouge. Souvent les substances accompagnant ces houilles, laissent une espèce de coke qui s'éteint facilement, mais donne une forte chaleur lorsqu'il est enflammé. Les houilles dites strong burning coals, se rattachent à cette variété. Les maréchaux utilisent les moindres fragmens de cette espèce de houille, et les escarbilles sont vendues sous le nom de cinders. Les houilles de Swansea dépendent de cette classe. Malheureusement plusieurs variétés de ces houilles contiennent des pyrites ou fragmens de coquillages. Le mélange de cette houille avec la houille de la première classe, donne un excellent combustible.

La troisième variété comprend les houilles qui ne contiennent qu'une très petite quantité de bitume. Elles sont composées de charbon intimement combiné avec différentes terres et oxides métalliques. Elles exigent, pour brûler, une température plus ou moins forte, mais toujours assez élevée. Elles sont très riches en charbon, et lorsqu'on les amène à l'incandescence, elles émettent une grande chaleur, et ne laissent qu'un très faible résidu incombustible. Tels sont les charbons de Kilkenny, presque toutes les houilles du pays de Galles et les houilles dites stone coals.

A Birmingham, on brûle un charbon nommé flew-coal, et qui est plus cher que la houille ordinaire. Il suffit d'un papier pour l'enflammer. Il donne une flamme blanche et claire, un feu ardent presque sans odeur, une cendre blanche, légère comme celle du bois. La mine d'où on le tire est située à Weddbroggy près Warsall, dans le Staffordshire.

Dans le Glamorganshire, on brûle un charbon fort léger, d'un tissu composé de filets capillaires disposés par paquets capillaires, qui paraissent arrangés de manière à représenter, dans beaucoup de parties, des feuillets assez étendus, très lisses et très polis. Il brûle facilement et fait un feu vif, ardent et apre. Ce charbon, dit culm, est d'un très grand usage en Cornouailles, particulièrement pour la fonte des métaux.

Les houilles de Rive-de-Gier se divisent en trois qualités principales :

1° Les houilles maréchales, qui sont excellentes pour la forge et donnent un coke très boursoufflé. La houille de la Grand-Croix est celle qui possède ces propriétés au plus haut degré.

2° Les houilles dures à la forge; telle est la houille du puits Henry.

3° Les houilles à longue flamme. Elles sont moins propres à la forge, mais très recherchées pour la grille et le chauffage domestique; elles ressemblent beaucoup, par leurs propriétés, au flénu de Mons, à côté duquel elles se rangent par leur composition. La houille de Couzon et des Combes appartient à cette classe.

Karsten classe les houilles d'après la nature du coke qu'elles donnent à la distillation; il en distingue trois sortes : 1° les houilles à coke boursoufflé; 2° les houilles à coke fritté; 3° les houilles à coke pulvérulent. Les houilles grasses constituent les deux premières sortes, et les houilles maigres la troisième.

M. Regnault divise les houilles du département de la Loire, en quatre classes, d'après leur application aux arts.

1° Les houilles grasses et fortes ou dures. Elles donnent un coke métalloïde boursoufflé, moins gonflé et plus lourd que celui des houilles maréchales. Elles sont les plus estimées pour les opérations métallurgiques qui demandent un feu vif soutenu, et elles donnent le meilleur coke pour les hauts fourneaux; elles diffèrent des houilles maréchales, en ce qu'elles contiennent une plus grande quantité de carbone; leur poussière est d'un noir brun.

2° Les houilles grasses ou maréchales. Elles donnent un coke métalloïde très boursoufflé, et sont les plus estimées pour la forge; elles sont d'un beau noir et présentent un éclat gras; leur poussière est brune. Elles sont souvent fragiles, et se divisent en fragmens rectangulaires. La houille de la Grand-

Croix et le caking-coal de Newcastle dépendent de cette espèce.

3° Les houilles grasses à longue flamme. Elles donnent un coke métalloïde boursoufflé, mais moins que celui des houilles maréchales ; elles sont très recherchées pour la grille, quand il faut donner un coup de feu vif, comme dans le puddlage ; elles conviennent pour le chauffage domestique, et sont préférées pour le gaz ; elles donnent souvent un très bon coke pour le haut fourneau, mais toujours en très petite quantité. Le flénu de Mons et le cannel coal du Lancashire appartiennent à cette classe.

4° Les houilles sèches à longue flamme : elles donnent un coke métalloïde à peine fritté ; elles sont divisées en petits fragmens, et n'ont qu'une faible adhérence ; elles sont bonnes pour la chaudière ; elles brûlent avec une longue flamme passant rapidement ; leur chaleur n'est pas si intense que celle des houilles de la classe précédente.

La houille est souvent altérée par la présence de certaines substances qui lui sont associées ; il est très rare de la rencontrer dans un état de pureté parfaite.

L'argile ou la matière schisteuse qui forme le mur et le toit des couches, est la substance qui se trouve le plus communément unie à la houille, à laquelle elle communique une grande dureté et tenacité, lorsqu'elle est en proportion considérable.

La pyrite se rencontre aussi très fréquemment dans la houille ; elle nuit beaucoup à sa qualité. Cette pyrite (sulfure de fer), en se décomposant et se transformant en sulfate par le contact de l'air humide, fait tomber la houille en menus débris ou en poussière. La décomposition pouvant avoir lieu avec une élévation de température fort considérable, il en résulte souvent que la houille s'enflamme, soit dans les magasins, soit dans les mines où elle est entassée ; on voit souvent des incendies se manifester par cette cause. Les houilles pyriteuses ne peuvent servir qu'à un petit nombre d'usages.

Le carbonate de chaux se trouve aussi mêlé avec les houilles comme l'argile, mais cela est rare ; il s'y rencontre assez fréquemment en parties séparées cristallines, ou en minces feuillets disposés entre les lames.

Le fer carbonaté accompagne aussi les houilles de toutes les formations; mais il ne s'est jamais présenté en mélange intime avec la matière combustible, comme l'argile et le carbonate de chaux.

Enfin on trouve quelquefois, dans les houilles de la galène, de la blende, du cinabre, du sulfate de chaux, du sulfate de baryte, du phosphate de chaux, et de l'oxide de titane en cristaux rouges, petits, transparens, mais parfaitement formés.

La composition de la houille a été déterminée par un grand nombre de chimistes dont nous allons donner les résultats.

Résultats de M. Karsten.

		DENSITÉ.	CARBONE.	HYDROGÈNE.	OXIGÈNE.	CENDRES.
Houille compacte	Kilkenny.	1.165	74.47	3.42	19.61	0.50
Houille intermédiaire entre la houille lamelleuse et la houille piciforme.	Newcastle.	1.256	84.26	3.20	11.60	0.86
Houille lamelleuse.	Eshweiler.	1.300	89.10	3.20	6.45	1.18

Résultats de M. Richardson.

		DENSITÉ.	CARBONE.	HYDROGÈNE.	OXIGÈNE.	CENDRES
Splint coal.	Wylam.	1.302	74.82	6.18	5.08	13.91
Splint coal.	Glasgow	1.307	82.92	5.49	10.45	1.12
Cannel coal.	Lancashire	1.319	83.75	5.66	8.03	2.54
Cannel coal.	Edinburgh.	1.318	67.50	5.40	12.43	14.50
Cherry coal.	Newcastle,	1.266	48.84	5.04	8.43	1.6
Cherry coal.	Glasgow.	1.268	81.20	5.45	11.92	1.42
Caking coal.	Newcastle.	1.280	87.95	5.23	5.41	1.30
Caking coal.	Durham.	1.274	83.27	5.17	9.03	2.51

Résultats de M. Hushelt.

		DEN-SITÈ.	CAR-BONE	MATIÈRES volatiles.	CENDRES.
Stone coal.	Pays de Galles.	1.368	0.807	0.080	0.063
Houille schisteuse.	Pays de Galles.	1.400	0.841	0.091	0.067
Cannel coal.	Derbyshire.	1.278	0.843	0.470	0.046
Houille.	Kilkenny.	1.602	0.928	0.042	0.028
Houille schisteuse.	Kilkenny.	1.445	0.804	0.130	0.060
Cannel coal.	Ecosse.		0.394	0.565	0.040
Houile d'Irlande. {	Boulavoonen.	1.436	0.829	0.138	0.032
	Corgie	1.403	0.875	0.091	0.034
	Comté de la Reine.	1.403	0.657	0.103	0.030

Résultats de M. Regnault.

		DEN-SITÈ.	CAR-BONE.	HYDRO-GÈNE.	OXIGÈNE.	CENDRES.
Houille dure.	Alais.	1.322	89.27	4.85	4.47	1.41
Flénu.	Mons.	1.276	84.67	5.29	7.94	2.10
Flénu, 2e variété.	Mons.	1.292	83.87	5.42	7.03	3.68
Houille schisteuse.	Epinac.	1.353	81.12	5.10	11.25	2.53
Houille, 1re qualité.	Blanzy.	1.362	76.48	5.23	16.01	2.28
Cannel coal.	Wigan.	1.317	84.07	5.71	7.82	2.40
Cannel coal.	Commentry.	1.319	82.72	5.29	11.75	0.24
Houille maréchale	Grand-Croix..	1.298	87.45	5.14	5.63	1.78
Raffaud.	Grand-Croix.	1.302	87.79	4.86	5.91	1.44
Houille des bâtardes.	Puits-Henry.	1.315	87.85	4.90	4.29	2.96
Houille de la bourrue.	Combes.	1.288	82.04	5.27	9.12	3.57
Houille de 2e bâtarde.	Combes.	1.294	84.83	5.67	6.57	2.99
Houille des bâtardes.	Couzon.	1.298	82.58	5.59	9.11	2.72
H. de la grande masse.	Couzon.	1.311	81.71	4.99	7.98	5.32

Résultats divers.

		DENSITÉ.	CHARBON.	CENDRES.	MATIÈRES volatiles.
H. grasse schisteuse.	Bourg-Lastic.	0.090	0.771	0.058	0.171
Houille grasse.	Anzin.	1.284	0.715	0.035	0 250
Houille grasse.	Fondary.		0.715	0.072	0.213
H. grasse friable.	S.-Georges.		0.656	0.134	0.210
H. gr. peu schisteuse.	Creuzot.	1.179	0.654	0.034	0.312
H. grasse excellente,	Fins.		0.647	0.057	0.296
H. grasse pyriteuse.	Decize.	1.285	0.611	0.089	0.300
H. grasse.	Commentry.		0.600	0.060	0.340
H. grasse.	Balayre.		0.585	0.031	0.384
H. grasse.	Lasalle.		0.506	0.070	0.424
H. grasse schisteuse.	Durban.		0.490	0.175	0.335
H. gr. presque compacte.	Carmeaux.		0.715	0.035	0.250
H. grasse.	Alais		0.680	0.104	0.216
H. grasse compacte.	Rive de Gier.	1.280	0.665	0.020	0.315
H. grasse.	Besseges		0.605	0.103	0.293
H. grasse.	Ronchamps.		0.570	0.070	0.360
H. grasse un peu pyriteuse.	Saint-Etienne.		0.540	0.140	0.320
H. gr. schisteuse.	Epinac.		0.515	0.120	0.265
Jayet.	Bellestat		0.242	0.035	0.723
Houille sèche très carbonée.	Bourg-Lastic.		0.780	0.055	0.165
	Durham		0.820	0.050	0.130
H. sèche peu carbonée	Tuchan.		0.560	0.200	0.240
H. sèche peu carbonée	Lardin.		0.608	0.062	0.330
H. sèc. très pyriteuse	Blanzy.	1.280	0.543	0.061	0.396
H. sèche pyriteuse.	Salins.		0.500	0.130	0.370

CHAPITRE XXII.

———

LÉGISLATION DES MINES.

(*Loi du* 21 *avril* 1810.)

TITRE PREMIER.

DES MINES, MINIÈRES ET CARRIÈRES.

Art. 1. Les masses de substances minérales ou fossiles, renfermées dans le sein de la terre, ou existantes à la surface, sont classées relativement aux règles de l'exploitation de chacune d'elles, sous les trois qualifications de mines, minières et carrières.

2. Seront considérées comme mines, celles connues pour contenir en filons, en couches ou en amas, de l'or, de l'argent, du platine, du mercure, du plomb, du fer en filons ou couches, du cuivre, de l'étain, du zinc, de la calamine, du bismuth, du cobalt, de l'arsénic, du manganèse, de l'antimoine, du molybdène, de la plombagine ou autres matières métalliques; du soufre, du charbon de terre ou de pierre, du bois fossile, des bitumes, de l'alun et des sulfates à base métallique.

3. Les minières comprennent les minerais de fer dits d'alluvion, les terres pyriteuses propres à être converties en sulfate de fer, les terres alumineuses et les tourbes.

4. Les carrières renferment les ardoises, les grès, pierres à bâtir et autres, les marbres, granits, pierres à chaux, pierres à plâtre, les pouzzolanes, le trass, les basaltes, les laves, les marnes, craies, sables, pierres à fusil, argiles, kaolin, terres à foulon, terres à poterie; les substances terreuses et les cailloux de toute nature, les terres pyriteuses regardées comme engrais; le tout exploité à ciel ouvert ou avec des galeries souterraines.

TITRE II.

DE LA PROPRIÉTÉ DES MINES.

5. Les mines ne peuvent être exploitées qu'en vertu d'un acte de concession délibéré en conseil d'état.

6. Cet acte règle les droits du propriétaire de la surface sur le produit des mines concédées.

7. Il donne la propriété perpétuelle de la mine, laquelle est dès lors disponible et transmissible, comme tous autres biens, et dont on ne peut être exproprié que dans les cas et selon les formes prescrites pour les autres propriétés, conformément au code civil et au code de procédure civile. Toutefois, une mine ne peut être vendue par lots et partagée, sans une autorisation préalable du Gouvernement, donnée dans les mêmes formes que la concession.

8. Les mines sont immeubles.

Sont aussi immeubles les bâtimens, machines, puits, galeries et autres travaux établis à demeure, conformément à l'article 524 du code; sont aussi immeubles par destination, les chevaux, agrès, outils et ustensiles servant à l'exploitation.

Ne sont considérés comme chevaux attachés à l'exploita-

(7) Le principe *n'est associé qui ne veut*, et cet autre principe *nul n'est tenu de rester dans l'indivision*, ne sont pas applicables aux sociétés pour concession : l'article 7 de la loi du 21 avril 1810 portant que la propriété d'une mine ne peut être vendue par lot et partagée sans autorisation, semble vouloir que la dissolution comme la formation de telles sociétés, n'ait lieu qu'avec autorisation du Gouvernement. Ainsi, pour peu que le contrat de la société formée à cet égard exclue l'idée de dissolution volontaire, l'arrêt qui l'aura prohibé doit être à l'abri de la cassation. — Cassation, 7 juin 1830. Sirey xxx, 1, 205.

L'article 7 de la loi de 1810 ne fait pas obstacle à ce que les concessionnaires règlent entr'eux le mode de jouissance individuelle de la mine concédée : par exemple à ce qu'ils divisent l'exploitation et conviennent que cette exploitation sera, pour chacun d'eux, restreinte à la partie de mine qui se trouvera sous l'étendue de sa propriété. — Cassation, 4 juillet 1833. Sirey, xxxiii, 1. 757.

Le droit de concourir à l'exploitation d'une mine et à son administration appartient à tous les copropriétaires de la mine, même à ceux qui ne sont que cessionnaires de l'un des titulaires primitifs de la concession, quelle que soit d'ailleurs leur part d'intérêts. — Cassation, 15 avril 1834. Sirey, xxxiv, 1, 650. Bulletin civil, xxxvi, 77.

(8) La vente de ces actions ou intérêts entraîne, comme celle des meubles, un droit d'enregistrement de deux pour cent. — Cassation, 7 avril 1824. Sirey, xxv, 1, 7.

tion, que ceux qui sont exclusivement attachés aux travaux intérieurs des mines.

Néanmoins, les actions ou intérêts dans une société ou entreprise pour l'exploitation des mines, seront réputés meubles, conformément à l'article 529 du code.

9. Sont meubles, les matières extraites, les approvisionnemens et autres objets mobiliers.

TITRE III.

DES ACTES QUI PRÉCÈDENT LA DEMANDE EN CONCESSION.

Section Iʳᵉ. *De la recherche et de la découverte des mines.*

10. Nul ne peut faire des recherches pour découvrir des mines, enfoncer des sondes ou tarières sur un terrain qui ne lui appartient pas, que du consentement du propriétaire de de la surface, ou avec l'autorisation du Gouvernement, donnée après avoir consulté l'administration des mines, à la charge d'une préalable indemnité envers le propriétaire, et après qu'il aura été entendu.

11. Nulle permission de recherches, ni concession de mines ne pourra, sans le consentement formel du propriétaire de la surface, donner le droit de faire des sondes, ou d'ouvrir des puits ou galeries, ni celui d'établir des machines ou magasins dans les enclos murés, cours ou jardins, ni dans les terrains attenant aux habitations ou clôtures murées, dans la distance de cent mètres desdites clôtures ou habitations.

12. Le propriétaire pourra faire des recherches, sans formalité préalable, dans les lieux réservés par le précédent article, comme dans les autres parties de sa propriété ; mais il sera obligé d'obtenir une concession avant d'y établir une exploitation. Dans aucun cas, les recherches ne pourront être autorisées dans un terrain déjà concédé.

(10) La prohibition portée par cet article, est applicable non-seulement au cas de recherches de mines, mais encore au cas d'exploitation de mines concédées ; elle peut être invoquée non-seulement par le propriétaire du fonds où le puits est ouvert, mais encore par tous les autres propriétaires de maisons et enclos du voisinage. — Cassation, 21 avril 1823. Sirey, XXIII, 1, 390. Bulletin civil, xxv, 170.
Mais les voisins ne sont pas fondés à réclamer l'application du présent article, lorsqu'il s'agit d'une ancienne exploitation. — Arrêt du Conseil, 18 juillet 1827. Macarel, IX, 397.

Section II. *De la préférence à accorder pour les concessions.*

13. Tout Français ou tout étranger, naturalisé ou non en France, agissant isolément ou en société, a le droit de demander, et peut obtenir, s'il y a lieu, une concession de mines.

14. L'individu ou la société doit justifier des facultés nécessaires pour entreprendre et conduire les travaux, et des moyens de satisfaire aux redevances, indemnités qui lui seront imposées par l'acte de concession.

15. Il doit aussi, le cas arrivant de travaux à faire sous des maisons ou lieux d'habitation, sous d'autres exploitations, ou dans leur voisinage immédiat, donner caution de payer toute indemnité, en cas d'accident : les demandes en opposition des intéressés seront, en ce cas, portées devant nos tribunaux et cours.

16. Le Gouvernement juge des motifs ou considérations d'après lesquels la préférence doit être accordée aux divers demandeurs en concession, qu'ils soient propriétaires de la surface, inventeurs ou autres.

En cas que l'inventeur n'obtienne pas la concession d'une mine, il aurait droit à une indemnité de la part du concessionnaire ; elle sera réglée par l'acte de concession.

17. L'acte de concession, fait après l'accomplissement des formalités prescrites, purge, en faveur du concessionnaire, tous les droits des propriétaires de la surface et des inventeurs, ou de leurs ayant-droit, chacun dans leur ordre, après qu'ils auront été entendus ou appelés légalement, ainsi qu'il sera réglé ci-après.

18. La valeur des droits résultant en faveur du propriétaire de la surface, en vertu de l'article 6 de la présente loi, demeurera réunie à la valeur de ladite surface, et sera affectée

---

(15) Les questions d'indemnités dues aux propriétaires de fonds par les concessionnaires de mines, à raison des travaux faits, sont de la compétence des tribunaux, du moins quand il s'agit de travaux postérieurs à la concession et relatifs à l'exploitation des mines. — Cassation, arrêt précité du 21 avril 1823. Sirey, xxiii, 1, 390. Bulletin civil, xxv, 170. (Voyez encore les notes sur l'article 46 ci-après.)

avec elle aux hypothèques prises par les créanciers du propriétaire.

19. Du moment où une mine sera concédée, même au propriétaire de la surface, cette propriété sera distinguée de celle de la surface, et désormais considérée comme propriété nouvelle, sur laquelle de nouvelles hypothèques pourront être assises, sans préjudice de celles qui auraient été ou seraient prises sur la surface, et la redevance comme il est dit à l'article précédent.

Si la concession est faite au propriétaire de la surface, ladite redevance sera évaluée pour l'exécution dudit article.

20. Une mine concédée pourra être affectée, par privilége, en faveur de ceux qui, par acte public et sans fraude, justifieraient avoir fourni des fonds pour les recherches de la mine, ainsi que pour les travaux de construction ou confection de machines nécessaires à son exploitation, à la charge de se conformer aux articles 2103 et autres du code, relatifs aux priviléges.

21. Les autres droits de privilége et d'hypothèque pourront être acquis sur la propriété de la mine ; aux termes et en conformité du code, comme sur les autres propriétés immobilières.

TITRE IV.

DES CONCESSIONS.

Section Ire. *De l'obtention des concessions.*

22. La demande en concession sera faite par voie de simple pétition, adressée au préfet, qui sera tenu de la faire enregistrer à sa date, sur un registre particulier, et d'ordonner les publications et affiches dans les dix jours.

25. Les affiches auront lieu pendant quatre mois, dans le chef-lieu du département, dans celui de l'arrondissement où la mine est située, dans le lieu du domicile du demandeur, et dans toutes les communes dans le territoire desquels la con-

---

(20) Une décision ministérielle qui a dispensé le concessionnaire d'une mine de faire l'avance des dettes auxquelles il s'était obligé par l'acte de concession, ne peut porter atteinte aux droits des créanciers résultant de l'acte de concession même. — Arrêt du Conseil, 3 décembre 1823. Macarel, v, 816.

cession peut s'étendre. Elles seront insérées dans les journaux de département.

24. Les publications des demandes en concession de mine, auront lieu devant la porte de la maison commune et des églises paroissiales et consistoriales, à la diligence des maires, à l'issue de l'office un jour de dimanche, et au moins une fois par mois, pendant la durée des affiches. Les maires seront tenus de certifier ces publications.

25. Le secrétaire-général de la préfecture délivrera au requérant un extrait certifié de l'enregistrement de la demande en concession.

26. Les demandes en concurrence et les oppositions qui y seront formées, seront admises devant le préfet jusqu'au dernier jour du quatrième mois, à compter de la date de l'affiche. Elles seront notifiées, par acte extra-judiciaire, à la préfecture du département, où elles seront enregistrées sur le registre indiqué à l'article 22. Les oppositions seront notifiées aux parties intéressées, et le registre sera ouvert à tous ceux qui en demanderont communication.

27. A l'expiration du délai des affiches et publications, et sur la preuve de l'accomplissement des formalités portées aux articles précédens, dans le mois qui suivra au plus tard, le préfet du département, sur l'avis de l'ingénieur des mines, et après avoir pris des informations sur les droits et les facultés des demandeurs, donnera son avis, et le transmettra au ministre de l'intérieur.

28. Il sera définitivement statué sur la concession, par un décret délibéré en conseil d'état.

(28) Les parties qui se croient lésées par une ordonnance portant concession d'une mine, ne peuvent attaquer cette ordonnance par opposition ni par la voie contentieuse. — Arrêt du Conseil, 21 mars 1821.
Encore que le réclamant soutienne que la concession embrasse, par erreur, des mines qui sont sa propriété, le réclamant doit s'adresser directement au Roi, en la forme prescrite par l'article 40 du réglement du 22 juillet 1806, par la voie et sur le rapport du ministre qui a fait rendre l'ordonnance dont il se plaint. — Arrêt du Conseil du 26 août 1818. Sirey, xx, 1, 77, et Sirey, Jurisprudence du Conseil, iv, 440, et 23 août 1820. Sirey, xxi, 2, 25.
Les tribunaux sont incompétens pour examiner si l'ordonnance de concession d'une mine a été précédée ou non des formalités préalables prescrites par la loi du 21 avril 1810 ; c'est là une question purement administrative, sur laquelle il n'appartient qu'à l'administration de prononcer. Les tribu-

Jusqu'à l'émission du décret, toute opposition sera admis-

naux ne peuvent donc, sous prétexte que les formalités voulues n'ont pas été observées, décider que la concession est sans effet à l'égard de quelques-uns des propriétaires de la surface des terrains compris dans la concession. — Cassation, 28 janvier 1833. Sirey, xxxiii, 1, 223. Bulletin civil, xxxv, 11.

Les décisions ministérielles en matière de concession de mine, ne sont que des actes d'instruction administrative, qui ne peuvent être déférés au Conseil d'état par la voie contentieuse. — Arrêt du Conseil, 24 mai 1833.

Toute limitation de mine faite administrativement au préjudice des propriétaires d'une autre mine, ceux-ci non-entendus, est susceptible d'être querellée devant l'autorité administrative, peu importe qu'elle ait été faite par lignes droites, d'après les instructions ministérielles ; ces instructions ne s'entendent que des terrains à concéder, sans dommage pour les concessions déjà faites. — Arrêt du Conseil, 21 février 1814. Sirey, xiv, 2, 334.

Les contestations qui s'élèvent sur la propriété des mines acquises par concession ou autrement, doivent être jugées par les tribunaux. — Même arrêt.

Il en est de même des contestations relatives à la propriété de la surface des mines. — Arrêt du Conseil, 24 mai 1833. Macarel, 2e série, iii, 290.

Les tribunaux sont exclusivement compétens pour prononcer sur l'abandon ou l'aliénation d'une mine et sur les questions de propriété qui s'y rattachent. — Arrêt du Conseil, 3 décembre 1823. Macarel, v, 816.

Les anciens associés d'un concessionnaire de mines ne peuvent prétendre qu'ils sont compris sous le nom d'associés, dans une nouvelle concession faite à celui-ci, lorsque l'ordonnance royale de concession n'en désigne aucun nommément ; et s'ils ont des droits à faire valoir en vertu de titres privés, ils doivent les discuter devant les tribunaux. — Arrêt du Conseil, 11 février 1829. Macarel, xi, 43.

C'est à l'autorité administrative seule qu'il appartient soit d'autoriser les travaux nécessaires à l'exploitation des mines, soit de maintenir ou de supprimer les ouvrages faits sans autorisation ; en conséquence, les tribunaux ne sont pas compétens pour ordonner la destruction de chaussées pratiquées par les exploitans sur les terrains des propriétaires des fonds environnans. — Arrêt du Conseil, 11 août 1808. Syrey, xvi, 2, 389.

C'est à l'autorité administrative à constater les dégâts occasionés par l'exploitation des mines, et à l'autorité judiciaire, lorsque cette constatation a eu lieu, à prononcer sur les dommages-intérêts. — Liége, 25 mai 1813. Dalloz, collection alphabétique, x, 304.

L'autorité judiciaire est seule compétente pour statuer sur les demandes et oppositions des parties intéressées relativement aux travaux à faire sous les enclos murés, maisons ou lieux d'habitation. — Arrêt du Conseil, 5 avril 1826. Macarel, viii, 199.

Lorsque des concessionnaires de mines sont troublés dans leur exploitation par des travaux de construction d'une route en fer, la demande en indemnité contre la compagnie chargée des travaux de construction, est du ressort des tribunaux ; il en serait autrement si l'action des concessionnaires de mines tendait à contester à l'administration le droit de police sur les mines, qui lui appartient en vertu de l'article 5 de la loi du 21 avril 1810, ou à faire réformer et modifier les actes de l'autorité administrative relatifs soit à l'établissement même du chemin de fer, soit à l'exercice du droit de police dont il s'agit. — Arrêt du Conseil, 8 avril 1831. Macarel, 2e série, i, 141.

sible devant le Ministre de l'Intérieur ou le secrétaire-général du conseil d'état : dans ce dernier cas, elle aura lieu par une requête signée et présentée, par un avocat, au conseil, comme il est pratiqué pour les affaires contentieuses; et dans tous les cas, elle sera notifiée aux parties intéressées.

Si l'opposition est motivée sur la propriété de la mine acquise par concession ou autrement, les parties seront renvoyées devant les tribunaux et cours.

29. L'étendue de la concession sera déterminée par l'acte de concession : elle sera limitée par des points fixes pris à la surface du sol, et passant par des plans verticaux menés de cette surface dans l'intérieur de la terre, à une profondeur indéfinie; à moins que les circonstances et les localités ne nécessitent un autre mode de limitation.

30. Un plan régulier de la surface, en triple expédition, et sur une échelle de dix millimètres pour cent mètres, sera annexé à la demande. Ce plan devra être dressé ou vérifié par l'ingénieur des mines, et certifié par le préfet du département.

31. Plusieurs concessions pourront être réunies entre les mains du même concessionnaire, soit comme individu, soit comme représentant une compagnie; mais à la charge de tenir en activité l'exploitation de chaque concession.

Section II. *Des obligations des propriétaires de mines.*

32. L'exploitation des mines n'est pas considérée comme un commerce, et n'est pas sujette à patente.

(32) Une société ayant pour but l'exploitation d'une mine, est civile et non commerciale. — Cassation, 15 avril 1834. Sirey, xxxiv, 1, 650. Bulletin civil, xxxiv, 1, 77. Rennes, 13 juin 1833. Sirey, xxxiv, 2, 122. — Mais l'exploitation d'une mine sur un terrain dont on n'est pas propriétaire, lorsqu'elle a lieu sans concession préalable du Gouvernement, constitue un acte de commerce. — Montpellier, 28 août 1833. Sirey, xxxiv, 7, 557. — Décidé encore que l'exploitation d'une mine, lorsqu'elle a lieu au moyen d'une réunion d'actionnaires, doit être réputée *acte de commerce*, et que, par suite, les difficultés qui y sont relatives sont de la compétence des tribunaux de commerce. L'article 32 de la loi du 21 avril 1810, portant que l'exploitation des mines n'est pas considérée comme un commerce, doit s'entendre seulement des cas où l'exploitation a lieu sous la direction et pour le compte des concessionnaires. — Cassation, 30 avril 1828. Sirey, xxviii, 1, 418, et Bordeaux, 22 juin 1833. Sirey, xxxiii, 2, 547. — Décidé encore que l'exploitation d'une mine ne peut être considérée comme une opération de commerce, dans le sens de l'ar-

33. Les propriétaires de mines sont tenus de payer à l'État une redevance fixe, et une redevance proportionnée au produit de l'extraction.

34. La redevance sera annuelle et réglée d'après l'étendue de celle-ci : elle sera de dix francs par kilomètre carré. La redevance proportionnelle sera une contribution annuelle à laquelle les mines seront assujetties sur leurs produits.

35. La redevance proportionnelle sera réglée, chaque année, par le budget de l'État, comme les autres contributions publiques : toutefois elle ne pourra jamais s'élever au-dessus de cinq pour cent du produit net. Il pourra être fait un abonnement pour ceux des propriétaires de mines qui le demanderont.

36. Il sera imposé en sus un décime pour franc, lequel formera un fonds de non-valeur à la disposition du Ministre de l'Intérieur, pour dégrèvement en faveur des propriétaires de mines qui éprouveront des pertes ou accidens.

37. La redevance proportionnelle sera imposée et perçue comme la contribution foncière.

Les réclamations à fin de dégrèvement ou de rappel à l'é-

ticle 48 du Code de commerce, et par suite comme pouvant être l'objet d'une association ou participation; peu importe qu'une telle exploitation puisse avoir une durée sans terme : la loi n'ayant pas défini ce qu'elle entend par *opération*, ses dispositions ne doivent pas être restreintes aux simples actes dont l'exécution ne prendrait qu'un court espace de tems. — Même arrêt du 30 avril 1828. — Une société formée par actions (avant la loi du 21 avril 1810) pour exploiter des mines de houille, était une société anonyme et par conséquent une société commerciale ; en conséquence, les demandes formées contre une telle société, pour fournitures, constructions ou réparations nécessaires à son exploitation étaient de la compétence des tribunaux de commerce. — Bruxelles, 3 mars 1810. Sirey, VII. 2, 1206. — Mais sous la loi de 1810, une société formée entre non commerçans, pour l'extraction des produits d'une mine qui leur a été concédée, est essentiellement une société civile ; elle ne peut être réputée société commerciale anonyme, quand même elle userait de quelques procédés ordinaires aux sociétés anonymes. — Cassation, 7 février 1826. Sirey, XXVII, 1, 137.

(33) Les mines exploitées à ciel ouvert, et non sujettes à concesion, ne sont pas passibles de la taxe établie par cet article. — Arrêt du Conseil, 5 septembre 1821. Macarel, II, 359.

(37) Lorsque des concessionnaires de mines demandent une réduction de leur redevance, en réduisant leurs limites, le conseil de préfecture qui est appelé à prononcer sur la demande, doit se borner, sous peine d'excès de pouvoir, à statuer sur la demande, sans déterminer les limites de la concession. — Arrêt du Conseil, 5 décembre 1833. Macarel, 2e série, III, 682.

galité proportionnelle, seront jugées par les conseils de préfecture. Le dégrèvement sera de droit, quand l'exploitation justifiera que sa redevance excède cinq pour cent du produit net de son exploitation.

38. Le Gouvernement accordera, s'il y a lieu, pour les exploitations qu'il en jugera susceptibles, et par un article de l'acte de concession, ou par un décret spécial délibéré en conseil d'état, pour les mines déjà concédées, la remise en tout ou partie, du paiement de la redevance proportionnelle, pour le tems qui sera jugé convenable, et ce comme encouragement en raison de la difficulté des travaux : semblable remise pourra être aussi accordée comme dédommagement, en cas d'accident de force majeure, qui surviendrait pendant l'exploitation.

39. Le produit de la redevance fixe et de la redevance proportionnelle formera un fonds spécial, dont il sera tenu un compte particulier au trésor public, et qui sera appliqué aux dépenses de l'administration des mines, et à celles des recherches, ouvertures et mises en activité des mines nouvelles, ou rétablissement des mines anciennes.

40. Les anciennes redevances dues à l'État, soit en vertu des lois, ordonnances ou réglemens, soit d'après les conditions énoncées en l'acte de concession, soit d'après les baux et adjudications au profit de la régie du domaine, cesseront d'avoir cours, à compter du jour où les redevances nouvelles seront établies.

41. Ne sont point comprises dans l'abrogation des anciennes redevances, celles dues à titre de rentes, droits et prestations quelconques, pour cession de fonds et autres causes semblables, sans déroger toutefois à l'application des lois qui ont supprimé les droits féodaux.

42. Le droit attribué par l'article 6 de la présente loi aux propriétaires de la surface, sera réglé à une somme déterminée par l'acte de concession.

43. Les propriétaires de mines sont tenus de payer les in-

(43) Les concessionnaires, de même que les simples explorateurs, ne peuvent s'emparer des terrains sur lesquels ils veulent diriger leurs travaux ou recherches, qu'après avoir, au préalable, payé au propriétaire une juste indemnité. S'il arrive que les concessionnaires, violant ce principe, commencent leurs travaux avant de payer l'indemnité, alors le mou-

demnités dues au propriétaire de la surface, sur le terrain duquel ils établiront les travaux. Si les travaux entrepris par les explorateurs ou par les propriétaires de mines, ne sont que passagers, et si le sol où ils ont été faits peut être mis en culture au bout d'un an, comme il l'était auparavant, l'indemnité sera réglée au double de ce qu'aurait produit net le terrain endommagé.

44. Lorsque l'occupation des terrains, pour la recherche ou les travaux des mines, prive les propriétaires du sol de la jouissance du revenu au-delà du tems d'une année, ou lorsque, après les travaux, les terrains ne sont plus propres à la culture, on peut exiger des propriétaires des mines, l'acquisition des terrains à l'usage de l'exploitation. Si le propriétaire de la surface le requiert, les pièces de terre trop endommagées ou dégradées sur une trop grande partie de leur surface, devront être achetées en totalité par le propriétaire de la mine.

L'évaluation du prix sera faite, quant au mode, suivant les règles établies par la loi du 16 septembre 1807, sur le desséchement des marais, etc., titre XI ; mais le terrain à acquérir sera toujours estimé au double de la valeur qu'il avait avant l'exploitation de la mine.

45. Lorsque, par l'effet du voisinage ou pour toute autre cause, les travaux d'exploitation d'une mine occasionent des dommages à l'exploitation d'une autre mine, à raison des eaux qui pénètrent dans cette dernière en plus grande quantité ; lorsque, d'un autre côté, ces mêmes travaux produisent un effet contraire, et tendent à évacuer tout ou partie des eaux d'une autre mine, il y aura lieu à indemnité d'une mine en faveur de l'autre : le réglement s'en fera par experts.

46. Toutes les questions d'indemnités à payer par les pro-

___

tant des dommages-intérêts dus au propriétaire illégalement dépossédé, doit être réglé non plus d'après la loi du 21 avril 1810, mais d'après la loi commune, c'est-à-dire qu'il doit être indemnisé de tout le dommage souffert. La loi de 1810 sur les mines ne contient aucune dérogation au principe que nul ne peut être contraint de céder sa propriété sans une juste et préalable indemnité. — Bourges, 20 avril 1831. Sirey, XXXI, 2, 321.

(46) Les conseils de préfecture sont compétens pour régler l'indemnité due par un nouveau à un ancien concessionnaire de mines, et ils peuvent, pour parvenir à la fixation de cette indemnité, se rendre propre une expertise déjà faite devant l'autorité judiciaire. — Arrêt du Conseil, 27 avril 1835. Macarel, VII, 215. — Décidé encore que les conseils de préfecture sont compétens pour statuer sur toutes les questions d'indemnité à payer

priétaires de mines , à raison des recherches ou travaux antérieurs à l'acte de concession , seront décidées conformément
à l'article 4 de la loi du 28 pluviose an 8.

TITRE V.

DE L'EXERCICE DE LA SURVEILLANCE SUR LES MINES PAR L'ADMINISTRATION.

47. Les ingénieurs des mines exerceront , sous les ordres
du Ministre de l'Intérieur et des préfets , une surveillance de
police pour la conservation des édifices et la sûreté du sol.

48. Ils observeront la manière dont l'exploitation sera faite,
soit pour éclairer les propriétaires sur ses inconvéniens ou son
amélioration, soit pour avertir l'administration des vices ,
abus ou dangers qui s'y trouveraient.

49. Si l'exploitation est restreinte ou suspendue, de manière à inquiéter la sûreté publique ou les besoins des consommateurs , les préfets , après avoir entendu les propriétaires ,
en rendront compte au Ministre de l'Intérieur, pour y être
pourvu ainsi qu'il appartiendra.

50. Si l'exploitation compromet la sûreté publique, la

par les propriétaires de mines , à raison de recherches ou travaux antérieurs à l'acte de concession, que cette concession soit ou non antérieure
à la loi de 1810. — Arrêt du Conseil, 17 avril 1829. Macarel iv , 561.
— Un ancien concessionnaire de mines n'est pas fondé à réclamer le prix
de sa concession, lorsqu'il a été indemnisé par les concessionnaires. —
Arrêt du Conseil, 20 juillet 1822. Macarel, 2e série, 11, 404.

Hors le cas prévu par l'article 46 de la loi de 1810, la connaissance
des contestations relatives aux demandes en réglement des indemnités
dues par les concessionnaires de mines, appartient exclusivement aux
tribunaux. — Arrêt du Conseil, 11 août 1808. Sirey xvi , 2, 392. — La
connaissance des contraventions particulières relatives aux redevances à
payer aux propriétaires de la surface est essentiellement du ressort des
tribunaux. — Arrêt du Conseil, 5 avril 1826, Macarel, viii, 199.

(49) La déchéance d'un concessionnaire de mines n'est pas établie dans
l'intérêt des particuliers. Des propriétaires et anciens extracteurs ne sont
donc pas recevables à réclamer cette déchéance sur le motif que la
concession leur serait préjudiciable. — Arrêt du Conseil, 4 mars 1809.
Sirey, xvii, 2, 185.

Décidé encore que les propriétaires sont sans qualité pour demander à être
substitués au privilége accordé aux concessionnaires, sous prétexte que ceux-
ci en seraient déchus pour non exécution du décret de concession. Arrêt du
conseil , 11 août 1808. Sirey, xvi, 2, 392.

(50) Un arrêté du Préfet, relatif à la direction des travaux des mines, est
un acte administratif qui ne fait pas obstacle à ce que les questions d'intérêt
privé soient portées devant les tribunaux. — Arrêt du Conseil , 5 avril
1826. Macarel, viii, 199.

conservation des puits, la solidité des travaux, la sûreté des ouvriers mineurs ou des habitations de la surface, il y sera pourvu par le préfet, ainsi qu'il est pratiqué en matière de grande voirie, et selon les lois.

TITRE VI.

DES CONCESSIONS OU JOUISSANCES DES MINES ANTÉRIEURES A LA PRÉSENTE LOI.

Section Ire. *Des anciennes concessions en général.*

51. Les concessionnaires antérieurs à la présente loi deviendront, du jour de sa publication, propriétaires incommutables sans aucune formalité préalable d'affiches, vérifications de terrain, ou autres préliminaires, à la charge seulement d'exécuter, s'il y en a, les conventions faites avec les propriétaires de la surface, et sans que ceux-ci puissent se prévaloir des articles 6 et 42.

52. Les anciens concessionnaires seront, en conséquence, soumis au paiement des contributions, comme il est dit à la section II du titre IV, articles 33 et 34, à compter de l'année 1811.

Section II. *Des exploitations pour lesquelles on n'a pas exécuté la loi de 1791.*

53. Quant aux exploitans de mines qui n'ont pas exécuté la loi de 1791, et qui n'ont pas fait fixer, conformément à cette loi, les limites de leurs concessions, ils obtien-

---

(51) Le présent article ne peut s'appliquer aux héritiers du concessionnaire qui a cessé de l'être à la fin de la concession. — Arrêt du Conseil, 10 août 1825. Macarel, VII, 440. — Un ancien concessionnaire ne peut attaquer des concessions nouvelles créées par des décrets postérieurs à l'expiration du terme de sa concession, sous prétexte qu'on n'aurait pas prononcé sur sa demande en prorogation, Même arrêt. — Le propriétaire d'un terrain dans lequel se trouve une mine n'est pas recevable à demander la division de la concession antérieurement faite ; les anciens concessionnaires d'exploitations de mines, en exécution de la loi du 21 avril 1810, sont propriétaires incommutables en se conformant à ce que cette loi prescrit. — Arrêt du Conseil, 4 août 1811. Sirey, Jurisdiction du Conseil, 1, 517.

(53) Les droits des anciens exploitans à continuer leurs exploitations, sont réservés par l'article 53 de la loi de 1810, et le Ministre de l'Intérieur est compétent pour annuler un arrêté de Préfet qui aurait suspendu cette exploitation. — Arrêt du Conseil, 18 juillet 1829. Macarel, IX, 347.

dront les concessions de leurs exploitations actuelles, conformément à la présente loi ; à l'effet de quoi les limites de leurs concessions seront fixées sur leurs demandes ou à la diligence des préfets, à la charge seulement d'exécuter les conventions faites avec les propriétaires de la surface, et sans que ceux-ci puissent se prévaloir des articles 6 et 42 de la présente loi.

54. Ils paieront, en conséquence, les redevances comme il est dit à l'article 52.

55. En cas d'usages locaux ou d'anciennes lois, qui donneraient lieu à la décision de cas extraordinaires, les cas qui se présenteront seront décidés par les actes de concession, ou par les jugemens de nos cours et tribunaux, selon les droits résultant, pour les parties, des usages établis, des prescriptions également acquises, ou des conventions réciproques.

56. Les difficultés qui s'éleveraient entre l'administration et les exploitans, relativement à la limitation des mines, seront décidées par l'acte de concession. A l'égard des contestations qui auraient lieu entre des exploitans voisins, elles seront jugées par les tribunaux et cours.

TITRE VII.

RÉGLEMENT SUR LA PROPRIÉTÉ ET L'EXPLOITATION DES MINIÈRES, ET SUR L'ÉTABLISSEMENT DES FORGES, FOURNEAUX ET USINES.

Section Ire. *Des minières.*

57. L'exploitation des minières est assujettie à des règles spéciales. Elle ne peut avoir lieu sans permission.

58. La permission détermine les limites de l'exploitation, et les règles sous les rapports de sûreté et de salubrité publiques.

Section II. *De la propriété et de l'exploitation des minerais de fer d'alluvion.*

59. Le propriétaire du fonds sur lequel il y a du minerai de fer d'alluvion, est tenu d'exploiter en quantité suffisante

(56) En fait de concessions anciennes, et jusqu'à délimitation nouvelle desdites concessions, l'état provisoire doit être réglé par les titres des parties. — Arrêt du Conseil, 9 mars 1817. Sirey, Jurisdiction du Conseil, III, 530.

pour fournir, autant que faire se pourra, aux besoins des usines établies dans le voisinage avec autorisation légale : en ce cas, il ne sera assujetti qu'à en faire la déclaration au préfet du département ; elle contiendra la désignation des lieux. Le préfet donnera acte de cette déclaration, ce qui vaudra permission pour le propriétaire ; et l'exploitation aura lieu par lui sans autre formalité.

60. Si le propriétaire n'exploite pas, les maîtres de forges auront la faculté d'exploiter à sa place, à la charge, 1° d'en prévenir le propriétaire, qui, dans un mois, à compter de la notification, pourra déclarer qu'il entend exploiter lui-même ; 2° d'obtenir du préfet la permission, sur l'avis de l'ingénieur des mines, après avoir entendu le propriétaire.

61. Si, après l'expiration du délai d'un mois, le propriétaire ne déclare pas qu'il entend exploiter, il sera censé renoncer à l'exploitation ; le maître de forges pourra, après la permission obtenue, faire les fouilles immédiatement, dans les terres incultes et en jachère, et après la récolte, dans toutes les terres.

62. Lorsque le propriétaire n'exploitera pas en quantité suffisante, ou suspendra les travaux d'extraction pendant plus d'un mois, sans cause légitime, les maîtres de forges se pourvoiront auprès du préfet, pour obtenir la permission d'exploiter à sa place.

Si le maître de forges laisse écouler un mois sans faire usage de cette permission, elle sera regardée comme non avenue, et le propriétaire du terrain rentrera dans tous ses droits.

63. Quand un maître de forges cessera d'exploiter un terrain, il sera tenu de le rendre propre à la culture, ou d'indemniser le propriétaire.

64. En cas de concurrence entre plusieurs maîtres de forges, pour l'exploitation dans un même fonds, le préfet déterminera, sur l'avis de l'ingénieur des mines, les proportions dans lesquelles chacun d'eux pourra exploiter, sauf le recours au Conseil d'État.

Le préfet réglera de même les proportions dans lesquelles chaque maître de forges aura droit à l'achat de minerai, s'il est exploité par le propriétaire.

65. Lorsque les propriétaires feront l'extraction du minerai, pour le vendre aux maîtres de forges, le prix en sera

réglé entre eux de gré à gré, ou par des experts choisis ou nommés d'office, qui auront égard à la situation des lieux, aux frais d'extraction, et aux dégâts qu'elle aura occasionés.

66. Lorsque les maîtres de forges auront fait extraire le minerai, il sera dû au propriétaire du fonds, et avant l'enlèvement du minerai, une indemnité qui sera aussi réglée par experts, lesquels auront égard à la situation des lieux, aux dommages causés, à la valeur du minerai, distraction faite des frais d'exploitation.

67. Si les minerais se trouvent dans les forêts royales, dans celles des établissemens publics ou des communes, la permission de les exploiter ne pourra être accordée qu'après avoir entendu l'administration forestière.

L'acte de permission déterminera l'étendue des terrains dans lesquels les fouilles pourront être faites ; ils seront tenus en outre de payer les dégâts occasionés par l'exploitation, et de repiquer en glands ou plants, les places qu'elle aurait endommagées, ou une autre étendue proportionnelle déterminée par la permission.

68. Les propriétaires ou maîtres de forges ou d'usines exploitant les minerais de fer d'alluvion, ne pourront, dans cette exploitation, pousser des travaux réguliers par des galeries souterraines, sans avoir obtenu une concession, avec les formalités et sous les conditions exigées par les articles de la section première du titre III, et les dispositions du titre IV.

69. Il ne pourra être accordé aucune concession pour minerai d'alluvion, ou pour des mines en filons ou couches, que dans les cas suivans :

1° Si l'exploitation à ciel ouvert cesse d'être possible, et si l'établissement de puits, galeries et travaux d'art, est nécessaire ;

2° Si l'exploitation, quoique possible encore, doit durer peu d'années, et rendre ensuite impossible l'exploitation avec puits et galeries.

70. En cas de concession, le concessionnaire sera tenu toujours 1° de fournir aux usines qui s'approvisionneraient de minerai sur les lieux compris en la concession, la quantité nécessaire à leur exploitation, au prix qui sera porté au ca-

bler des charges , ou qui sera fixé par l'administration ; 2°
d'indemniser les propriétaires au profit desquels l'exploitation
avait lieu , dans la proportion du revenu qu'ils en tiraient.

Section III. *Des terres pyriteuses et alumineuses.*

71. L'exploitation des terres pyriteuses et alumineuses sera
assujettie aux formalités prescrites par les articles 57 et 58 ,
soit qu'elle ait lieu par les propriétaires des fonds , soit par
d'autres individus qui , à défaut par ceux-ci d'exploiter , en
auraient obtenu la permission.

72. Si l'exploitation a lieu par des non-propriétaires , ils
seront assujettis , en faveur des propriétaires , à une indemnité qui sera réglée de gré à gré ou par des experts.

Section IV. *Des permissions pour l'établissement des four-*
neaux, forges et usines.

73. Les fourneaux à fondre les minerais de fer et autres
substances métalliques , les forges et martinets pour ouvrer le
fer et le cuivre , les usines servant de patouillets et bocards ,
celles pour le traitement des substances salines et pyriteuses ,
dans lesquelles on consomme des combustibles , ne pourront
être établies que sur une permission accordée par un réglement d'administration publique.

74. La demande en permission sera adressée au préfet, en-
registrée le jour de la remise, sur un registre spécial à ce destiné , et affichée pendant quatre mois dans le chef-lieu du département , dans celui de l'arrondissement , dans la commune
où sera situé l'établissement projeté , et dans le lieu du domicile du demandeur.

Le Préfet , dans le délai d'un mois , donnera son avis tant
sur la demande que sur les oppositions et les demandes en
préférence qui seraient survenues; l'administration des mines
donnera le sien sur la quotité du minerai à traiter ; l'administration des forêts sur l'établissement des bouches à feu , en ce
qui concerne les bois, et l'administration des ponts et chaussées sur ce qui concerne les cours d'eau navigables ou flotta-
bles.

75. Les impétrans des permissions pour les usines, suppor-
teront une taxe une fois payée , laquelle ne pourra être au-
dessous de cinquante francs , ni excéder trois cents francs.

Section V. *Dispositions générales sur les permissions.*

76. Les permissions seront données à la charge d'en faire usage dans un délai déterminé ; elles auront une durée indéfinie, à moins qu'elles n'en contiennent la limitation.

77. En cas de contraventions, le procès-verbal dressé par les autorités compétentes sera remis au procureur-du-roi, lequel poursuivra la révocation de la permission, s'il y a lieu, et l'application des lois pénales qui y sont relatives.

78. Les établissemens actuellement existans sont maintenus dans leur jouissance, à la charge, par ceux qui n'ont jamais eu de permission, ou qui ne pourraient représenter la permission obtenue précédemment, d'en obtenir une avant le 1er janvier 1813, sous peine de payer un triple droit de permission, pour chaque année pendant laquelle ils auront négligé de s'en pourvoir, et continué de s'en servir.

79. L'acte de permission d'établir des usines à traiter le fer, autorise les impétrans à faite des fouilles, même hors de leurs propriétés, et à exploiter les minerais par eux découverts, ou ceux antérieurement connus, à la charge de se conformer à la section II.

80. Les impétrans sont aussi autorisés à établir des patouillets, lavoirs et chemins de charroi, sur les terrains qui ne leur appartiennent pas ; mais sous les restrictions portées à l'article 11 : le tout à charge d'indemnité envers les propriétaires du sol, et en les prévenant un mois d'avance.

TITRE VIII.

Section Ire. *Des carrières.*

81. L'exploitation des carrières à ciel ouvert a lieu sans permission, sous la simple surveillance de la police, et avec l'observation des lois ou réglemens généraux ou locaux.

82. Quand l'exploitation a lieu par galeries souterraines, elle est soumise à la surveillance de l'administration, comme il est dit au titre V.

Section II. *Des tourbières.*

83. Les tourbes ne peuvent être exploitées que par le propriétaire du terrain, ou de son consentement.

84. Tout propriétaire actuellement exploitant, ou qui voudra commencer à exploiter des tourbes dans son terrain, ne pourra continuer ou commencer son exploitation, à peine de cent francs d'amende, sans avoir préalablement fait la déclaration à la sous-préfecture, et obtenu l'autorisation.

85. Un réglement d'administration publique déterminera la direction générale des travaux d'extraction, dans le terrain où sont situées les tourbes, celle des rigoles de desséchement, enfin, toutes les mesures propres à faciliter l'écoulement des eaux dans les vallées, et l'atterrissement des entailles tourbées.

86. Les propriétaires exploitans, soit particuliers, soit communauté d'habitans, soit établissemens publics, sont tenus de s'y conformer, à peine d'être contraints à cesser leurs travaux.

TITRE IX.

DES EXPERTISES.

87. Dans tous les cas prévus par la présente loi, et autres naissant des circonstances, où il y aura lieu à expertise, les dispositions du titre XIV du Code de procédure civile, articles 303 à 323, seront exécutées.

88. Les experts seront pris parmi les ingénieurs des mines, ou parmi les hommes notables et expérimentés dans le fait des mines et de leurs travaux.

89. Le Procureur du Roi sera toujours entendu, et donnera ses conclusions sur le rapport des experts.

90. Nul plan ne sera admis, comme pièce probante dans une contestation, s'il n'a été levé ou vérifié par un ingénieur des mines. La vérification des plans sera toujours gratuite.

91. Les frais et vacations des experts seront réglés et arrêtés, selon les cas, par les tribunaux : il en sera de même des honoraires qui pourront appartenir aux ingénieurs des mines ; le

(89) La demande en dommages-intérêts formée par un particulier contre un autre particulier chargé de l'exploitation d'une mine, n'est pas nécessairement sujette à communication au ministère public ; en conséquence elle peut être soumise par compromis à des arbitres. L'article 89 de la loi du 21 avril 1810 n'est pas applicable à ce cas. — Cassation, 14 mai 1829. Sirey, XXIX, 1, 223.

tout suivant le tarif qui sera fait par un réglement d'administration publique.

Toutefois, il n'y aura pas lieu à honoraires pour les ingénieurs des mines, lorsque leurs opérations auront été faites, soit dans l'intérêt de l'administration, soit à raison de la surveillance et de la police publique.

92. La consignation des sommes jugées nécessaires pour subvenir aux frais d'expertise, pourra être ordonnée par le tribunal contre celui qui poursuivra l'expertise.

TITRE X

DE LA POLICE ET DE LA JURIDICTION RELATIVES AUX MINES.

93. Les contraventions des propriétaires de mines exploitans, non encore concessionnaires, ou autres personnes, aux lois et réglemens, seront dénoncées et constatées comme les contraventions en matière de voirie et de police.

94. Les procès-verbaux contre les contrevenans seront affirmés dans les formes et délais prescrits par les lois.

95. Ils seront adressés en originaux à nos procureurs, qui seront tenus de poursuivre d'office les contrevenans devant les tribunaux de police correctionnelle, ainsi qu'il est reglé et usité pour les délits forestiers, et sans préjudice des dommages-intérêts des parties.

96. Les peines seront d'une amende de 500 francs au plus, et de 100 francs au moins, double en cas de récidive, et d'une détention qui ne pourra excéder la durée fixée par le code de police correctionnelle.

(96) La peine d'emprisonnement, prononcée par cet article, n'est applicable qu'en cas de récidive : la première contravention n'est punissable que d'une simple amende. — Cassation, 6 août 1829. Sirey xxix, 1, 354. Bulletin civil, xxxiv, 355.

En cas d'accidens qui auraient occasioné la mort ou la mutilation d'un ou de plusieurs ouvriers, faute d'exécution des réglemens, les exploitans, propriétaires et directeurs des mines, peuvent être traduits devant les tribunaux, pour l'application, s'il y a lieu, des dispositions des articles 319 et 320 du code pénal, indépendamment des dommages-intérêts. — Décret du 3 janvier 1813.

———

CHAPITRE XXIII.

L'Angleterre est le pays du monde le plus riche en houille : son terrain houiller, qui présente une étendue immense, peut se diviser en trois groupes principaux, et chacun de ces groupes se subdivise en un certain nombre de bassins plus ou moins importans. Si l'on tire une ligne de Weymouth, sur les bords du canal britannique, à Jedburgh aux frontières de l'Ecosse, puis que, perpendiculairement à cette ligne, on en tire une à l'ouest de Saint-Bride's-Bay à Pontypool, une à l'Est de Wolverhampton à Atherstone, une de Newcastle-under-Lyne à Cheadle, une de Chester à Mold, une d'Huddersfield à Pontefract, une de Whitehaven à Appleby, toutes ces lignes limiteront les différens bassins houillers de l'Angleterre et du pays de Galles. Si, de plus, on tire une ligne de Gosport à Guisebrough, ou du sud au nord de l'île, on verra que presque tous les dépôts de houille connus se trouvent à l'ouest de cette ligne.

Ier *Groupe.* — Le premier groupe est le groupe du nord ; il s'étend depuis les rivières de Trent et Mersey jusqu'aux frontières de l'Ecosse ; il se divise en sept bassins : 1° le bassin du Northumberland et du comté de Durham ou bassin de Newcastle ; 2° le petit bassin du nord du Yorkshire ; 3° le grand bassin du sud du Yorkshire et des comtés de Nottingham et Derby ; 4° le bassin du nord du Staffordshire ; 5° le grand bassin de Manchester ou du sud du Lancashire ; 6° le bassin du nord du Lancashire ; 7° le bassin de Whitehaven.

Le bassin de Newcastle est non-seulement le plus riche de toute l'Angleterre, mais encore du monde ; il contient ces immenses dépôts de charbon qui alimentent de combustible, non-seulement Londres et toutes les villes situées sur les côtes depuis Berwick jusqu'à Plymouth, mais encore un grand nombre de pays étrangers. Ce bassin commence sur les bords de la Tees à Staindrop, traverse le comté de Durham, New-castle, Morpeth, et s'étend jusqu'à Warkworth près de la rivière Coquet, sur une longueur d'environ soixante milles; sa plus grande largeur est de vingt-cinq milles. Les couches sont au nombre de plus de quarante, mais beaucoup d'entr'elles ont une puissance si faible qu'elles sont inexploitables. Les deux couches principales sont celles dites High main coal et Low main coal. Dans le foncement d'un puits, à Gosforth près Newcastle, on traversa cent quarante-une couches de terrain. Le puits a 344 mètres de profondeur. Quarante-trois couches de houille furent reconnues; un grand nombre n'avait qu'une faible épaisseur. Cette mine est non-seulement intéressante sous le rapport géologique, par le grand nombre de couches qu'elle traverse, mais encore elle présente quelques particularités. Le puits d'extraction a été creusé au sud de la grande faille dite Main dyke, et l'on est arrivé à la couche de houille par une galerie traversant la faille et se dirigeant vers le nord. Ce mode de procéder a été adopté pour éviter les eaux que l'on supposait se trouver dans les couches du côté du nord, sachant que celles des couches situées au sud du dyke avaient été épuisées au moyen de machines à vapeur jusqu'à une profondeur égale à celle de la mine de Gosforth.

Aux mines de Saint-Anthony au-dessous de Newcastle, à une profondeur de cent-quarante mètres, on trouve la couche dite High main coal; elle a 1^m83 d'épaisseur; à deux cent quarante-sept mètres on trouve celle dite Low main coal; elle a deux mètres environ de puissance. Aux mines de Walsend près Southshields, High main coal se rencontre à deux cent vingt-huit mètres de profondeur. Elle se compose en cet endroit de cinq couches, dont la première et la quatrième sont des couches de houille d'une qualité inférieure; l'épaisseur totale est 1^m95. Cette couche ainsi altérée prend le nom de banc de Heworth, parce qu'elle commence dans les houillères de ce nom, On a remarqué que High main coal, la plus riche couche des bord de la Tyne et du nord de l'Angleterre, éprouve, dans le voisinage de Heworth et dans la direction sud-est, une altération due à l'interposition d'un banc de houille de qualité inférieure, mélangée de matières dures et de pyrites de fer. Les couches du terrain houiller sont loin d'avoir partout la même épaisseur : tantôt cette épaisseur augmente, tantôt elle diminue, et ce n'est que par une comparaison attentive de toute la série, qu'on parvient à se convaincre de l'uniformité générale de la stratification. Il est aussi très difficile de reconnaître les diverses couches de houille qui se trouvent au nord et au sud du grand dyke. Nous avons parlé, chapitre II, de ces grandes failles qui traversent les couches du terrain houiller de l'Angleterre, et les détails que nous avons donnés à cet égard nous dispensent d'y revenir.

Les bassins du nord du Yorkshire se trouvent dans les districts de Whitwood, de Methley, de Stanley, de Wrenthorpe, de Lofthouse, de Bothwell, d'Ardsley, de Middleton et de Beeston. Les couches principales sont au nombre de dix ; la dernière est à 507^{m}84 de profondeur. Voici l'ordre dans lequel elles se trouvent, ainsi que leur distance de l'une à l'autre : de la surface

à		1 Stanley shale coal.......	80 yards
de 1 à	2 Stanley main coal........	18
de 2 à	3 Warenhouse coal........	88
de 3 à	4 Lofthouse ou high moor coal.	92
de 4 à	5 Fish coal.............	80
de 5 à	6 40 yards coal..........	20
de 6 à	7 Yard coal.............	46
de 7 à	8 Middleton main coal......	32
de 8 à	9 11 yards coal..........	12
de 9 à	10 Beeston coal..........	84

Yards   552 (507 m. 84).

Le grand dépôt du sud du Yorkshire et des comtés de Nottingham et de Derby, est ainsi appelé parce qu'il s'étend dans ces trois comtés ; il commence à Nottingham et se termine à Bradford ; sa longueur est de soixante milles, et sa plus grande largeur est de dix-huit milles. Il peut rivaliser, pour l'abondance et la richesse, avec le bassin de Newcastle. Il a d'ailleurs, avec celui-ci, une telle ressemblance dans la direction, l'inclinaison et la nature de ses couches, qu'on a pensé que les couches de ce bassin étaient les mêmes que celles du bassin du nord, qui reparaissaient en cet endroit après avoir été cachées, sur une longue étendue, par le calcaire magnésien. Douze couches sont exploitées dans ce bassin, et cinq cents puits ont été percés pour l'exploitation de ces couches ; le plus grand nombre se trouve dans le Derbyshire et l'Yorkshire. Ils sont ainsi répartis par rapport aux différentes couches : cinquante-neuf pour la première couche, soixante-dix-sept pour la seconde, vingt-cinq pour la troisième, cinq pour la quatrième, trois pour la cinquième, un pour la sixième, six pour la septième, vingt-huit pour la huitième, vingt-trois pour la neuvième, vingt pour la dixième, huit pour la onzième et vingt-quatre pour la douzième.

Le bassin du nord du Staffordshire comprend deux parties, la partie est qui entoure Cheadle, et la partie ouest qui est près de Burslem ; il s'étend sur un espace d'environ soixante milles. On estime que ce bassin contient quarante à cinquante mille acres de houille. Trente couches ont été reconnues dans ce bassin ; elles ont en général de 0^{m}90 à trois mètres d'épaisseur. Une de ces couches qui est comprise dans le bassin du sud du Lancashire, et exploitée à Manchester, a 1^{m}20 de puissance.

Le grand bassin du sud du Lancashire ou de Manchester s'étend de Manchester à Colne, au nord, et de Manchester à Liverpool à l'ouest ; il a une forme très irrégulière, et se divise en plusieurs branches dont l'une va de Ashton à Macclesfield. D'après la figure irrégulière de ce bassin il est difficile de calculer sa surface totale : il s'étend de Macclesfield à Colne, du nord au sud, sur un espace de quarante-six milles, et de Tarbock à Todmorden de l'ouest-sud-ouest à l'est-nord-est ; sur une longueur de quarante milles. On peut le diviser en trois bassins : 1° le bassin de Manchester, qui comprend le bassin isolé de Clayton et Bradford ; il occupe la partie basse de la contrée ; 2° le bassin du milieu comprend les couches puissantes de Poynton, d'Ashton, de Middleton, de Worsley, de Wigan ; il occupe une position plus élevée que celle du bassin précédent ; 3° Le troisième bassin se trouve dans la partie la plus élevée de la contrée, le long des flancs de la chaîne Pennine et des marais du nord du Lancashire ; il comprend les bassins de Whaley-bridge, de Mellor, de Glossop, de Rochdale, de Todmorden, de Colne, de Blackburn, de Chorley. Les couches n'ont pas une grande épaisseur, mais elles sont importantes par leur disposition et la nature de la houille qu'elles fournissent. Dans le bassin de Manchester, on a reconnu soixante-quinze couches de houille, dont la puissance excède 0^m3o, et qui forment une épaisseur totale de plus de quarante-cinq mètres. Trente-six couches ont été reconnues dans le bassin du milieu ; dix seulement ont une puissance moindre de 0^m3o, et l'épaisseur totale est de trente mètres environ.

Le bassin du nord du Lancashire est moins riche et moins important que celui du sud ; le charbon qu'il fournit est d'une qualité inférieure.

Le bassin de Whitehaven s'étend à l'est sur les côtes de la mer d'Irlande, depuis Egremont jusqu'à Maryport ; là il s'avance dans l'intérieur jusqu'à Hesket, formant un arc de cercle dont la corde a environ trente milles ; sa largeur est à peu près d'un mille. A Howgill, à l'ouest de Whitehaven, sept couches ont été exploitées, et les travaux ont été poussés à plus de mille mètres sous la mer, et à deux cents mètres environ au-dessous de son lit, les couches ayant une inclinaison considérable du côté de l'ouest. Le puits Thwaite des mines de Howgill, qui atteint la sixième couche, à une profondeur de deux cent soixante-quatorze mètres, était regardé autrefois comme le puits le plus profond de toute l'Anterre.

Le vieux puits du Roi a été creusé sur le bord de la mer, et à sept cents mètres à l'ouest de Whitehaven ; son orifice est à cinquante mètres au-dessus du niveau de la mer. Il traverse vingt-cinq couches de houille, mais dix-huit ont une épaisseur trop faible pour être exploitées. Le tableau suivant indique l'ordre dans lequel se présentent ces couches.

	PROFONDEUR au-dessous de la surface.	DISTANCE entre les couches.	ÉPAISSEUR des couches.	OBSERVATIONS.
1re couche	28^m36	28^m36	0^m55	houille médiocre.
2e couche	50^m32	21^m96	0^m3o	houille médiocre.

Entre la première et la seconde couche se trouvent sept couches très minces.

	PROFONDEUR au-dessous de la surface.	DISTANCE entre les couches.	ÉPAISSEUR des couches.	OBSERVATIONS.
3ᵉ couche	148ᵐ23	97ᵐ90	1ᵐ25	houille mélangée de matières étrangèr.

Viennent ensuite trois couches très minces.

4ᵉ couche	184ᵐ83	36ᵐ00	2ᵐ25	Ho. très pure dans certaines parties, et dans d'autres mélangée de pyrites de fer.

Entre cette couche et la suivante se trouve une couche très mince.

5ᵉ couche	220ᵐ83	36ᵐ00	3ᵐ66	houille excellente.

Suivent quatre couches très minces.

6ᵉ couche	274ᵐ50	47ᵐ00	0ᵐ61	houille excellente.

On trouve ensuite trois couches très minces.

7ᵉ couche	302ᵐ86	33ᵐ85	1ᵐ85	houille un peu inférieure, mais cependant brûlant très bien.

A Whingill, au nord est de Whitehaven, les couches ont de 1ᵐ20 à trois mètres d'épaisseur; elles ont une pente de 0ᵐ10 par mètre. La profondeur des puits est de trois cents mètres environ; ils traversent sept couches puissantes et dix-huit couches minces. A Preston How, on a rencontré quatorze petites couches avant d'en trouver une importante; mais la quinzième a une épaisseur qui excède 1ᵐ50; et la dix-septième, qui est séparée de celle-ci par vingt-quatre couches d'argile, de minerais de fer, de grès et par une petite couche de houille, a 2ᵐ40 de puissance.

2ᵉ *Groupe* — Le groupe central comprend trois bassins,

1° le bassin des confins du Leicestershire et du Staffordshire ; 2° le bassin du Warwickshire ; 3° le bassin du sud du Staffordshire ou de Dudley.

Le bassin du Warwickshire donne lieu à quelques exploitations importantes à Griff et à Bedworh. A Griff on exploite quatre couches, la première est à 106^m50 de profondeur, et la couche principale a 2^m70 de puissance. A Bedworth on exploite les mêmes couches, mais là la première et la seconde couche de Griff se réunissent pour n'en former qu'une seule qui a 4^m55 de puissance. La houille y est généralement d'une bonne qualité.

Le bassin du sud du Staffordshire ou de Dudley s'étend de Tamworth à Coventry, sur une longueur de vingt-milles ; sa plus grande largeur est de quatre milles. Il présente cela de particulier avec le bassin de Newcastle, que la couche dite Main coal ou Ten yards coal n'est, dans le voisinage de Dudley, qu'à cent dix mètres au-dessous de la surface ; une couche de 4^m50 de puissance n'est séparée de celle ci que par une épaisseur de trente mètres. Main coal a dix yards (9^m10) d'épaisseur ; elle est formée de treize petits lits différens. Le bassin de Dudley renferme onze couches de houille, cinq au-dessus de Main coal et cinq au-dessous. Les couches supérieures ont une puissance si faible qu'elles ne peuvent être exploitées. Des treize petits lits qui composent Main coal, le premier est ordinairement laissé pour assurer la solidité du toit ; le second, le troisième et le quatrième, connus sous le nom de houille blanche, sont employés de préférence pour le chauffage domestique ; le onzième et le douzième sont les meilleurs après ceux-ci ; puis viennent le huitième, le neuvième et le dixième. Le cinquième et le sixième sont réservés pour la fabrication du coke ; ils ne flambent pas aussi bien que les précédens, mais ils donnent une chaleur plus forte et plus durable ; le septième, qui contient des pyrites, est employé pour la cuisson des briques ou la fabrication de la chaux ; le treizième est enlevé pour opérer l'abattage des lits supérieurs, et il fournit par conséquent une grande quantité de menu.

La coupe suivante, donnée par le docteur Thompson dans les Annales de philosophie, montre quelle est la suite des couches du terrain houiller de Dudley ; elle est prise à Tividale près Dudley.

	yards.	pieds.	pouces.
1 Terre végétale.............	»	1	»
2 argile rouge à brique.........	1	2	6
3 4, 5, argile schisteuse........	3	3	»
6 grès.................	1	2	»
7,8,9, 10, 11 argile schisteuse avec quelques rognons de fer carbonaté	18	7	1
12 grès houiller.............	1	1	»
13 14, 15, argile schisteuse.....	10	5	2
16 grès houiller.............	»	1	»
17 argile mêlée de charbon......	»	»	3
18 grès.................	2	2	»
19, 20, 21, argile schisteuse avec quelques rognons de fer carbonaté	6	4	11
22 houille 1re couche..........	»	1	6
23 24, argile schisteuse très fine dite fire clay, et fournissant l'argile refractaire pour la construction des hauts fourneaux..........	5	1	»
25 26, 27, 28, grès...........	2	5	3
29 argile schisteuse...........	»	1	»
30 houille 2e couche (Brooch coal).	1	»	»
31 argile schisteuse...........	2	1	»
32 houille 3e couche..........	»	1	3
33 argile schisteuse avec minerais de fer.................	2	1	»
34 argile schisteuse...........	8	2	»
35 argile schisteuse avec minerais de fer.................	»	2	9
36 grès.................	5	2	»
37 argile schisteuse avec minerais de fer.................	4	2	»
38 39, 40, 41, grès houiller......	8	4	»
42 argile schisteuse...........	»	»	10
43 houille 4e couche (chance coal)	»	»	9
44 45, 46,47, argile schisteuse....	5	7	5
48 houille 5e couche (chance coal)	»	»	10
49 50, argile schisteuse et bitumineuse	»	3	4
51 houille 6e couche (main coal).	10	1	6

	yards.	pieds.	pouc.
52 argile schisteuse mélangée de minerais de fer.............	7	»	»
53 houille 7ᵉ couche (heathing coal)	2	»	»
54 55, argile schisteuse.........	11	»	»
56 houille 8ᵉ couche (bonne qualité)...................	3	»	»
57 grès grossier................	2	»	»
58 houille 9ᵉ couche (bonne qualité)...................	3	1	»
59 argile schisteuse............	2	2	»
60 houille 10ᵉ couche...........	5	»	»
61 argile schisteuse............	40	»	»
62 houille 11ᵉ couche...........	»	2	»
63 argile shisteuse.............	76	»	»
64 calcaire....................	10	»	»
65 argile schisteuse...........	30	»	»
	313	1	3.

Ce qui correspond à 287 mètres environ.

Les couches s'enfoncent vers le sud et se relèvent vers le nord, de telle sorte qu'à Bilston, Main coal disparaît tout-à-fait. La coupe suivante est prise dans le terrain houiller de Bradley près Bilston.

	yards.	pieds.	pouces.
1 Terre végétale..............	»	2	»
2 grès rougeâtre	10	»	»
3 argile schisteuse............	8	»	»
4 grès.....................	1	»	»
5 argile schisteuse............	6	»	»
6 7, grès..................	5	2	»
8 argile schisteuse............	»	1	6
9 grès....................	»	1	»
10 11, 12, argile schisteuse.......	7	2	»
13 houille (Brooch coal)........	1	2	»
14 15, argile schisteuse..........	2	3	»
16 minerais de fer carbonaté.... .	»	»	8
17 argile schisteuse...........	»	2	6
18 houille (main coal).........	8	1	5
19 20, 21, variétés d'argile schisteuse	»	4	»

22 minerai de fer carbonaté mêlé d'argile	1	»	»
23 argile schisteuse	»	1	»
24 houille	»	»	6
25 26, argile schisteuse	3	3	»
27 houille (heating coal)	2	»	»
	58	2	5

Ce qui correspond à 53 mètres 5o.

En comparant les deux coupes données ci-dessus on voit que les couches se sont rélevées du côté de Bradley, et que les couches supérieures ont disparu, puisque la couche principale, main coal, n'est ici qu'à quarante-cinq yards de profondeur, tandis qu'elle est à cent vingt-un aux environs de Dudley.

3ᵉ *Groupe* — Le groupe du pays de Galles comprend trois bassins : 1ᵉ le bassin du nord-ouest ; 2ᵉ le bassin de l'ouest ; 3ᵉ le bassin du sud-ouest

Le bassin du nord du pays de Galles ou du Flintshire renferme 1ᵉ un bassin s'étendant de Wrexham à Hawarden, et de là le long de la rive sud-ouest de la Dee, jusqu'aux côtes de la mer d'Irlande.

2ᵉ Un petit bassin s'étendant d'Oswestry à Shrewsbury.

3ᵉ Un autre bassin placé entre les deux précédens.

4ᵉ Le bassin de l'île d'Anglesey, qui s'étend sur un espace d'au moins cent-cinquante milles.

Le bassin de l'ouest ou du Shrospshire comprend ceux de Coal-brook-Dale, de la plaine du Shrewsbury, de Clee hill et de Billingsley. Il occupe l'espace situé entre Stourbridge, Birmingham, Wolverhampton et Walsal ; il forme un triangle dont la base serait une ligne tirée entre ces deux dernières villes ; sa surface est d'environ soixante-dix à quatre-vingts milles carrés.

Le bassin du sud-ouest comprend trois bassins importans : 1ᵉ le bassin du sud du pays de Galles ; 2ᵉ le bassin du Gloucestershire ; 3ᵉ le bassin du Somersetshire.

Le bassin du sud du pays de Galles s'étend de Pontypool à l'est, à Saint-Bride's-Bay à l'ouest. M. Martin estime sa superficie à plus de cent milles carrés, et sa largeur, dans les comtés de Monmouth, de Glamorgan, de Carmarthen et de

Brecon, de dix-huit à vingt milles ; dans le Pembrokeshire elle n'est que de trois à cinq milles. Les parties les plus larges et les plus étroites sont séparées par la baie de Carmarthen (1). Les couches de ce bassin sont remarquables par leur étendue et par leur puissance. La profondeur à laquelle on les atteint dépend de la position des puits. Le dépôt le plus abondant se trouve dans le Glamorganshire : là les couches sont à une profondeur de 600 à 1200 mètres ; la couche inférieure est à 1280 mètres ; mais les vallées qui sillonnent ce pays du nord au sud, coupent les couches en travers, et permettent de les exploiter sans creuser profondément. M. Martin établit qu'on n'a pas été obligé de creuser à plus de cent cinquante mètres. Ce bassin renferme douze couches bien distinctes, ayant une épaisseur de 0^m91 à 2^m73, et faisant une épaisseur totale de vingt-un mètres environ ; onze couches de 0^m45 à 0^m90 de puissance faisant une épaisseur totale de 7^m35 ; de plus un certain nombre de couches plus petites de 0^m30 à 0^m45 et de 0^m15 à 0^m30 de puissance. La surface de chaque couche de houille est estimée à 1000 milles carrés. Les vingt-trois couches que nous avons citées forment une épaisseur totale d'environ vingt-huit mètres, ce qui, d'après le chiffre de l'extraction, produirait soixante-quatre millions de tonnes par mille carré. La houille à l'extrémité est du bassin de Pontypool à Hirwain-Furnace, est propre à la fabrication du coke ; depuis ce lieu jusqu'à St.-Bride's-Bay, à l'extrémité opposée, la houille qu'on extrait est une houille sèche (stone coal), qui prend quelquefois le nom de culm lorsqu'elle est en fragmens ; au sud du bassin, la houille est bitumineuse ou collante.

Le bassin du Gloucestershire ou de Bristol commence près de l'Avon et s'étend au nord sur une longueur de douze milles ; sa largeur est de trois milles.

Le bassin du Somersetshire commence aux environs de Bath ; sa longueur est de douze milles, et sa plus grande largeur de trois milles : il va du nord au sud.

D'après l'aperçu des bassins houillers de l'Angleterre, on voit que les richesses combustibles de ce pays sont immenses. On s'est beaucoup occupé de l'époque plus ou moins rappro-

(1) Philosophical transactions.

chée à laquelle ces bassins seraient épuisés. Cette question a donné lieu à un grand nombre de calculs dont la plupart manquent d'exactitude. M. Buddle s'était fait fort, devant la chambre des communes, de calculer en un mois, aussi exactement que possible, quelle serait la durée du bassin houiller du Northumberland et du comté de Durham. M. Taylor, un des propriétaires de mines du nord, estime ainsi l'étendue et la production de ce bassin :

Surface du bassin houiller.

Comté de Durham........ 594 } 837 milles carrés.
Northumberland......... 243 }

Surface excavée.

Comté de Durham { Houillères de la Tyne. 39 } 79 } 105 m.c.
{ Houillères de la Wear. 40 }
Northumberland .... }

La portion non excavée occupe donc une surface de 732 milles carrés.

En estimant à douze pieds l'épaisseur des couches exploitables, un mille carré produira 12,390,000 tonnes et 732 milles carrés.   9.069.480.000

Il faut déduire de ce chiffre un tiers pour la perte provenant de la houille menue, et pour les vides occasionés par les dykes et autres accidens.   3.023.160.000
                                                 _____
Reste......... 6.046.320.000

M. Taylor estime cette quantité suffisante pour entretenir le commerce de Newcastle, Sunderland, Hartley, Blith et Stockton pendant 1727 années, en supposant la vente de 3,500,000 tonnes par année. Sedgwick regarde ce chiffre comme exagéré de moitié, à cause de certaines couches stériles que le calcul de M. Taylor comprend dans la masse de houille.

« Les meilleurs informations que j'ai à cet égard, dit ce savant, m'apprennent qu'une riche portion du bassin houiller s'étend des environs de Chester-le-Street à ceux de West-Auckland, et que la plus riche portion, autant qu'on a pu le déterminer par les travaux actuels, se trouve entre la Wear et l'escarpement du calcaire magnésien. J'ai raison de croire, soit à cause des observations que j'ai faites, soit à cause des renseignemens que j'ai recueillis des autres, qu'aucune des meilleures couches du district de la Wear, si ce n'est la couche inférieure, Hutton Seam, ne se trouve à l'ouest de la Wear.

« Les couches exploitables situées à l'est de la Wear sont au nombre de cinq, formant une épaisseur totale de vingt-cinq pieds six pouces : Five Quarter qui a quatre pieds de puissance, High Main six pieds, Mandlin cinq pieds six pouces, Low Main quatre pieds, Hutton six pieds. High Main, Low Main et Hutton, sont les trois couches sur lesquelles on peut établir les calculs avec le plus de certitude. Il conviendrait, en déterminant la quantité de houille qui reste à extraire dans le district, de supposer que trois des cinq couches formant une épaisseur de treize pieds de bonne houille, méritent seules d'être exploitées actuellement, et qu'une quatrième pourrait être exploitée par la suite lorsque ces trois seraient épuisées.

» A l'ouest de la Wear, Hutton Seam paraît être la seule couche exploitable, et l'on ne doit pas compter sur une épaisseur de bonne houille de plus de quatre pieds neuf pouces. Quand on considère quelle est l'incertitude de l'existence de la houille inférieure au calcaire magnésien ; qu'une énorme portion des meilleures couches du district de la Tyne sont épuisées ; que les excavations faites dans les meilleures couches du district de la Wear sont maintenant très étendues ; que la plus grande partie de la houille qui se trouve dans le voisinage de la partie navigable des deux rivières, a été extraite, et que de plus, un si grand nombre de couches viennent affleurer à peu de distance de la rive ouest de la Wear, on doit penser que M. Taylor est loin de la vérité lorsqu'il porte à 1700 ans la durée probable du bassin du Northumberland et du comté de Durham. Je suis convaincu qu'au taux de la consommation actuelle, quatre cents ans suffiront pour l'épuisement des meilleurs couches, et Londres sera, à cette époque, approvisionné de charbons par les bassins de l'Écosse et du pays de Galles. »

MM. Bailey et Culley portent à huit cent vingt-cinq ans la durée probable du bassin-houiller du Nord. Le docteur Mac-

Nab la porte à trois cents ans, estimant que la surface du bassin est de trois cents milles, et que chaque mille fournit à la consommation d'une année.

M. Buckland regarde aussi comme infiniment supérieur à la vérité le calcul de M. Taylor.

M. Bakewell, en discutant cette question dans son Traité de géologie, s'exprime ainsi : « Nous ne pouvons regarder l'épuisement de nos couches de houille que comme la perte d'une grande partie de notre bien-être particulier et de notre prospérité nationale, et nous ne sommes pas très éloignés de l'époque à laquelle les bassins houillers qui alimentent la capitale se trouveront épuisés. On connait le nombre et l'étendue des principales couches du Northumberland et du comté de Durham et, d'après ces données, on a calculé que le bassin du nord pouvait fournir du combustible pendant trois cents soixante ans. M. Bailey établit dans son ouvrage sur le comté de Durham, qu'un tiers de la houille ayant déjà été extrait, le bassin sera épuisé dans deux cents ans. Il est probable qu'un grand nombre de petites couches qui sont aujourd'hui négligées, seront exploitées plus tard, mais la consommation ayant considérablement augmenté depuis la publication de l'ouvrage de M. Bailey, on doit regarder son calcul comme une grande approximation de la vérité, et admettre que le bassin de Newcastle sera épuisé dans une période qui n'excède pas de beaucoup deux cents ans. Le docteur Thomson a calculé, dans les Annales de Philosophie, que le bassin durerait encore mille ans; mais son calcul est basé sur des données inexactes et doit être réduit au tiers, savoir trois cents cinquante ans, période peu supérieure à celle assignée par M. Bailey.

« Une question intéressante, continue M. Bakewell, est celle de savoir où se trouvent les dépôts de houille qui pourront alimenter la capitale et les comtés du sud, lorsque les couches de la Tyne et de la Wear seront épuisées. Les seuls bassins houillers de quelque étendue à l'est de l'Angleterre, entre Londres et Durham, sont ceux du Derbyshire et ceux du Yorckshire. Le bassin du Derbyshire n'est pas assez étendu pour fournir, pendant une longue période, une quantité supérieure à celle de la consommation du comté et des comtés avoisinans. On connaît dans le Yorckshire plusieurs belles couches de houille non encore exploitées, mais l'époque n'est pas éloignée où l'on sera obligé de les exploiter pour fournir à la consommation des nombreuses manufactures de ce comté, qui emploie aujourd'hui presque tout le combustible provenant de ses mines. Dans les comtés du milieu, le Staffordshire renferme le seul bassin houiller de quelque étendue, qui soit le plus rapproché de la capitale; mais la consommation de charbon des hauts fourneaux et des forges est si considérable, qu'on pense généralement que ce bassin sera le premier de tous qui se trouvera épuisé. La couche de trente pieds du bassin de Dudley est d'une étendue très limitée, et, d'après le mode d'exploitation suivi, plus des deux tiers de la couche sont extraits ou abandonnés dans la mine. Si nous considérons le bassin de Whitehaven, celui du Lancashire ou les autres petits bassins de l'ouest de l'Angleterre, nous ne pouvons pas fonder un grand espoir sur leur possibilité de fournir à la consommation de Londres et des comtés du sud, lorsque le bassin de Newcastle sera épuisé. Heureusement le sud du pays de Galles possède des dépôts de houille et de minerais de fer presque inépuisables et dont l'exploitation est à peine commencée. On a calculé que ce bassin houiller a une surface de douze cents milles carrés, et renferme trente-deux couches de houille formant une épaisseur totale de quatre-vingt-quinze pieds. Chaque mille carré produit 65,000,000 de tonnes; et si nous en déduisons moitié pour tenir compte de la partie excavée et du peu d'étendue des couches supérieures, on trouvera que chaque mille carré donnera 32,000,000 de tonnes, et en admettant que la consommation totale de l'Angleterre est de 15,000,000, on voit que chaque mille carré pourra fournir pendant deux ans, et par conséquent, que le bassin du pays de Galles suffit pour approvisionner de houille l'Angleterre pendant deux mille ans au moins, lorsque tous ses autres bassins seront épuisés. Il est vrai qu'une grande partie de la houille de ce bassin est de médiocre qualité, et ne peut s'employer aujourd'hui pour le chauffage domestique; mais lorsque le charbon deviendra rare, on découvrira probablement de nouveaux moyens pour brûler ce charbon sans incommodité, et pour économiser le combustible dans les usines et les manufactures.

La Grande-Bretagne consomme une énorme quantité de

charbon, qu'elle retire de ses mines ; les machines à vapeur en emploient une grande partie ; en 1832, on connaissait soixante-quatre machines à vapeur dont quatre étaient les plus puissantes qui aient été établies ; ces machines consommaient plus de mille hectolitres de houille par jour ; en 1835, la Grande-Bretagne possédait cinq cent vingt-sept navires à vapeur de différentes grandeurs. Les manufactures de poteries et de verre sont un grand débouché pour la houille : la ville de Leith consomme à elle seule 40,000 tonnes dans ses verreries. L'éclairage au gaz consomme aussi une grande quantité de houille ; en 1834, on a employé 200,000 chaldrons pour l'éclairage de la capitale. La fabrication du fer est celle de toutes les industries qui consomme le plus de houille. Le pays de Galles produit 270,000 tonnes de fer par année ; chaque tonne de fer exige cinq tonnes et demie de charbon ; il faut donc environ 1,500,000 tonnes de houille pour la fabrication de ces 270,000 tonnes de fer. On doit ajouter 350,000 tonnes de charbon, employées au travail de l'étain importé du Cornouailles, ce qui porte à 1,850,000 tonnes la consommation du pays de Galles pour ces deux industries. La Grande-Bretagne produit chaque année environ 690,000 tonnes de fer, dont la fabrication exige par conséquent 3,795,000 tonnes de houille.

COMMERCE DE LA HOUILLE.

Le commerce de la houille de la Grande-Bretagne est immense, il comprend le commerce intérieur et le commerce extérieur ou l'exportation. Nous allons d'abord nous occuper du commerce intérieur, et pour cela, nous passerons en revue les grandes villes manufacturières de l'Angleterre.

Manchester reçoit le combustible des bassins houillers qui l'avoisinent ; le meilleur charbon vient des mines de Wigan. Le prix est variable, suivant la qualité, de six shillings huit pence à dix et douze shillings par tonne. Un acte du Parlement, rendu dans un but d'utilité, ordonne l'emploi exclusif du coke pour les machines locomotives faisant le service du chemin de fer de Manchester à Liverpool, ce qui augmente de quarante pour cent les frais de chauffage.

Birmingham est approvisionné par les mines de Tipton, d'Oldbury, de Bilston, de Bromwich, de Wednesbury et de Dudley. La plus grande quantité vient de Bromwich, et la meilleure qualité de Wednesbury. Le charbon est amené par le canal de Birmingham ; cependant les petits propriétaires en envoient une certaine quantité par terre. Les prix sont, pour les manufacturiers, de six à dix shillings par tonne ; pour les forgerons, de dix-sept shillings, et pour le chauffage domestique, de neuf à douze shillings suivant la qualité.

Sheffield reçoit le combustible des mines situées aux environs de la ville ; il est amené dans des chars qui contiennent une tonne ; un nombre immense de ces chars à un cheval est employé au transport. Il vient aussi une quantité considérable de houille et de coke par le canal du Nord. Le prix du charbon de chauffage est de sept shillings six pence, et celui du charbon employé dans les manufactures, de quinze à seize shillings par tonne.

Les mines de Middleton, qui fournissent le combustible à la ville de Leeds, produisent de la houille de trois qualités : deep coal, little coal, et sleck. Le deep coal coûte, pris à l'embarcadère, seize shillings par waggon contenant vingt-quatre corves. Le little coal est mélangé de pyrites ; il coûte neuf shillings par waggon : il est plus lourd que le deep coal. Le sleck ne coûte que six shillings par waggon. Leeds reçoit aussi du charbon de plusieurs autres mines.

Liverpool tire son combustible des mines de Wigan, de Saint-Helen et de Prescot. Le transport se fait par le canal ou par le chemin de fer ; l'établissement du chemin de fer de Manchester à Liverpool, a considérablement diminué le prix des houilles de Wigan. A une époque, la houille de chauffage coûtait dix shillings dix pence par tonne, et la houille choisie quinze à seize shillings. Ces prix sont aujourd'hui bien inférieurs.

C'est à Londres que se fait le plus grand commerce de charbon ; nous ne savons rien de positif sur les premiers tems de ce commerce antérieurement à 1306. Cette année l'usage de la houille fut prohibé à Londres par un édit royal : vingt ans après, le préjugé paraît s'être un peu affaibli, car on se servait de houille dans le palais du roi ; cependant, il subsista encore long-tems après que le commerce eut pris une grande extension. Les impôts levés sur le commerce de la houille ont non seulement contribué à enrichir les coffres du souverain, depuis Edouard III ou à une époque antérieure, mais encore, dans plusieurs circonstances, ils ont été d'un grand avantage pour la Cité. Un acte du Parlement imposa un droit de deux shillings par tonne, depuis le premier mai 1670 jusqu'au 24 juin 1677, et un droit de trois shillings depuis le 24 juin 1677 jusqu'au 29 septembre 1687, à tous les charbons importés dans le port de Londres. Trois quarts de la somme produite par le premier impôt, et moitié de celle produite par le second, étaient destinés à la reconstruction de cinquante-deux églises détruites par le grand incendie de Londres; un quart de la dernière somme fut employé aux travaux de St-.Paul. Un nouvel acte du Parlement imposa au charbon un droit de dix-huit pence par tonne, depuis le 29 septembre 1687 jusqu'au 29 septembre 1700. Deux tiers de la somme produite furent employés à la construction de St.-Paul.

Le prix de la houille, à Londres, dépend du prix auquel elle se vend à Newcastle. Ce prix est fixé, dans cette dernière ville, d'une manière uniforme par les propriétaires de mines.

Les droits à payer par un navire, prenant à Newcastle une cargaison de houille, et en sus du prix d'achat de la houille, sont de 21 liv. 9 s. 9 d. Le navire est supposé contenir treize keels et deux chaldrons : il est chargé à l'embarcadère de la Tyne. Une grande partie des droits imposés à Newcastle ne l'est pas à Sunderland : ces droits ne sont que de 14 l. 6 s. 6 d.

Une loi de 1807 astreignit le commerce de houille à Londres, à Westminster et dans quelques parties des comtés de Middlesex, de Surrey, de Kent et d'Essex, à diverses obligations depuis le moment de l'arrivée du navire dans la Tamise jusqu'à celui de la livraison de son chargement; les droits payés en 1830 dans le port de Londres et par chaldron, étaient de neuf shillings quatre pence et demi. D'après les réglemens qui furent en vigueur jusqu'en 1831, tous les charbons amenés dans le port de Londres devaient être vendus sur le marché. Lorsqu'un bâtiment arrivait, il remettait aux facteurs du marché les papiers certifiant le nom du navire, le port auquel il appartenait, la quantité, la qualité et le prix d'achat des houilles dont il était chargé, ainsi que le nom du port de chargement. La déclaration étant faite à la douane, le certificat était endossé et enregistré au bureau du lord-maire, et on en donnait une copie à l'agent du marché, qui l'affichait sur la place. Le facteur pouvait alors procéder à la vente, qui ne devait avoir lieu que de midi à deux heures, les lundi, mercredi et vendredi. Les contrats devaient être inscrits sur le livre du facteur; on en donnait une copie à l'agent du marché, après quoi le certificat du facteur et le certificat d'acquit des droits du Gouvernement et de la cité étaient remis au bureau des mesureurs, ainsi qu'un papier indiquant l'ordre dans lequel chacun des acheteurs devait recevoir sa part. Toutes ces formalités étant remplies, on nommait un mesureur pour veiller au déchargement de la cargaison.

En 1831, le Parlement rendit un acte pour régler la vente des houilles dans les villes de Londres et de Westminster, et dans quelques parties des comtés de Middlesex, de Surrey, de Kent, d'Essex, d'Herfordshire, de Buckinghamshire et de Berkshire. La base de cet acte, ainsi qu'il est expliqué dans le préambule, est que les actes antérieurs qui réglaient la vente des charbons ayant été trouvés insuffisans pour prévenir les fraudes, le but proposé par lesdits actes serait plus efficacement obtenu, lorsque les charges qui tendaient à augmenter le prix du charbon auraient été diminuées, ce qui ne pouvait avoir lieu que par l'abolition de ces actes et la substitution d'autres ordonnances. Le nouvel acte, après avoir déclaré nuls, à partir de l'année 1831, tous les statuts relatifs aux réglemens précités, y substitue une clause portant que chaque facteur ou autre personne chargeant des houilles pour le port de Londres, adressera une lettre à l'agent du marché, et la mettra à la poste le jour où le navire portant les houilles mettra à la voile, ou bien donnera au maître du navire, avant son départ, un certificat signé par l'un des facteurs, et indiquant la date du chargement; le nom du navire et du maître du navire, la quantité de houille qu'il a à son bord, les noms des mines d'où elles proviennent, ainsi que leur prix d'achat. Certaines peines étaient attachées au manque de certificat, ou à la présentation de certificats irréguliers. Un droit de trois pence par tonne était imposé, lorsque la quantité de houille excédait celle indiquée par le facteur.

Avant la promulgation de cet acte, le commerce de la houille était astreint à une opération compliquée et dispendieuse, celle du mesurage. Il avait été établi, pour la sécurité publique en même tems que pour le paiement des droits de municipalité. Quinze maîtres mesureurs et cent cinquante-huit mesureurs, dont le nombre, par suite des changemens faits à la loi en 1824, avait été augmenté de cent dix-huit, étaient nommés par la ville de Londres. Les maîtres mesureurs surveillaient les mesureurs, qui devaient vérifier et constater la quantité de houille sortie du navire ; chaque mesureur s'adjoignait un aide pour opérer la livraison de la cargaison. Pour cela un vase nommé vat, contenant neuf bushels, était placé sur le pont ; on le remplissait au moyen d'un panier dans lequel la houille était élevée du fond de cale ; et on l'estimait plein lorsque le charbon formait à son extrémité un cône de douze pouces de hauteur. On vidait le vat par dessus le bord du navire, dans une barque qui était divisée en compartimens, chacun de la contenance de cinq ou dix chaldrons. D'après la quantité ainsi constatée par le mesureur, non seulement les droits étaient acquittés, mais encore le fret et le prix convenu par les personnes qui avaient acheté la cargaison, étaient déterminés. Le mesureur devait aussi rendre compte de la quantité de houille que contenait le navire, au bureau des mesureurs, à l'agent du marché et au bureau du maître mesureur de terre.

Les barques dont on se servait appartenaient aux marchands, et n'étaient soumises à aucun réglement particulier ; cependant aucune personne, si elle n'appartenait à la compagnie des bateliers, ne pouvait les conduire. Lorsque la houille touchait le quai, elle tombait sous la surveillance d'une autre classe de gens, reconnus par la loi. Ni le vendeur, ni l'acheteur n'avaient aucun contrôle sur le mesurage de la houille ; la loi le confiait aux mesureurs de terre ; ceux-ci formaient quatre divisions : une pour la cité de Londres, une pour Westminster, une troisième pour le comté de Middlesex, et une quatrième pour le comté de Surrey. Cependant la partie de Londres qui se trouve dans le comté de Kent et la principale partie du canal du Régent, étaient exemptes de ce droit. Ces mesureurs devaient surveiller le mesurage de toutes les houilles déchargées des barques, et veiller à ce que le bushel fût convenablement rempli et trois bushels placés dans chaque sac avant de les laisser emporter. La loi exigeait que le charbon fût livré aux consommateurs dans des sacs ainsi remplis. Le bushel était un cylindre de métal de dix-neuf pouces et demi de diamètre intérieur et de sept pouces et un huitième de profondeur ; le charbon devait dépasser de six pouces dans le milieu le niveau du bushel. Lorsqu'on envoyait du charbon au consommateur, on devait avoir un bushel, et l'acheteur pouvait faire mesurer chaque sac ; si l'un d'eux était trouvé défectueux en poids, il avait le droit d'envoyer chercher un mesureur et de faire mesurer le reste en sa présence. Un grand nombre pourtant des habitans de la capitale, ne tirait aucun avantage d'un système entraînant avec lui tant et de si minutieux détails, et qui d'ailleurs n'accordait aucune protection aux achats moindres de neuf bushels. Les pauvres surtout étaient souvent victimes de frauduleux trafics, contre lesquels ils n'avaient aucun recours ; ils étaient trompés non-seulement sur la quantité, mais encore sur la qualité.

Tels étaient les réglemens qui régissaient, avant 1830, cette importante branche du commerce anglais. A cette époque, une commission choisie parmi les membres de la Chambre des communes, fut chargée de s'occuper de l'état du commerce de la houille dans le port de Londres, ainsi que des divers actes et réglemens relatifs à ce commerce dans les villes de Londres et de Westminster, et dans quelques ports des comtés de Middlesex, de Surrey, de Kent et d'Essex ; du prix de la houille et des droits qui lui étaient imposés dans le port de Londres et dans le port de chargement, enfin de tout ce qui regardait ce commerce. Pour remplir la tâche qui lui était confiée, la commission recueillit les opinions d'un grand nombre de personnes compétentes en cette matière; il en résulta pour elle un corps de renseignemens sur lesquels elle basa son rapport.

La commission fut d'avis que la somme de treize shillings neuf pence, habituellement ajoutée par le marchand au prix de la houille dans la rivière, afin de couvrir ses dépenses, serait réduite si le marchand avait la facilité de conduire ses affaires sans toutes les entraves habituelles, l'intervention des mesureurs de terre ne produisant que des retards auxquels les avantages obtenus par ce système, étaient loin d'être équivalens. Outre l'inconvénient des retards qui avaient lieu dans le déchargement de la houille, et les irrégularités du mesurage tel qu'il était pratiqué dans différens endroits ou par différentes personnes dans le même endroit, il fut prouvé par l'instruction que, dans un seul district ; trois quarts de la houille au moins étaient écoulés sans être mesurés par le mesureur. La commission pensant, en conséquence, que les frais et les inconvéniens produits par le système actuel de mesurage, n'étaient pas compensés par les avantages qu'ils procuraient au public, fut d'avis que si le charbon était vendu au poids, et que si l'on facilitait aux acheteurs le moyen de le voir peser, il en résulterait pour le public une grande utilité. Elle déclara aussi que le système prescrit par la loi, pour décharger la houille des navires dans les barques, était défectueux, et tous les témoins établirent que, dans les ports non assujettis à ce système, le déchargement se faisait d'une manière plus économique. La Commission recommanda donc la suppression de ces réglemens, et l'adoption de nouvelles mesures, laissant aux marchands la liberté de faire le déchargement de leur navire de telle manière qui leur conviendrait. Quelques personnes soutinrent que le mode adopté de briser la houille de toute espèce, pendant et après la traversée, ne contribuait pas à en augmenter le volume ; mais l'opinion contraire se trouva être celle du plus grand nombre. Le capitaine Cochrane, un des témoins interrogés par la Commission, mentionna une circonstance où ce mode produisit une différence de trente chaldrons sur deux cent cinquante-trois. L'opinion du docteur Hutton fut confirmée devant la Commission, par M. Buddle : si, dit le docteur Hutton, un morceau de houille d'une yard cube et mesurant à peu près cinq bolls, est brisé en morceaux d'une certaine grosseur, cette houille mesurera sept bolls et demi ; si elle est brisée en très petits fragmens, elle mesurera neuf bolls, Il n'y avait aucune branche de commerce dans laquelle la houille ne fût pas brisée pour en augmenter le volume ; et l'on avait poussé si loin le criblage, qui avait d'abord eu lieu près des puits dans un but d'utilité publique, que M. Brandling déclara dans son témoignage, que la houille était livrée au consommateur dans un état de grosseur bien inférieur à ce qu'elle serait, si on l'embarquait sans être criblée.

En recommandant un changement si important que celui de la substitution du poïds à la mesure dans le commerce de Londres, il devenait nécessaire de prendre en considération les intérêts particuliers en tant qu'ils seraient plus ou moins affectés par les droits qu'on imposerait. Quelques témoins pensaient que l'augmentation du poids qu'on pourrait donner à la houille en la mouillant, serait une source de fraude bien inférieure pourtant à celle provenant de l'ancien mode de mesurage. Il fut démontré cependant, soit par la nature de la houille, soit par différentes expériences, que la houille en gros morceaux n'absorbait que faiblement l'humidité, et que cette absorption ne pouvait avoir lieu sur des morceaux de grosseur quelconque, sans que son effet ne fût apparent; il suffirait donc, pour protéger les acheteurs, d'apporter dans le mesurage une stricte surveillance. Quant à la pesanteur spécifique des diverses sortes de houille, la Commission ne trouva pas, dans les variétés des comtés de Durham et de Northumberland, une différence assez sensible pour en faire l'objet d'une distinction particulière.

D'après l'avis de la Commission, la vente des houilles à la mesure fut prohibée dans les ports de Londres et de Westminster, par l'acte de 1831. Cet acte supprimait aussi le bureau des mesureurs de terre, et autorisait le corps municipal de Londres à leur donner, sur les fonds placés à sa disposition, telle indemnité qu'il jugerait convenable comme compensation de la perte de leur emploi; il ordonnait en outre, que l'on continuât de payer les pensions des mesureurs qui pourraient les avoir obtenues avant la promulgation de l'acte.

Pour faire face à ces dépenses, il fut accordé au corps municipal les sommes suivantes : savoir un droit de douze pence par tonne de houille importée dans le port de Londres; la juridiction du mesurage accordée aux autorités de la ville fut suspendue pendant sept ans; leurs droits au débarquement et à la navigation furent aussi suspendus pour sept années, et les charbons arrivant par le canal de Paddington ne payèrent plus qu'un droit additionnel de treize pence au lieu de quinze.

Comme la nouvelle loi exigeait que tous les contrats existans à l'époque où elle fut rendue, fussent exécutés en substituant le poids à la mesure, il fut décidé que le poids de deux mille cinq cent cinquante livres serait pris comme équivalent à un chaldron.

La ville fut autorisée à lever un droit d'un penny par tonne de houille arrivant dans le port de Londres ou à l'est de Gravesend, pour subvenir aux frais du marché (coal market), qui continua d'être sa propriété comme auparavant.

Da loi de 1831 accorda une plus grande liberté pour le transport de la houille. Lorsque la quantité excède cinq cent soixante livres, le vendeur doit donner une note indiquant la qualité du charbon, le nombre de sacs, le poids de chaque sac, etc. Ces sacs doivent contenir chacun cent douze livres ou deux cent vingt-quatre livres. Elle permit aussi le transport du charbon dans des chars, pourvu toutefois que le poids du char ait été déterminé avec précision, au moyen d'une machine établie pour cela sur le quai ; et des amendes furent prononcées dans le cas où le poids spécifié serait défectueux. Toute personne transportant du charbon pour le vendre, est tenue d'avoir avec sa voiture une machine à peser éprouvée et poinçonnée à Guildhall, et de peser les sacs qu'il va livrer. Le pesage a lieu en présence d'un constable, si l'acheteur l'exige. Des machines à peser sont établies à poste fixe dans plusieurs endroits, et aucune quantité de charbon moindre de cinq cent soixante livres, ne doit être vendue ou délivrée sans avoir été pesée préalablement.

Les prix du charbon, à Londres, sont très différens, et dépendent des localités d'où ils proviennent. Nous donnons ici les prix courans des houilles vendues sur le marché de Londres, pendant l'année 1842. Ces prix sont ceux de la tonne.

	sh.	p.
Addair's main	15	6
Buddle's west Hartley	15	»
New Tanfield	13	3
Old Tanfield	13	6
Tanfield Moor	19	»
Wall's end Gosforth	19	»
Holywell main	17	6
Riddel's	18	6
Braddyl's Helton	19	9
East Helton	18	3
Stewart's	20	3
South Durham	18	9
Wylam's	15	6
Killingworth	18	6
Pemberton	18	9
Quarrington	19	»
Ramsey	13	6

Tees...................	20	3
Cannel.................	30	•
Todd's Bensham........	13	6
Sunderland.............	17	•
Chester Main..........	16	3
Newcastle.............	12	6

Le charbon de première qualité de Newcastle coûte 27 sh., et celui de Wall's end 29 sh. Londres consomme une quantité considérable de houille ; on peut s'en faire une idée par les chiffres des importations. En 1826, il fut importé 1,600,229 chaldrons ou 2,040,291 tonnes ; à cette époque, les droits imposés étaient de six shillings par chaldron de houille, et de six pence pour la qualité dite culm ; l'importation totale produisit 467,852 livres (11,696,200 fr.) ; en 1830, il n'y eut qu'une différence de 100 liv. (2,500 fr.) dans le montant des droits perçus. Au mois de mars 1831, ces droits furent supprimés, et l'année suivante, 1832, il fut importé à Londres, 1,677,708 chaldrons, ou 2,139,078 tonnes ; il fut vendu, cette même année, sur le marché de Londres, 2,006,653 tonnes, et la quantité de houille de Wall's end et de Stewart's fut de 504,695 tonnes. D'après une autre statistique, il fut importé à Londres, en 1834, 2,080,547 tonnes. Il vint, en 1833, de Newcastle, 1,060,839 tonnes, de Sunderland 666,787 tonnes, de Stokton 170,690 tonnes ; en 1834, de Newcastle 1,142,903 tonnes, de Sunderland 559,105 tonnes ; en 1835, de Goole, Hull, Gainsbrough et quelques autres mines du Yorckshire 17,551 tonnes.

Nous avons déjà parlé des riches bassins du pays de Galles ; ces dépôts presque inépuisables expédient, dans toutes les parties de la Grande-Bretagne, des quantités considérables de charbon : la construction des canaux et des chemins de fer, a donné, dans ces dernières années, un rapide essor à l'exploitation des mines. Il fut établi, en 1826, que vingt années auparavant, Newport n'expédiait peut-être pas mille tonnes de houille par année, tandis qu'à cette époque, il se chargeait dans ce port seul près de quinze cents tonnes par jour. Le sud du pays de Galles fait un grand commerce de houille avec l'Irlande. Les ports de chargement sont principalement Newport, Cardiff, Swansea et Neath. Les navires employés au transport, sont des bâtimens de cent-vingt à deux cents tonneaux : les quantités exportées en 1829, ont été de 60,000 tonnes et de 550,000 tonnes des autres ports. Newport jouit d'une exemption de droit de quatre shillings par tonne, imposés à toutes les houilles chargées dans les autres ports du pays de Galles. Cet avantage fut accordé pendant le règne de Georges III, par un acte qui déclare exempts des droits tous les navires allant à l'est des Holmes, petites îles du canal britannique. Comme cet acte accorde à Newport le bénéfice de presque tout le commerce de houille du pays de Galles entre Bridgwater et Newport, les marchands de Cardiff, dont le port est exclu du bénéfice de l'acte, comme se trouvant à un demi-mille environ de la ligne tirée des Holmes, se plaignirent hautement de cette préférence.

L'exemption de ce droit eut pour effet, d'amener la houille au marché, d'une plus grande distance qu'auparavant.

COMMERCE EXTÉRIEUR.

Les premières mentions du commerce extérieur de la Grande-Bretagne, se trouvent dans les statistiques de Newcastle-upon-Tyne, dans les proclamations royales et autres papiers relatifs à cette ville. La première de toutes se voit dans les rôles du Parlement, en 1325, époque à laquelle un navire appartenant à Thomas Rent de Pontoise, se rendait à Newcastle, avec une cargaison de blé qu'il échangeait contre un chargement de houille. Ce n'est que deux cents ans plus tard qu'on trouve une nouvelle mention de ce commerce ; durant cet intervalle, il y a tout lieu de croire que l'exportation ne fut point suspendue, quoiqu'on ne sache pas à quelle quantité elle s'élevait et dans quel pays elle avait lieu. En 1546, le roi Henri VIII envoya au maire de Newcastle l'ordre d'expédier, avec toute la promptitude possible, trois mille chaldrons de houille à Bullein en France. Le commerce avec la France se développa tellement, que bientôt après il fut dressé une pétition pour s'y opposer, et le journal de la Chambre des communes de février 1563, contenait une loi pour arrêter l'exportation des houilles de Newcastle. Au mois de juillet de la même année, il fut passé, en Ecosse, un acte défendant l'exportation de la houille qui avait occasioné un grand manque de combustible dans le pays. En 1600, une ordonnance de la reine Elisabeth, qui nommait un receveur des douanes à Newcastle, reconnut l'existence d'un ancien droit de cinq shillings par chaldron de houille exportée outre-mer. Vers la fin du règne de cette princesse, le commerce intérieur avait pris une telle extension, que le droit de quatre pence par chaldron, produisait dix mille livres par année.

On lit, dans un petit traité publié en 1815, et intitulé Développement du commerce (1), qu'outre les vaisseaux anglais faisant l'exportation, un grand nombre de vaisseaux étrangers venaient prendre des chargemens. Il arrivait de France à Newcastle des flottes de cinquante voiles, qui desservaient les ports de la Picardie, de la Normandie, de la Bretagne, et allaient même à la Rochelle et à Bordeaux. Les vaisseaux de Brême, d'Embden, de Hollande et de Zélande, fournissaient le combustible aux habitans des Flandres. L'exportation paraît avoir élevé le prix de la houille pour le consommateur, et occasioné quelques plaintes. En 1666, il fut embarqué à Newcastle 13,675 tonnes de houille. Sous la reine Elisabeth, le commerce de la houille prospéra d'une manière sensible, et on le regardait comme une source importante de richesse, non-seulement pour la localité, mais encore pour le trésor public. Les taxes arbitraires imposées à ce commerce, et les monopoles honteux autorisés par la cupidité royale, contribuèrent matériellement, ainsi qu'on le pense, à la chute de Charles Ier. Lorsque les armées écossaises se furent emparées de Newcastle, la Chambre des communes prit la direction du commerce de la houille, et gouverna la ville ; on put alors envoyer à Londres, pour l'usage des pauvres, d'abondantes provisions de charbon, dont le prix s'était élevé à quatre livres (100 francs) par chaldron ; malgré cela, le combustible fut si cher dans la capitale, pendant l'hiver de 1648, qu'il périt un grand nombre de pauvres gens, malheur qu'on reproche au gouverneur de Newcastle, à cause du droit onéreux de quatre shillings par chaldron qu'il avait imposé à la houille. Au mois de novembre 1643, Charles Ier écrivit d'Oxford au marquis de Newcastle, une lettre qui existe encore, et dans laquelle il lui demandait d'échanger avec la Hollande, du charbon contre des armes,

(1) The trade's increase.

et l'année suivante, au mois de janvier, dans une assemblée des hostmen de Newcastle, il fut décidé que six frères de la société s'entendraient avec le maire, afin de se procurer les quantités de houille qu'on pourrait prêter au roi, pour en obtenir en échange du blé, de la poudre et des munitions, toutes choses nécessaires à son service.

En 1663, une loi rendue par Charles II, imposa pour tout droit, aux houilles exportées par navires anglais, pour les besoins des colonies, un droit d'un shilling huit pence par chaldron de Newcastle, et d'un shilling par chaldron de Londres, pourvu, toutefois, qu'il y eût certitude que les charbons embarqués seraient exportés aux lieux indiqués. En 1759, Georges II imposa à la houille un droit additionnel. Cinq ans plus tard, il paraît que trois cent soixante-cinq navires, un par chaque jour de l'année, furent expédiés de la Tyne, avec des chargemens de houille.

Charles II accorda à son fils naturel Charles Lennox, duc de Richemond et à ses héritiers, un droit d'un shilling par tonne de houille; ce droit continua d'appartenir à la famille jusqu'à ce qu'il fut racheté par le Gouvernement. Cet impôt, si onéreux pour les marchands de la Tyne, et connu sous le nom de shilling de Richmond, produisit 25000 livres par année, lorsqu'il fut rentré dans les mains du Gouvernement. Il fut racheté du duc de Richmond, en 1799, pour la somme de 400,000 livres (10,000,000 francs); cette somme portant un intérêt de cinq pour cent par an, a été plus que récupérée par le revenu, et elle a procuré un excédant de 341,900 livres. Ce droit a été supprimé au mois de mars 1831.

Diverses causes ont influé, à différentes époques, sur le commerce de la houille; mais cependant, à quelques exceptions près, il eut un développement progressif dans le nord de l'Angleterre. En 1800, la vente des houillères de la Tyne fut de 685,280 chaldrons, et en 1826, de 844,965 chaldrons. En 1830, le capital employé par les propriétaires de mines de la Tyne, était estimé à 1,500,000 livres (37,500,000 fr.)

Vers le milieu du seizième siecle, le port de Sunderland commença à acquérir une certaine importance; depuis cette époque, sa prospérité commerciale s'accrut rapidement, et il a long-tems partagé avec Newcastle les avantages du com-

merce de la houille. En 1800, il fut expédié de Sunderland ;
soit pour l'intérieur, soit pour l'exportation 303,459 chaldrons de houille ; ce chiffre s'éleva, en 1828, à 532,508,
l'exportation totale, pendant ces vingt-huit années, ayant
été de 12,000,000 chaldrons. En 1807, il partit du port de
Sunderland, avec des chargemens de charbons, 7,518 navires jaugeant 102,454 tonneaux. Stockton exerce aussi depuis
1820, une certaine rivalité avec les ports de Newcastle et de
Sunderland. Les grands propriétaires de mines de la Tyne et de
la Wear, paraissent faire cause commune pour la vente de
leurs charbons, et exclure de leur association ceux de la Tees.
L'exportation de Stockton est beaucoup moins importante
que celle des autres ports de Newcastle et de Sunderland.

D'après tout ce qui vient d'être dit, on voit que déjà, à
une époque reculée, il se faisait un commerce d'exportation,
entre Newcastle et différentes contrées étrangères ; que de
plus, ce commerce s'étendit à d'autres ports de la Grande-
Bretagne, particulièrement Londres, Swansea, Liverpool,
Whitehaven, Sunderland, Hull, Borowstoness et Greenock.
Eu 1834, Newcastle a exporté 140,000 tonnes, Sunderland
94,314, et Hull 12,096.

La loi de 1831 régla les droits d'exportation de la houille,
en changeant ceux précédemment établis. Ces droits sont par
tonne de gros charbons exportés :

Par navire anglais............ 3 sh. 4 d.
Par navire étranger......... 6   8

Et pour la houille menue et celle dite culm et cinders exportée,

Par navire anglais............ 2 sh. 0 d.
Par navire étranger......... 4   0

N'est regardée comme houille menue, que celle qui a été
criblée, ainsi que l'exige la loi, c'est-à-dire, celle qui a passé
dans un crible de trois huitièmes de pouce d'écartement.

D'après les comptes rendus présentés au Parlement, il paraît que, pendant l'année 1833, il a été exporté, de la
Grande-Bretagne aux différens ports de la Méditerranée, les
quantités suivantes.

Gibraltar.	10,161 tonnes.
Espagne et Iles Baléares. . . .	605
Malte..	3,422
Italie et îles d'Italie.	4,039
Iles Ioniennes..	1,180
Ports russes sur la Mer Noire.. .	2,435
Turquie et Grèce continentale. .	323
Morée et Iles Grecques.	647
Egypte.	7,260
Total..	30,072

En 1834, les droits furent encore réduits : au lieu de 3 s. 4 d. et 2 s. par tonne, on mit un droit de dix pour cent, au lieu de 6 s. 8 d. et de 4 s., on imposa un droit uniforme de 4 s.

Pendant l'année 1834, la Grande-Bretagne exporta 615,255 tonnes de houille de toute qualité. Cette quantité se trouva répartie entre les différens pays d'exportation, dans les proportions suivantes indiquées par le tableau.

Russie.	35,214 tonnes.
Suède..	11,658
Norwège.	3;573
Danemarck.	72,186
Prusse.	23,787
Allemagne	50,258
Hollande.	94,447
Belgique.	270
France.	59,690
Portugal, îles Açores et Madère.	13,714
Espagne et îles Canaries. . . .	1,583
Gibraltar.	5,856
Italie.	12,587
Malte.	7,715
Iles Ioniennes..	1,250
Turquie et Grèce continentale. .	1,329
Morée et Iles Grecques	1,471
Cap de Bonne-Espérance. . . .	879
Autres parties de l'Afrique. . .	6,738
Indes Orientales et Chine. . . .	5,379

Nouvelle Galles du sud et terre

de Van Diemen.	21
Colonies anglaises de l'Amérique.	55,201
Indes Occidentales anglaises. . .	43,617
Indes Occidentales.	845
États-Unis de l'Amérique. . . .	39,855
Mexique.	5
Colombie.	54
Brésil.	1,637
États de Rio de la Plata. . . .	966
Chili.	170
Pérou.	118
Iles de Guernesey, Jersey, Alderney et Man.	63,182
Total.	615,255 tonnes.

Ce chiffre comprenait 3654 tonnes de cinders, dont un tiers fut exporté en Danemarck, et 1845 tonnes de culm exportées, presque en totalité, dans les îles Norman. Le montant des droits perçus sur ces 615255 tonnes, a été de 34,902 l. 10 s. 2 d. (872,562 fr. 60 c.)

Les propriétaires de mines du Nord continuant à se plaindre, et le Gouvernement désirant leur procurer un soulagement, le chancelier de l'échiquier proposa, en 1835, de supprimer les droits qui frappaient la houille exportée. La proposition fut acceptée, et aujourd'hui les charbons exportés de la Grande-Bretagne, par navires anglais, ne paient plus aucun droit. Les navires russes et hollandais, et ceux des états qui ne reconnaissent pas les traités réciproques, paient quatre shillings par tonne.

Les houilles exportées de la Grande-Bretagne sont soumises à des droits variant suivant les pays de destination; les droits d'entrée, en Suède, sont de douze shillings deux pence par chaldron de Newcastle, ou cinquante pour cent environ du prix coûtant. Ces droits sont évidemment imposés par le gouvernement suédois, pour favoriser les mines de houille de Hoganäs en Scanie.

Les droits d'importation en Danemarck, sont de deux livres dix-huit shillings dix pence par keel de huit chaldrons de Newcastle, ou par vingt tonnes de houille d'Ecosse.

C'est en Hollande qu'a lieu la plus grande exportation; le

gouvernement hollandais a fixé, par la loi du 8 juin 1831, les droits d'entrée sur la houille, à deux florins par millier de livres des Pays-Bas, sans distinction d'origine et pour tous pavillons étrangers. En réponse à la demande faite en 1834, par la Chambre des communes, pour connaître le nombre et le nom des navires anglais entrant dans les ports de Copenhague, de Hambourg et de Rotterdam, avec des chargemens de houille, le consul Mac Grégor envoya à sir George Shee la note suivante relative à 1833. Il paraît que cinquante navires anglais du port de 9,740 tonneaux et montés par 431 hommes d'équipage, furent employés pour le commerce de la houille de Copenhague, et les quantités importées ont été de 2381 tonnes et 4261 chaldrons, formant un total de 13098 tonnes. M. Mac Gregor ajoutait que, pendant les années 1831, 1832, 1833, il n'y eut pas moins de trois cent huit navires anglais, et de cent quatre-vingt-neuf navires de pavillons différens, naviguant sur la mer Baltique pour le commerce de la houille; et l'importation, à Copenhague, fut de cent trente-quatre tonnes de charbons pour cent tonneaux de port du navire; la quantité totale de charbons exportés sur la mer Baltique peut, d'après cela, être estimée à cent dix mille tonnes par année.

Les houilles anglaises ne paient aucun droit en Russie; ce combustible est d'une telle nécessité pour ce pays, qu'on peut le débarquer sur tous les points de l'empire, sans être soumis à l'inspection de la douane, formalité indispensable pour les autres objets de commerce. De 1825 à 1831, les droits d'entrée du charbon dans les états prussiens étaient, pour les provinces de l'Est, de trois dollars et demi par quintal, et pour celles de l'Ouest, d'un dollar et un sixième; depuis 1832, la houille paie un droit commun d'un dollar et demi.

En Portugal, la houille anglaise paie un droit de quinze pour cent, que l'administration de la douane fait varier suivant le prix du charbon sur le marché. Ces droits sont imposés sur une mesure dite pipa, contenant trois tonnes et demie de vingt quintaux chacune. Le portugal ne reçoit que de la houille anglaise.

Les charbons sont admis en libre entrée dans le royaume des Deux Siciles.

Les droits imposés à la houille anglaise, dans les ports de France, sont de o f. 65 par cent kilogrammes.

ÉCOSSE.

L'Écosse renferme quelques riches bassins houillers, mais leur étendue est bien inférieure à celle des bassins de l'Angleterre. Dix-sept comtés de l'Ecosse sont privés de ce combustible, ou le possèdent en si petite quantité, qu'il ne mérite pas d'être exploité. Généralement on peut dire qu'on ne rencontre pas de couches de houille au nord de Saltcoates, ni au sud de Girvan, dans l'Ayrshire sur les côtes de l'Ouest; on n'en rencontre pas non plus au nord de Saint-Andrews, si ce n'est quelques couches de mauvaise qualité, dans le comté de Sutherland, ni au sud de Berwick sur les côtes de l'Est, en sorte que ces quatre points peuvent servir de limites au terrain houiller de l'Ecosse, qui s'étend du sud-ouest au nord-est, sur un espace de trente à quarante milles.

Le comté de Fife possède d'abondantes couches de houille, qui se rencontrent principalement dans la partie méridionale du comté.

Dans l'Ayrshire, quelques mines assez productives sont en exploitation, à Ardrossen et à Saltcoates. Il s'en trouve aussi aux environs de Paisley, dans le Renfrewshire.

Le comté de Lanark renferme un beau bassin houiller, commençant près de Portobello, passant près du mont Craig-Millar, de Liberton, et se prolongeant jusqu'au-delà de Roslin. Les mines de Campsic, de Baldernock, de Kilsyth et de Larbert, sont situées dans ce comté : elles fournissent à la consommation des forges établies sur les bords de la rivière Carron ; ces usines consommaient, il y a quelques années, plus de deux cents tonnes de houille par jour.

Le grand bassin houiller du Mid-Lothian et de l'East-Lothian est non-seulement important par sa richesse, mais encore par sa proximité de la capitale et de la mer, ce qui lui procure quelques-uns des avantages dont jouit le bassin du Northumberland et du comté de Durham. Ce bassin renferme cinquante à soixante couches de houille, dont la puissance varie de 1 pied à 13 pieds ; la puissance moyenne de la houille est de 3 pieds et demi. La houille est de trois qualités bien distinctes.

A Culross, se trouvent des mines exploitées depuis un tems immémorial ; c'étaient autrefois les plus importantes de l'Ecosse ; un acte du Parlement, en 1663, avait ordonné, que le chalder de Culross serait la mesure légale pour toutes les mines de houille du royaume.

Quelques-uns des bassins houillers de l'Ecosse renferment des couches d'une puissance remarquable. Dans le Clackmannanshire, les couches alternent avec une grande variété d'autres couches. La stratification du bassin principal que l'on a examiné jusqu'à une profondeur de 704 pieds, a été trouvée assez régulière à quelques exceptions près. On a rencontré cent quarante-deux couches différentes, dont vingt-quatre couches de houille. Elles ont une puissance qui varie de 0m05 à 1m63 ; six ont une épaisseur de plus d'un mètre. L'épaisseur totale s'élève à vingt mètres environ ; la principale couche est à cent-mètres de profondeur ; la houille se rapproche de la houille grasse pour la qualité.

Aux environs de Paisley, les couches supérieures aux couches de houille ont une épaisseur de trente mètres environ. Les couches de houille sont au nombre de dix ; elles sont disposées l'une au-dessus de l'autre, et ne se trouvent séparées que par quelques couches très minces.

Elles n'ont pas moins de trente mètres d'épaisseur, et forment la plus considérable masse de combustible qui soit connue.

Les mines de houille du Mid-Lothian produisent annuellement environ 390,000 tonnes de charbon, et cette production pourrait atteindre un chiffre beaucoup plus élevé, si l'exploitation était conduite d'une manière convenable.

La houille est connue et extraite en Ecosse depuis cinq ou six cents ans. La première mention de ce combustible se trouve dans une charte accordée en 1291, à l'abbaye et au couvent de Dumferline, pour l'exploitation de la houille sur le territoire de Pittencrieff dans le comté de Fife.

D'après M. Bald, les couches de houille connues dans le Lothian forment une épaisseur totale de 183 pieds anglais (55m80) il estime à 5,000,0000,000 de tonnes la quantité de houille qu'elles contiennent, et en faisant une déduction de cinq huitièmes pour les couches où le charbon est de mauvaise qualité, et pour les parties excavées, il conclut que le bassin houiller du Lothian pourrait seul fournir à la consommation de toute la Grande-Bretagne pendant soixante-quinze années.

La consommation de la houille n'est assujettie en Ecosse à aucune charge ; l'importation et l'exportation y sont aussi franches de tout droit. Les houilles revenant en Ecosse d'un port où elles ont payé des droits, obtiennent une indemnité. Cette circonstance produit une circulation qui donne au pays tous les avantages d'un commerce libre, et établit une concurrence entre les mines de Newcastle et celles de l'Ecosse. Edimbourg reçoit des mines situées dans son voisinage une qualité de charbon semblable aux charbons anglais. La houille se vendait autrefois dans cette ville à la mesure, mais les abus et les fraudes résultant de ce système ayant donné lieu à de nombreuses plaintes, les magistrats ordonnèrent que la vente aurait lieu au poids, et pour en faciliter les moyens, on établit à poste fixe des machines à peser aux endroits convenables des rues, et toute personne pouvait y faire peser le charbon qu'elle achetait. Le voiturier qui transporte la houille reçoit de l'agent, une note indiquant le poids du chargement ; l'acheteur peut le faire peser, et si le poids se trouve inférieur à celui indiqué, le voiturier est obligé d'en tenir compte. La houille se vend aussi au poids à Glasgow, qui tire le combustible des houillères du voisinage. En 1828, il fut exporté d'Ecosse en Angleterre 233,338 tonnes de houille, en Irlande 40,295 tonnes, aux colonies anglaises 18,635 tonnes, et dans divers autres pays 13,305 tonnes, formant un total de 305,573 tonnes. Durant la même année, la quantité de charbons importés à Leith, Dundee, Montrose, Arbroath, Banff, Grenock, Aberdeen, Kirkaldy, Inverness, Grangemouth, Thurso Dumfries, Irvine, Lerwick, Borrowstoness et aux autres villes de l'Ecosse, fut de 28,3059 tonnes, auxquelles il faut ajouter 194,109 chaldrons vendus à la mesure.

IRLANDE.

D'après Conybeare et Phillips, on trouve des dépôts de houille dans dix-sept comtés de l'Irlande : à Antrim près Ballycastle ; à Donegal au nord du mont Charles ; à Tyrone et à Drumquin dans le district d'Ulster ; à Fermanagh, district de Connaught et à Petigoe ; à Monaghan près Carrickmacross ;

à Cavan près Belturbet ; à Leitrim et Roscommon dans le district de Connaught ; à Westmeath près Athlone, dans le comté de la Reine ; à Kilkenny et Carlow, dans le district de Leinster; à Tipperary, à Clarc, à Limmerick, Kerry et Cork, dans le district de Munster. Les districts de Leinster, de Munster, de Connaught et d'Ulster contiennent les quatres principaux bassins houillers de l'Irlande.

Le bassin de Leinster est situé dans les comtés de Kilkenny de la Reine et de Carlow ; il s'étend jusqu'à Killenaule, à une petite distance dans le comté de Tipperary. C'est le principal dépôt houiller ; il est divisé en trois parties par du calcaire de formation secondaire, qui se continue sous tout le dépôt.

Le bassin de Munster occupe une portion considérable des comtés de Limerick et de Kerry, et une grande partie du comté de Cork. C'est le plus étendu de toute l'Irlande, et il est exploité depuis plusieurs siècles, aux environs de Kanturk, dans le comté de Cork. Ce dépôt se rapporte à une des premières périodes, auxquelles se sont formés les combustibles fossiles ; il repose sur le calcaire. A Dromagh, les travaux ont été poussés à une étendue considérable, et la quantité de houille et de culm qu'on retire, contribue aux perfectionnemens de l'agriculture des grands comtés maritimes et commerciaux de Cork et de Limerick. On espère trouver de riches couches de houille dans le bassin situé sur la rive gauche de l'eau noire.

Le bassin de Connaught est moins riche que ceux de Leinster et de Munster, et selon toute apparence, est destiné à remplacer le bassin de Lienster lorsqu'il sera épuisé. Il est peu connu jusqu'à présent ; on a seulement observé les affleuremens de plusieurs couches ; mais, comme elles n'ont pas été explorées à une grande distance, leur étendue n'a pu être déterminée d'une manière certaine. La houille est bitumineuse et particulièrement convenable au travail du fer.

Le bassin d'Ulster est d'une très faible importance comparativement à celle des bassins précédens. Il commence près de Dungannon, dans le comté de Tyrone, et s'étend jusqu'aux environs de Cookstown ; aucune couche méritant d'être exploitée n'a été découverte jusqu'à présent entre Coal-Island et Cookstown, mais il est probable qu'on en trouvera dans cette direction. Les principales exploitations sont à Dungannon et Coal-Island. La houille de ce bassin est bitumineuse.

Outre ces principaux bassins houillers, l'Irlande en renferme encore quelques autres de moindre importance, tels sont ceux de Belturbet et de Ballycastle. Aux mines de Dromagh, dans le bassin de Munster, toutes les couches découvertes jusqu'à présent ont été successivement exploitées avec fruit. Aucune exploitation dans ce bassin n'a été poussée à une profondeur supérieure à quatre-vingts mètres.

Quoique l'Irlande contienne de nombreuses couches de houille, elle reçoit cependant une grande quantité de charbons de l'Angleterre et de l'Ecosse. Les mines de l'Ayrshire en Ecosse, celles de Whitehaven dans le Cumberland et celles du sud du pays de Galles fournissent à la consommation de l'Irlande. Dublin reçoit les charbons de Whitehaven. En 1828 il a été importé en Irlande de Whitehaven, 186000 chaldrons, de Newcastle 16328 chaldrons, de Liverpool 44856 tonnes, et du comté de Lancaster 13250 tonnes. L'importation de l'Ecosse s'est élevée à 105933 chaldrons. Les houilles du pays de Galles sont expédiées en Irlande de Newport, de Cardiff et de Chester; les quantités importées en 1828 ont été de 148738 tonnes de houille et 20000 tonnes de culm. Les villes de Cork, Belfast, Waterford, Newry, Wexford, Drogheda, Dundalk, Limerick, Londonderry, Sligo, Galway, Westport, Coleraine et Baltimore consomment aussi une grande quantité de combustible, et nous les avons énumérées dans leur ordre d'importance par rapport au commerce de la houille en Irlande. Le total des importations pendant l'année 1828 a été de 777575 tonnes.

Les charbons expédiés des ports du pays de Galles ont long-tems été chargés au poids sur les navires. Pour déterminer ce poids d'une manière exacte, les waggons étaient préalablement pesés à vide et marqués, puis lorsqu'ils étaient pleins, on les plaçait sur une machine établie à cet effet sur la ligne du chemin de fer, de sorte qu'on pouvait immédiatement connaître le poids de leur contenu. De graves inconvéniens étant résultés de cette méthode suivie dans le commerce de la houille de l'Irlande et particulièrement de Dublin, une série de statuts, dont le premier date du règne de la reine Anne, fut successivement rendue pour prévenir les fraudes du commerce de la houille, et les abus résultant des combinaisons employées pour élever le prix de ce combustible. Ces statuts furent supprimés par un acte donné en 1832, sauf celui portant imposition d'un droit d'un shilling par tonne sur toutes les houilles débarquées dans le port de Cork.

Comme une des principales sources de fraude avait été la substitution d'une dénomination supérieure à celle d'une qualité inférieure de houille, ce qui avait lieu surtout pour les houilles de Whitehaven, le dernier acte porte : que tout navire venant dans un port d'Irlande avec une cargaison de houille pour la vente, serait tenu d'exposer dans une partie apparente du bâtiment, un tableau indiquant le nom de la houille dont il est chargé, celui du port d'où provient le chargement, et le prix auquel le charbon doit être vendu. Toute contravention à cet article est punie d'une amende de dix livres (250 francs).

La houille se vendait autrefois à la mesure, à Dublin, et sous la surveillance de mesureurs jurés. La validité de la mesure dépendait de la présence de l'agent. Un acte rendu par Guillaume IV fit de l'emploi des mesureurs ou des peseurs un article de choix entre l'acheteur et le vendeur, qui devinrent libres de prendre qui bon leur semblait pour mesurer, peser, décharger et transporter la houille. Six mois après, un autre acte accorda aux mesureurs jurés une indemnité, pour le paiement de laquelle on établit un droit de quatre pence par tonne de houille étrangère importée dans la ville de Dublin, et aucun navire ne peut décharger sa cargaison avant d'avoir acquitté ce droit. Ce droit, d'ailleurs temporaire, se réduit à mesure que les anciens mesureurs meurent ou acceptent des places salariées, et il sera tout-à-fait supprimé lorsqu'il n'y aura plus aucun mesureur ayant droit au bénéfice de l'acte. Cependant sont franches du droit, toutes les houilles importées à Dublin pour les fabriques de verre, de sucre, les usines à sel, les distillateurs, les brasseurs, les imprimeurs d'étoffes, les fonderies de tout genre, les manufactures de papier, les fabriques d'étoffes de laine et de fil, les teinturiers, les fabricans de produits chimiques, et toutes les manufactures exigeant l'emploi de la houille. La houille est peu employé pour le chauffage domestique, surtout dans les lieux éloignés de la capitale, à cause de son prix élevé. Elle est du reste remplacée pour cela par la tourbe, qui est très abondante en Irlande.

CHAPITRE XXIV.

—

MINES DE HOUILLE DE LA FRANCE.

La France est un des pays les plus riches en houilles ; on trouve ce combustible dans presque toutes ses parties, au nord , au midi, à l'est , à l'ouest et au centre.

Le nord de la France abonde en exploitations houillères. De tous les départemens , le département du Nord est celui qui en contient le plus grand nombre. La direction générale du terrain houiller est de l'est à l'ouest. Les couches sont plus ou moins inclinées à l'horizon, et sont généralement dirigées vers le midi ; mais cette direction se trouve souvent en sens contraire, par suite des nombreux crochets que font sur elles-mêmes les couches de tout le système. Les couches de houille, en général peu épaisses , sont assez rares et laissent souvent entre elles de grands intervalles qui sont remplis par des couches de grès ou de schiste argileux. Le terrain houiller est caché sous des terrains morts, dont l'épaisseur qui n'est que de trente à quarante mètres aux environs de Condé, va toujours en augmentant à mesure que l'on s'avance dans l'intérieur du département. A Anzin , cette épaisseur est de soixante-dix à quatre-vingts mètres , et à Aniche elle va jusqu'à cent-vingt mètres. Les couches de houille contiennent du fer sulfuré dont la présence nuit beaucoup à la qualité du combustible ; de la chaux carbonatée et de la baryte sulfatée ; on y trouve aussi de petites couches de minerai de fer carbonaté.

Les exploitations les plus importantes sont à Anzin , à Fresnes , à Raismes , à Condé et à Aniche. Le nombre en augmente chaque année, par suite des recherches qui se poursuivent avec activité dans tout le département.

Les mines du Nord fournissent le charbon à un grand nombre de départemens, entr'autres aux départemens de la Somme, de l'Aisne, de l'Oise, de la Seine-et-Oise, de la Seine, etc. Elles font concurrence aux mines de la Loire et de l'Allier.

Le département du Pas-de-Calais ne produit qu'une petite quantité de houille, provenant de mines exploitées aux environs de Boulogne. On y a entrepris à différentes époques des travaux de recherches qui n'ont pas donné de résultats satisfaisans.

Les mines du département de la Moselle fournissent à la consommation d'une partie du département.

Les mines des départemens du Haut-Rhin et du Bas-Rhin ne sont pas d'une grande importance; leurs produits sont employés dans le pays. Près des limites des deux départemens, aux environs de Saint-Hippolyte, on exploite une couche de houille dont l'épaisseur n'est que de quelques centimètres, et qui passe quelquefois à l'état terreux; elle est dérangée par un grand nombre de failles et de plis, et elle n'a qu'une faible inclinaison.

Les mines de Sainte-Croix et de Rodern, fournissent à la consommation de la ville de Colmar et des environs.

Le département du Calvados renferme plusieurs exploitations importantes; la première est celle de Littry, qui a été commencée en 1741. C'est là que fut établie sur un des puits de la mine, la première machine à vapeur qui ait été employée en France à l'extraction de la houille. Les couches de houilles sont sujettes à de nombreux étranglemens qui, interrompant la couche sur plusieurs points, divisent le terrain qui renferme la houille, en bassins fort irréguliers, tant par leur forme que par leur grandeur. La majeure partie des produits des mines est consommée dans le pays; cependant on en exporte une assez grande quantité à Cherbourg, au Havre, à Honfleur et dans plusieurs villes des environs.

Le Midi, moins riche que le Nord en houille, contient pourtant quelques vastes dépôts de ce combustible.

Le département des Hautes-Alpes et celui des Basses-Alpes ne produisent qu'une faible quantité de houille, qui se consomme dans le pays.

Il existe quelques exploitations dans le département du Var, mais leurs produits sont presque nuls.

Le département des Bouches-du-Rhône fournit une plus grande quantité de houille ; elle est d'une qualité médiocre, et elle se consomme à Aix , à Marseille et dans les villes voisines.

On trouve de la houille dans le département de la Vaucluse, mais en petite quantité.

Les environs d'Alais, département du Gard , présentent de nombreuses et riches couches de houille. Les mines du Vigan, de la Grand-Combe, fournissent elles seules des produits considérables ; la houille d'Alais est d'une excellente qualité, et les débouchés en sont facilités par l'établissement des routes en fer, qui contribuent à l'accroissement de la prospérité des mines du pays.

Plusieurs cantons offrent de la houille, dans le département de l'Ardèche, et les produits de l'extraction sont assez importans.

Le département de l'Hérault est plus riche que ce dernier. Dans le canton de Bédarieux on trouve d'abondantes couches de houille. Quoiqu'elle ne soit que de moyenne qualité, cependant elle est très utile pour la consommation du pays.

Les produits des mines de l'Aude sont peu considérables, et les débouchés en sont difficiles.

La houille se rencontre en plusieurs endroits du département du Tarn. Les mines de Carmeaux sont les plus considérables et celles dont les produits sont le plus estimés. La houille est du reste de diverses qualités dans le département.

Le département de la Dordogne ne fournit à la consommation qu'une très faible quantité de houille.

Le département de l'Aveyron est un des plus riches en houille ; mais le désordre avec lequel ont été autrefois conduites les exploitations, a occasioné de violens incendies souterrains, qui ont ravagé et détruit en partie ce beau bassin houiller. Les principales mines se trouvent à Milhau , à Cransac , à Montignac , aux environs de Saint-Afrique et de Rhodez. La couche de Firmy a treize mètres au moins de puissance ; et celle exploitée à La Salle est encore plus puissante. M. Cordier indique cette puissance comme étant de cent trois mètres.

C'est au centre que se présentent les plus riches et plus abondans dépôts de houille ; ce combustible y est d'une excellente qualité, et les débouchés en sont faciles et nombreux.

Le département de la Loire est le plus riche en houille de tous les départemens de la France. La formation houillère de la Loire se divise en deux parties : la première comprend le bassin de Saint-Etienne et de Saint-Chamond, et la seconde celui de Rive-de-Gier.

Les mines de Saint-Etienne et de Saint-Chamond sont exploitées depuis une époque très reculée. Leur exploitation, facilitée d'ailleurs par les nombreux affleuremens des couches, s'est long-tems faite sans ordre et sans régularité, et ce n'est guères que du siècle dernier que date le commencement de prospérité de ces mines.

Les couches de houille sont à St.-Etienne au nombre de dix-huit. Ces dix-huit couches ont été reconnues dans le bassin de Firminy ; leur épaisseur est assez considérable : elle varie de 1^{m}40 à 8^{m}80.

A Roche-la-Molière, neuf couches seulement ont été reconnues : leur puissance est aussi très variable ; elle est de 1^{m}30 à 9 mètres. La couche dite du Seignat, qui a 1^{m}60 de puissance, produit une houille très recherchée pour la forge ; elle est embarquée sur la Loire pour Paris. La couche Siméon dont la puissance est de 4^{m}80 et quelquefois 6^{m}60, fournit, après la couche du Seignat, la houille la plus estimée.

On compte vingt-une couches bien distinctes à la Rica-Marie et à la Béraudière. Plusieurs ont une grande puissance, et l'on peut dire que ce sont les couches de ce bassin qui fournissent la houille la plus estimée de la contrée, pour le chauffage et pour la forge. Une de ces couches a été consumée par un incendie souterrain, à une profondeur de quatre-vingts à cent mètres ; une autre qui a huit ou dix mètres de puissance a été consumée à une profondeur de plus de cinquante mètres. Suivant Alleon-du-Lac, ces couches brûlent depuis plus de trois cents ans.

Onze couches ont été reconnues dans le district de Cluzel, de Villards et Montaud, mais elles n'offrent rien de particulier.

Les mines du Treuil, du Cros, de Mion, comprennent treize couches dont l'épaisseur est très variable.

Douze couches peuvent se reconnaître à Côte-Thiollière, dans le district duquel se trouvent quelques-unes des mines les plus importantes de Saint-Etienne.

Le bassin de St.-Chamond comprend trois couches seulement, qui sont d'une faible épaisseur et sujettes à un grand
nombre de dérangemens.

On ne connaît que trois couches dans le bassin de Rive-de-
Gier, et la plus voisine du jour n'est que rarement exploitable.
Les deux autres sont séparées l'une de l'autre par une masse
de rocher de trente-cinq à quarante mètres d'épaisseur. La
couche supérieure, dont la puissance varie de deux mètres à
douze et quinze mètres, est divisée en deux parties par un banc
de grès blanc de 1m60 à 2 mètres; la première partie fournit
la houille maréchale, et la partie inférieure donne le raffaud.
La seconde couche, dite la bâtarde, est aussi divisée par un
nerf plus ou moins épais : sa puissance varie de 1m60 à 2m50.
La houille qu'elle fournit n'est pas d'aussi bonne qualité que
celle de la première couche.

Nous donnons ici une coupe du terrain houiller de Rive-de-
Gier.

Terre végétale..................	0m	27
Banc de roche.................	1	63
Autre banc de roche...........	0	97
Grès jaunâtre.................	1	95
Grès micacé gris..............	0	65
Pierre argileuse..............	0	32
Houille......................	0	16
Grès micacé gris..............	3	25
Grès plus noir...............	3	25
Grès gris, très dur..........	0	97
Pierre argileuse.............	0	16
Pierre savonneuse............	0	08
Pierre argileuse.............	1	63
Argile savonneuse............	0	08
Pierre argileuse.............	0	32
Houille (la maréchale).....	5	85
Roche pyriteuse..............	0	16
Houille (le Raffaud).......	0	32
Grès bitumineux..............	1	63
Houille (la bâtarde).......	2	60
	26	25

Les houilles de la Loire sont transportées au canal de Givors par le chemin de fer de Lyon, de là elles se rendent au Rhône et descendent jusqu'à la Méditerranée. Le chemin de fer d'Andrezieux les amène à la Loire, qu'elles descendent jusqu'à Nantes; elles arrivent encore à Paris par le canal de Briare et la Seine. En un mot, elles sont exportées dans presque toutes les parties de la France.

Ces houilles, qui rivalisent pour la qualité avec les meilleures houilles de Newcastle, sont propres à tous les usages.

Le département de la Haute-Loire renferme d'abondantes mines de houille d'une excellente qualité; on en consomme beaucoup à Paris.

On trouve dans le département du Rhône quelques exploitations houillères dont les plus importantes sont celles situées aux environs de l'Argentière.

Le Puy-de-Dôme est plus riche en combustible que ce dernier département; les principales mines sont celles de Montgie, Brassac, Salles, la Combelle, Barre et du Grosménil. La houille y est généralement d'une bonne qualité.

Il n'y a dans le département du Cantal qu'un bien petit nombre d'exploitations dont les produits sont très faibles.

Le département de Saône-et-Loire possède de riches dépôts de houille qu'on trouve dans plusieurs parties du département. Les principales mines sont celles du Creuzot, de Blanzy, de Saint-Bérain et Saint-Léger et de Resille près Epinac. Au Creuzot, la houille se trouve en amas déposés presque verticalement entre des couches de schiste micacé et de grès granitiforme; mais l'exploitation en a été conduite dans le principe avec un tel désordre, qu'elle n'offre plus aujourd'hui que peu de ressources.

Les principales mines du département de l'Allier sont celles de Noyant, des Gabliers, de Commentry, de Fins; la houille qui se présente à Fins en couches abondantes, est d'une excellente qualité et propre au travail de la forge. Les produits des mines de ce département sont assez considérables. Les mines de Commentry sont d'une très grande richesse.

L'exploitation de la houille est beaucoup plus importante

dans la Nièvre que dans l'Allier. Les principales mines sont celles de Décise. La houille n'y est pas d'une aussi bonne qualité qu'à Fins et à Commentry ; elle doit être employée promptement après son extraction, autrement elle perd par une longue exposition à l'air ; elle est peu propre au travail de la forge et à la fabrication du coke. La majeure partie des houilles de Décise est employée dans le département au chauffage et dans les usines ; le reste est transporté par terre jusqu'à la Loire, d'où il arrive à Paris, à Orléans et à Nantes.

Les mines du Lardin, d'Argentat, de la Pléau sont les principales exploitations du département de la Corrèze, où les bassins houillers n'ont qu'une faible étendue. La houille est généralement de bonne qualité ; elle est employée à la manufacture d'armes de Tulle et dans les forges du pays et des départemens environnans.

Le département de la Creuse renferme deux bassins houillers, celui de Bourganeuf et celui d'Ahun ; ils sont assez riches : le combustible est de qualité moyenne. Une partie est employée dans le pays, et l'autre est exportée dans les départemens de la Haute-Vienne, du Puy-de-Dôme, du Cher et de l'Indre.

La Haute-Saône est celui des départemens de l'Est qui est le plus riche en houille. Il renferme trois bassins ; le plus important est celui de Corcelles et Gémonval ; celui de Ronchamp et Champagney, autrefois le plus abondant, est aujourd'hui presque épuisé. La houille provenant des exploitations de ce département est de qualité inférieure. Les difficultés des communications empêchent l'écoulement des produits de ces mines, auxquelles les mines de la Loire font une redoutable concurrence.

Plusieurs couches sont exploitées dans le département de l'Isère, à la Motte, Pierre-Châtel, la Mure, Saint-Barthélemy ; le combustible est d'une qualité inférieure ; il est employé dans le département : on le transporte à Grenoble par l'Isère.

La houille se rencontre en plus grande abondance dans les départemens de l'Ouest.

Le bassin du Plessis, dans le département de la Manche, paraît n'être que le prolongement de celui de Littry ; on n'a découvert jusqu'à présent que deux couches présentant une puissance totale de 2^m60. La houille est généralement sèche, et s'emploie dans le pays à la fabrication de la chaux.

Dans le département de la Mayenne, le bassin houiller de St.-Pierre la-Cour est le seul bassin connu; il est d'une faible étendue, et la houille qu'on en extrait est collante mais terreuse; elle sert à la fabrication de la chaux.

Le bassin houiller du département de Maine-et-Loire s'étend jusques dans le département de la Loire-Inférieure. Les principales mines sont celles de Saint-Georges-Chatelaison (Maine-et-Loire) et celles de Montrelais (Loire-Inférieure).

A Saint-Georges-Chatelaison on connaît dix couches, séparées les unes des autres par des masses de schistes et de grès de 60 à 80 mètres d'épaisseur. Leur inclinaison varie entre 45 et 80 degrés. Leur puissance totale moyenne est de quinze mètres ; à Montrelais , cette puissance moyenne n'est que de sept mètres.

Ce bassin présente cette particularité, que la houille au lieu d'être disposée en longues couches continues, est disséminée dans des espaces lenticulaires plus ou moins étendus et entourés de toutes parts par une roche stérile.

La houille de ce bassin est généralement sèche ; une partie s'emploie dans les forges des deux départemens : le reste sert dans les verreries et les fours à chaux des bords de la Loire.

Les bassins de Vouvant et de Chantonnay sont situés dans les départemens de la Vendée et des Deux-Sèvres.

Sept couches de houille ont été reconnues dans le bassin de Vouvant ; elles sont disposées en bateau et présentent chacune deux affleuremens au jour. Leur puissance totale est de 7^m40.

Quatre couches seulement ont été reconnues dans le bassin de Chantonnay ; elles sont d'une faible puissance.

La houille est de deux sortes , houille collante et houille sèche. Elle est employée aux environs par les maréchaux et les fours à chaux.

Ces mines , par suite du manque de débouchés , n'ont pu prendre tout le développement dont elles sont susceptibles.

Le département du Lot ne renferme qu'un bassin, celui de Figeac. Ce bassin n'a qu'une faible étendue; les couches y sont peu puissantes, et le charbon est d'une mauvaise qualité. Les travaux de recherches qu'on avait entrepris dans ce département ont été abandonnés, et n'ont pu donner matière à concession.

En résumant tout ce qui vient d'être dit sur les bassins houillers de la France, on verra que quarante-six bassins sont en exploitation : seize de ces bassins sont principalement importans, soit par leur richesse, soit par les débouchés qui se présentent à leur produit. Ce sont ceux de Valenciennes (Nord), de Décize, du Creuzot et de Blanzy (Saône-et-Loire), d'Epinac (Saône-et-Loire); de Fins, de Commentry (Allier); de Brassac (Puy-de-Dôme et Haute-Loire); de la Loire; d'Alais (Gard); de Saint-Gervais (Hérault); de Carmeaux (Tarn); d'Aubin et de Rhodez (Aveyron); de Vouvant (Vendée); de la Loire-Inférieure; de Littry (Calvados). Les autres bassins fournissent à la consommation du pays.

La généralité des mines de houille exploitées en France ont été anciennement reconnues, puis abandonnées et reprises à différentes époques; mais ce n'est guères que vers le milieu du siècle dernier, qu'elles ont commencé à donner des résultats satisfaisans.

En 1789, cent soixante-et-douze mines étaient en exploitation; on ne connaît pas exactement le chiffre de leurs produits, mais on estime que la quotité de ces produits ne s'élevait pas à plus de 2,500,000 quintaux métriques.

De 1789 à 1795, l'exploitation des mines resta stationnaire; mais à partir de 1795, elle commença à marcher d'un pas rapide et sa prospérité s'accrut.

Le tableau suivant indique quelle était, en 1810, la situation des mines de France.

DÉPARTEMENS.	PRODUITS.
Allier.	22,0000
Aveyron.	150,000
Bouches-du-Rhône.	70,000
Calvados.	1,000,000
Gard.	700,000
Hérault.	360,000
Isère.	200,000
Loire.	6,000,000
Haute-Loire.	350,000
Loire-inférieure.	200,000
Maine-et-Loire.	60,000
Moselle.	400,000
Nièvre.	300,000
Nord.	6,000,000
Pas-de-Calais.	180,000
Puy-de-Dôme.	250,000
Haut-Rhin. Bas-Rhin.	50,000
Haute-Saône.	160,000
Saône-et-Loire.	600,000
Tarn.	120,000

Dans ce tableau ne sont pas compris les produits des mines des départemens des Hautes-Alpes, des Basses-Alpes, de l'Ardèche, de l'Aude, du Cantal, de la Corrèze, de la Creuse, du Lot, du Rhône, du Var, de la Vaucluse, et de la Dordogne.

L'exploitation de la houille paraît remonter en France au quinzième siècle. Ce combustible avait déjà acquis au seizième siècle une certaine importance industrielle. C'est dans les bassins de la Loire, de Brassac, de Décize, du Vigan, d'Alais, de Saint-Gervais, de Roujan, d'Ahun, que furent établies les premières exploitations. Le développement et les progrès de cette industrie ne datent que du siècle dernier.

En 1719 commencèrent les recherches qui amenèrent la découverte des riches couches de houille du bassin de Valenciennes.

En 1730 on entreprit les travaux d'extraction dans le bassin d'Hardinghen (Pas-de-Calais).

En 1734 on commence l'exploitation des mines du Creuzot.

En 1737 on établit les premiers travaux d'exploitation des mines de St.-Georges-Chatelaison (Maine-et-Loire).

En 1741 on découvre les mines de Littry (Calvados).

En 1750 commencent les exploitations de Ronchamp et de Champagney (Haute-Saône).

En 1752 on entreprend les travaux d'extraction aux mines de Carmeaux (Tarn).

En 1763 on commence les premières exploitations dans le bassin d'Epinac à Résilles.

Depuis cette époque jusqu'en 1789, on concéda beaucoup de mines dont l'exploitation remontait à une époque reculée.

Ainsi, on concède en 1769, les mines du Creuzot et de Blanzy, et celles de St.-Gervais.

En 1780, celles d'Ahun.
En 1782, celles de Saint-Bérain.
Et en 1788, celles de Roujan.

Nous avons vu quelle était, en 1789, la production approximative des mines de houille de la France. La loi du 21 avril 1810 leur ouvrit une voie nouvelle de progrès et de prospérité ; en 1812, la production des mines était déjà triple de ce qu'elle était en 1789, et cette production se répartissait ainsi :

Mines exploitées en 1789..... 7,500,000 quint. mét.
Mines ouvertes depuis 1789...   700,000
                               —————————
                               8,200,000

De 1812 à 1818, cette production resta la même ; à partir de 1819, et surtout de 1832, elle augmenta rapidement. Le tableau suivant indique la production des mines de chaque département, depuis 1814 jusqu'à 1837. Les chiffres sont extraits des statistiques publiées par le ministère des travaux publics.

En comparant les productions indiquées par ce tableau avec celles des années précédentes, et représentant par 1 la production des mines de houille en 1789, on trouve que la production des années postérieures est exprimée par les nombres suivans :

$$
\begin{array}{ll}
1789\ldots\ldots & 1,00 \\
1811\ldots\ldots & 3,22 \\
1817\ldots\ldots & 4,18 \\
1821\ldots\ldots & 4,72 \\
1827\ldots\ldots & 7,04 \\
1831\ldots\ldots & 7,33 \\
1837\ldots\ldots & 12,42 \\
\end{array}
$$

DÉPARTEMENS.	1814.		1815.	
	POIDS.	VALEUR.	POIDS.	VALEUR.
	quint. métr.	francs.	quint. métr.	francs.
Allier.	56,180	52,901	123,903	108,990
Ardèche.	24,600	34,890	25,303	35,944
Aude.	738	1,000	5,704	7,985
Aveyron.	37,415	18,209	45,005	235,000
Calvados.	229,226	265,903	140,967	389,280
Cantal.	2,220	4,440	2,220	4,440
Corrèze.	112,639	25,278	8,750	17,556
Creuse.	2,296	1,148	804	387
Dordogne.	»	»	»	»
Finistère.	»	»	»	»
Gard.	190,740	160,307	205,763	172,383
Hérault.	50,561	80,165	57,882	88,885
Loire	2,541,878	1,509,271	3,370,712	2,468,948
Loire (Haute).	44,501	53,998	96,420	128,758
Loire inférieu.	86,692	243,389	69,940	236,183
Lot.	»	»	»	»
Maine-et-Loire	126,884	197,856	134,306	193,449
Manche.	»	»	»	»
Mayenne.	»	»	»	»
Moselle.	»	»	»	»
Nièvre.	84,500	114,000	158,149	245,131
Nord.	2,345,656	3,002,440	2,368,506	3,037,892
Pas-de-Calais.	44,738	98,423	44,738	98,423
Puy-de-Dôme.	126,890	102,960	75,600	81,900
Rhin (Bas).	1,366	5,130	2,194	8,408
Rhin (Haut).	11,497	57,485	9,700	45,500
Rhône.	40,295	46,977	31,757	45,401
Saône (Haute).	85,050	140,332	80,200	136,340
Saône-et-Loire	157,239	189,619	152,908	163,833
Tarn.	77,674	109,225	75,000	105,000
Totaux.....	6,465,337	6,527,795	7,261,688	8,120,793

DÉPARTEMENS.	1816.		1817.	
	POIDS.	VALEUR.	POIDS.	VALEUR.
	quint. métr.	francs.	quint. métr.	francs.
Allier.	219,740	201,730	167,900	127,172
Ardèche.	25,000	32,190	27,935	36,229
Aude.	7,120	9,750	7,200	9,900
Aveyron.	13,046	9,797	26,730	31,614
Calvados.	228,781	445,351	240,360	380,741
Cantal.	»	»	»	»
Corrèze.	8,627	17,502	8,687	17,502
Creuze.	»	»	»	»
Dordogne.	»	»	»	»
Finistère.	»	»	»	»
Gard.	237,641	205,719	249,201	201,922
Hérault.	62,866	96,392	73,024	97,770
Loire.	3,702,961	2,580,563	4,060,152	2,767,836
Loire (Haute).	133,120	168,763	159,115	198,430
Loire-Infér.	56,944	179,813	45,638	45,638
Lot.	»	»	»	»
Maine-et-Loire.	50,776	82,037	84,753	146,347
Manche.	»	»	»	»
Mayenne.	2,856	5,997	4,160	8,735
Moselle.	»	»	»	»
Nièvre.	85,000	190,000	96,848	191,860
Nord.	2,333,806	3,058,338	2,365,706	3,465,928
Pas de-Calais.	45,000	99,000	43,690	73,098
Puy-de-Dôme.	87,270	73,560	83,350	70,940
Rhin (Bas).	2,325	8,697	2,374	9,262
Rhin (Haut).	10,000	50,000	13,671	68,355
Rhône.	31,561	34,052	34,792	44,938
Saône (Haute).	80,548	136,932	124,646	191,898
Saône-et-Loire.	244,901	216,348	94,139	203,326
Tarn.	90,400	172,217	90,399	172,217
Totaux.....	7,764,318	8,066,216	8,276,430	8,574,398

1818.		1819.		1820.	
POIDS.	VALEUR.	POIDS.	VALEUR.	POIDS.	VALEUR.
quint. métr.	francs.	quint. métr.	francs.	quint. métr.	francs.
139,560	104,870	45,844	42,894	50,042	45,397
31,046	43,173	34,289	46,153	49,125	66,165
8,515	13,713	2,000	3,000	4,160	7,762
72,452	39,272	78,182	43,373	84,642	48,526
339,551	513,317	352,509	536,960	323,678	506,866
»	»	»	»	2,000	2,000
8,700	18,850	7,558	19,219	11,600	28,000
6,198	6,198	11,792	11,792	11,478	11,478
»	»	»	»	»	»
221,151	151,522	267,723	238,820	278,952	264,659
54,550	78,635	74,926	104,322	97,160	60,616
3,053,569	1,788,117	3,337,938	2,167,749	3,800,066	2,893,116
119,695	151,190	158,262	178,882	325,350	312,164
39,903	105,788	67,549	158,885	138,877	276,845
»	»	»	»	»	»
208,488	422,731	187,937	403,101	109,838	222,799
»	»	»	»	»	»
3,990	7,600	»	»	»	»
»	»	»	»	»	»
109,000	142,000	202,314	374,500	158,405	328,303
2,360,598	3,458,433	3,390,432	3,205,173	2,768,679	3,201,715
43,267	75,460	44,555	74,105	50,568	93,528
55,875	47,100	43,125	34,025	125,600	125,213
1,969	7,501	901	3,269	1,223	3,624
11,119	55,595	10,263	41,052	8,511	36,304
35,462	45,805	41,112	47,259	37,800	50,886
127,600	216,920	112,094	201,769	137,808	248,050
218,270	205,718	161,275	196,682	173,625	212,696
75,502	144,608	101,433	205,586	101,395	206,149
7,344,879	7,842,594	7,734,015	8,337,968	8,852,582	9,252,861

DÉPARTEMENS.	1821.		1822.	
	POIDS.	VALEUR.	POIDS.	VALEUR.
	quint. métr.	francs.	quint. métr.	francs.
Allier.	18,041	18,041	47,704	55,744
Ardèche.	48,719	56,554	50,255	51,420
Aude.	2,869	4,097	2,758	3,883
Aveyron.	85,460	52,686	85,360	50,512
Calvados.	346,515	530,595	309,795	478,479
Cantal.	3,400	3,100	1,500	2,700
Corrèze.	7,617	18,831	5,616	14,040
Creuse.	10,669	10,669	10,873	10,873
Dordogne.	432	1,058	4,867	7,885
Finistère.	»	»	»	»
Gard.	260,629	266,390	278,195	283,681
Hérault.	97,360	161,073	102,306	160,622
Loire.	4,034,910	3,151,680	4,213,586	2,850,432
Loire (Haute).	372,000	378,100	338,800	327,550
Loire inférieure	183,780	306,827	184,782	302,915
Lot.	»	»	»	»
Maine-et-Loire.	81,061	132,697	123,310	191,560
Manche.	»	»	»	»
Mayenne.	»	»	»	»
Moselle.	»	»	»	»
Nièvre.	181,572	375,580	233,929	456,864
Nord.	2,752,451	3,207,212	2,859,475	3,532,255
Pas-de-Calais.	51,951	100,241	50,744	101,818
Puy-de-Dôme.	148,000	141,400	148,950	118,890
Rhin (Bas).	1,932	5,063	1,661	6,218
Rhin (Haut).	5,780	28,900	6,520	28.840
Rhône.	24,010	25,118	35,640	40,743
Saône (Haute).	214,686	415,661	215,470	417.878
Saône-et-Loire.	232,330	290,892	237,142	295,243
Tarn.	105,156	213,817	104,550	230,010
Totaux......	9,271,290	9,894,282	9,653,786	10021055

1823.		1824.		1825.	
POIDS.	VALEUR.	POIDS.	VALEUR.	POIDS.	VALEUR.
nt. métr.	francs.	quint. métr.	francs.	quint. métr.	francs.
92,857	89,782	52,657	50,806	142,779	155,677
61,702	55,227	54,820	58,333	56,913	60,992
1,994	2,642	1,329	1,761	1,361	2,880
93,272	55,766	93,081	63,722	95,047	55,350
307,351	468,959	276,332	425,107	309,976	477,647
3,000	4,700	1,500	2,000	2,000	2,600
8,721	21,367	9,121	22,347	10,800	26,676
10,704	10,704	11,107	11,107	10,655	10,745
10,178	10,178	2,103	2,103	3,310	3,310
»	»	»	»	»	»
275,375	274,170	338,711	330,788	338,754	352,051
95,759	144,652	98,781	146,240	132,866	178,280
513,451	3,382,107	5,167,959	3,679,499	5,503,886	3,856,089
367,902	280,832	361,866	274,840	284,266	280,600
107,106	321.255	134,495	249,371	135,070	303,535
»	»	»	»	»	»
98,247	155,558	93,407	146,786	114,294	201,163
»	»	»	»	»	»
»	»	»	»	»	»
»	»	»	»	»	»
158,110	287,288	235,900	413,000	298,079	516,670
368,423	3,201,792	2,890,599	3,493,475	3,397,487	5,796,736
48,016	84,130	50,344	90,403	57,247	95,033
42,500	121,100	103,590	99,400	86,500	83,350
819	2,819	1,254	3,588	1,726	4,538
10,619	33,200	8,781	36,302	11,025	48,530
61,540	79,587	66,820	90,370	67,954	89,172
50,000	480,277	280,266	576,681	365,787	757,423
48,280	332,605	351,657	413,460	372,231	487,543
15,250	220,450	125,950	210,890	144,525	240,875
51,177	10121149	10812340	10892379	11944537	12067465

DÉPARTEMENS.	1826.		1827.	
	POIDS.	VALEUR.	POIDS.	VALEUR.
	quint. métr.	francs.	quint. métr.	francs.
Allier.	125,504	104,358	270,620	230,208
Ardèche.	55,326	65,996	55,237	59,844
Aude.	»	»	3,008	5,180
Aveyron.	167,077	113,169	173,535	120,137
Calvados.	353,842	535,422	351,701	556,529
Cantal.	2,500	3,200	»	»
Corrèze.	9,900	24,483	10,121	24,998
Creuse.	12,316	13,131	13,465	14,193
Dordogne.	13,392	13,392	8,834	8,834
Finistère.	»	»	»	»
Gard.	341,829	368,740	346,603	392,977
Hérault.	122,636	172,985	124,452	158,586
Loire.	5,605,000	3,929,071	6,252,863	4,567,854
Loire (Haute).	322,000	312,000	202,800	215,500
Loire inférieure	148,870	413,175	136,996	372,799
Lot.	»	»	»	»
Maine-et-Loire.	115,727	244,641	153,983	304,343
Manche.	»	»	»	»
Mayenne.	»	»	»	»
Moselle.	»	»	»	»
Nièvre.	277,919	480,800	304,054	489,525
Nord.	3,482,878	4,211,312	3,569,366	4,024,264
Pas-de-Calais.	49,177	102,041	55,158	104,938
Puy-de-Dôme.	86,525	83,350	113,700	119,450
Rhin (Bas).	1,585	4,179	2,260	6,760
Rhin (Haut).	10,400	41,864	10,225	41,630
Rhône.	69,689	87,975	60,941	107,719
Saône (Haute).	339,620	751,664	442,441	727,051
Saône-et-Loire.	525,170	728,650	857,256	1,070,446
Tarn.	128,817	214,695	124,434	224,486
Vendée.	»	»	»	»
Vosges.	»	»	»	»
Totaux.....	12365101	13020293	13642052	13928251

1828.		1829.		1830.	
POIDS.	VALEUR.	POIDS.	VALEUR.	POIDS.	VALEUR.
nt. métr.	francs.	quint. mét.	francs.	quint. mét.	francs.
408,130	305,048	91,375	58,741	39,408	28,761
52,946	60,820	55,226	64,599	60,245	75,127
972	1,912	4,002	10,177	30	»
192,005	126,063	380,750	187,499	326,490	168,332
320,047	482,281	2,290,930	338,617	342,251	516,060
»	»	»	»	»	»
18,325	31,773	33,921	43,839	20,655	39,927
13,960	15,400	15,832	16,701	16,250	16,750
922	922	1,093	1,366	1,547	1,856
»	»	»	»	»	»
406,178	441,951	430,210	430,896	439,775	402,874
119,425	147,667	142,552	154,746	121,544	134,495
563,367	4,772,103	6,232,900	4,379,087	6,834,995	4,997,541
196,000	85,600	306,000	308,750	291,800	244,200
108,329	272,997	160,728	227,394	216,262	368,587
»	»	»	»	»	»
171,793	318,367	114,150	206,777	130,684	216,943
»	»	»	»	»	»
»	»	»	»	2,046	4,113
»	»	»	»	3,500	2,800
330,620	462,868	327,200	423,724	172,805	216,006
647,469	4,388,768	3,771,318	4,308.342	4,238,380	4,658,630
43,337	92,334	50,863	104,135	60,813	113,723
104,600	102,910	98,500	95,010	81,800	65,440
2,760	7,376	3,281	8,892	2,946	8,026
9,331	38,556	9,852	42,197	10,844	47,692
72,957	101,596	88,949	112,630	83,372	120,427
147,746	580,200	209,754	516,965	181,976	475,498
389,546	1,075,163	1,021,999	1,215,693	1,107,797	1,299,215
125,315	230,708	144,209	230,734	180,000	288,000
»	»	»	»	8,380	13,649
»	»	5,633	8,660	23,536	28,243
246080	14143338	13991226	13496171	15000134	14552955

DÉPARTEMENS.	1831.		1832.	
	POIDS.	VALEUR.	POIDS.	VALEUR.
	quint. mét.	francs.	quint. mét.	francs.
Allier.	57,276	39,510	92,986	69,804
Ardèche.	38,512	47,630	46,252	55,871
Aude.	»	»	»	»
Aveyron.	697,717	375,508	1,057,283	550,634
Calvados.	400,457	595,763	438,049	647,649
Cantal.	»	»	1,600	2,400
Corrèze.	24,892	47,723	19,144	40,764
Creuze.	16,924	18,348	16,783	18,497
Dordogne.	3,573	4,226	7,365	9 010
Finistère.	»	»	»	»
Gard.	379,078	376,702	506,353	515,787
Hérault.	106,246	103,065	135,692	153,625
Loire.	6,342,430	4,897,960	6,256,368	4,785,805
Loire (Haute).	252,500	218,300	214,718	189,931
Loire-Infér.	214,394	349,352	183,939	315,365
Lot.	»	»	1,500	900
Maine-et-Loire.	92,154	162,043	92,784	174,510
Manche.	400	600	»	»
Mayenne.	35,213	7,425	11,938	24,008
Moselle.	»	»	»	»
Nièvre.	157,250	196,762	102,005	159,332
Nord.	3,816,929	4,245,345	4,220,598	4,967,675
Pas-de-Calais.	64,873	113,769	57,506	101,473
Puy-de-Dôme.	87,200	70,540	100,300	86,900
Rhin (Bas).	1,999	5,586	2,064	5,340
Rhin (Haut).	9,925	43,251	7,847	34,826
Rhône.	78,000	101,400	87,214	90,777
Saône (Haute).	132,982	268,763	244,175	393,525
Saône-et-Loire.	1,022,108	1,039,502	1,611,105	1,286,655
Tarn.	162,250	270,416	188,000	294,000
Vendée.	9,669	17,815	7,317	12,552
Vosges.	30,159	36,218	21,454	22,326
Totaux.....	14244909	13736322	15732359	15009741

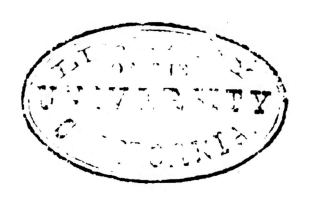

| DÉPARTEMENS. | NOMBRE DES MINES | | MINEXPLOITATIONS | | PRIX MOY. | |
	exploitées.	non exploitées.	...EUR. concédée.		du quintal métrique.	de l'hecto-litre.
			hecta.	ancs.		
Allier..	8	1	7.3	82.223	0.84	0.67
Ardèche..........	3	2	7.2	83.944	1.32	1.06
Aude.............	1	1	1.7	6.790	1.30	1.17
Aveyron........ ..	15	5	6.6	66.643	0.54	0.47
Calvados	1	"	11.5	73.639	1.45	1.81
Cantal............	1	"	3.	4.500	1.50	1.20
Corrèze...........	2	1	4.9	28.051	2.04	1.63
Creuse...........	3	2	3.1	19.637	1.15	0.92
Dordogne.........	"	1	1.5		"	"
Finistère..........	1	1	7.	270	1.50	1.35
Gard.............	11	9	26.8	62.839	0.79	0.63
Hérault...........	9	"	15.2	97.292	0.96	0.91
Isère.............	"	2	1.7	"	"	"
Loire.............	43	15	17.0	32.506	0.74	0.64
Loire (Haute).....	4	2	2.5	96.721	0.92	0.75
Loire-Inférieure.....	2	"	14.8	20.524	1.89	1.47
Lot..............	"	2		"	"	"
				363.847	2.03	1.83

1833.		1834.		1835.	
POIDS.	VALEUR.	POIDS.	VALEUR.	POIDS.	VALEUR.
quint. mét.	francs.	quint. mét.	francs.	quint. mét.	francs.
113,381	90,052	149,497	137,245	140,361	130,175
44,252	55,871	50,201	59,382	53,080	67,532
100	182	»	»	225	326
928,648	488,993	1,044,382	547,597	1,209,661	639,374
431,838	645,913	479,045	704,791	421,437	614,641
2,800	4,200	1,800	2,700	1,800	2,700
20,556	42,064	18,262	38,624	17,899	38,961
15,795	18,085	17,260	19,314	15,999	18,779
4,320	5,746	7,125	9,159	10,149	9,977
»	»	»	»	»	»
633,934	559,263	733,991	709,192	4 62,635	504,769
130,194	153,046	131,343	140,429	164,476	172,080
,779,497	5,248,677	8,822,468	5,798,667	8,963,591	6,634,307
269,532	245,246	254,581	219,329	222,160	202,850
124,300	211,370	189,781	320,848	220,730	418,247
800	640	250	200	600	480
100,268	189,064	102,482	199,646	117,320	284,896
»	»	»	»	»	»
44,275	86,088	51,440	89,460	63,006	109,576
8,490	8,490	8,906	8,906	30,555	27,156
182,133	256,386	270,550	324,660	306,210	361,328
,583,193	5,779,187	5,270,331	6,715,317	5,397,000	6,475,410
62,495	109,219	44,610	83,411	37,933	72,315
102,900	88,075	98,300	86,425	115,600	108,500
1,984	4,998	1,949	4,352	1,800	3,752
7,512	33,311	4,906	21,592	5,412	24,030
83,000	107,555	75,770	97,038	75,776	101,339
288,934	576,248	363,032	656,754	163,740	343,390
1,397,305	1,460,613	1,504,567	1,372,648	1,443,148	1,128,124
194,874	306,985	199,335	328,800	187,000	310,420
2,159	2,979	1,808	4,029	5,112	11,655
20,579	23,790	21,686	23,241	13,775	14,936
16556546	16822331	19919656	18723656	19868240	19832025

Les premières houilles dont on fit usage en France, paraissent avoir été des houilles importées d'Angleterre. Vers la fin du 17ᵉ siècle, une loi frappa d'un droit de 0,97 à 1,21 les 100 kilogrammes de houille importée de l'étranger ; cette loi imprima un mouvement d'activité aux houillères du Midi, et suspendit les importations de houille anglaise, En 1703, ce droit fut réduit à 0 fr. 33 c. par 100 kilogrammes, en faveur des houilles importées de la Belgique ; mais en 1763, dans le but de favoriser les mines du Nord dont l'exploitation était à son début: on rétablit l'ancien tarif pour les houilles importées par terre, et on réduisit à 1 fr. 10 c. les droits sur la houille importée par mer ; enfin, en 1764, ce droit fut encore réduit à 0 fr. 83 c. pour les arrondissemens maritimes de Bordeaux et de la Rochelle ; les houilles anglaises purent donc pénétrer librement en France, en acquittant un faible droit, tandis que les houilles belges qui ne pouvaient entrer que par terre, étaient frappées d'un droit plus fort ; aussi n'avaient-elles de débouchés que sur l'extrême frontière. De 1789 à 1816, la Grande-Bretagne cessa d'envoyer des houilles en France ; il en résulta pour les mines de la France et celles de la Belgique alors réunie au territoire, un développement d'activité considérable, et la production indigène se trouva triplée. Après 1815, les importations de houilles anglaises recommencèrent, mais elles étaient frappées d'un droit de 1 fr. 10 c., si elles étaient importées par navire français, et de 1 fr. 65 c., si elles l'étaient par navire étranger. Les houilles belges, au contraire, entraient en France par le canal de Mons à Condé, après avoir payé un droit de 0 fr. 33 c. par 100 kilogrammes, et se répandaient soit dans le bassin de la Seine, soit jusqu'au port de Dunkerque par l'Escaut et les canaux. Aussi l'importation des houilles anglaises qui s'élevait, en 1789, à 1,200,000 quintaux métriques, ne dépassa pas moyennement 200,000 quintaux métriques pendant les années 1816, 1817, et fut inférieure à 300,000 quintaux jusqu'en 1825. L'importation des houilles belges, qui n'était que de 500,000 quintaux en 1789, s'éleva au-delà de 2,000,000 quintaux après 1815, et ne fit que s'accroître depuis cette époque.

Les lois de 1834 et 1836, qui permirent la libre importation des houilles pour la navigation à vapeur au-delà des lignes de douane, et réduisirent le droit d'importation par mer sur le littoral de la Méditerranée, et sur une partie du littoral de l'Océan, produisirent une révolution dans l'importation des houilles par mer, et cette importation, qui n'était en 1834, que de 500,000 quintaux, s'éleva en 1837, à 1,800,000 quintaux métriques. L'importation des houilles belges devint alors stationnaire. Quant aux houilles du bassin de Saarbruck, elles n'ont pas été exposées à ces variations, et le chiffre de leur importation a toujours été en s'élevant depuis 1789.

Le tableau suivant indique quelles ont été, depuis 1789 jusqu'en 1837, les diverses importations des bassins houillers de la Belgique, de Saarbruck et de la Grande-Bretagne; en comparant les quantités données par le tableau, et représentant par 1 l'importation de chacun des bassins en 1789, on aura, pour les importations de ces bassins aux époques postérieures, les nombres suivans.

ANNÉES.	BELGIQUE.	SAARBRUCK.	GRANDE-BRETAGNE.
1789	1,00	1,00	1,00
1811	1,90	2,50	0,05
1817	2,00	3,03	0,09
1821	5,04	4,26	0,15
1827	8,46	7,08	0,26
1831	8,87	6,89	0,19
1837	15,77	13,27	1,24

On peut voir par le tableau suivant, quelles ont été les exportations de ces trois pays, depuis 1789 jusqu'à 1837.

ANNÉES.	BELGIQUE.	SAARBRUCK	GRANDE-BRETAGNE.
1789.	500.000	100.000	1.800.000
1811.	950.000	250.000	»
1812.	980.000	260.000	»
1813.	900.000	270.000	»
1814.	1.259.234	280.000	113.923
1815.	1.984.624	285.000	224.324
1816.	2.720.647	295.000	190.597
1817.	1.927.420	303.341	157.754
1818.	2.080.226	495.133	238.093
1819.	1.709.451	423.591	239.912
1820.	2.272.122	278.143	251.194
1821.	2.518.015	425.839	265.153
1822.	2.677.777	391.797	311.056
1823.	2.648.733	387.047	232.326
1824.	3.944.313	422.385	254.529
1825.	4.392.482	423.937	266.844
1826.	4.106.110	574.548	369.423
1827.	4.232.247	708.258	477.807
1828.	4.708.697	772.234	358.361
1829.	4.359.475	756.124	428.439
1830.	5.108.065	753.419	511.289
1831.	4.435.491	689.249	359.115
1832.	4.894.803	526.193	375.301
1833.	5.801.718	791.856	426.407
1834.	6.201.762	780.399	489.438
1835.	6.151.579	897.630	981.595
1836.	7.158.715	1.138,867	1.695.093
1837.	7.884.136	1.326.735	2.226.057

La consommation de la houille en France a décuplé depuis 789 ; cette augmentation provient du grand développement ui a été imprimé à toutes les branches de l'industrie depuis ingt-cinq ans. Une grande partie de la houille consommée st employée par les machines à vapeur et la fabrication du r. On comptait en 1837, 1969 machines à vapeur, 1480 chaudières à vapeur, et 124 bateaux à vapeur, non compris les bateaux de l'État. La fabrication du fer emploie un dixième de la houille consommée en France. Plus de deux cent mille quintaux sont employés pour le travail des métaux autres que le fer. L'éclairage au gaz consomme une énorme quantité de houille.

TABLEAU indiquant la consommation de houille de la France, depuis 1789.

ANNÉES.	QUANTITÉS.	ANNÉES.	QUANTITÉS.
	quintaux métriques.		quintaux métriques.
1789	4,500,000	1824	17,815,093
1811	8,636,941	1825	19,943,853
1812	9,295,231	1826	20,422,626
1813	8,587,791	1827	22,281,424
1814	9,325,991	1828	23,528,207
1815	11.121,942	1829	22,898,770
1816	12.319,589	1830	24,939,448
1817	12,219,095	1831	22,982,118
1818	11,461,620	1832	25,201,596
1819	11,738,177	1833	27,366,625
1820	13,481,220	1834	32,144,059
1821	13,818,397	1835	32,782,182
1822	15,252.618	1836	38,149,558
1823	15,173,625	1837	40,911,867

Après avoir indiqué quels étaient les différens bassins houillers de la France, quelles étaient les quantités de houille importées des bassins étrangers et les quantités consommées en France, nous croyons utile de montrer comment cette consommation est répartie entre tous les départemens. Pour cela, nous allons passer en revue chacun de ces départemens, en indiquant la quantité de houille qu'il consomme et les lieux d'où elle provient. Les chiffres donnés ici se rapportent à l'année 1837.

AIN.

La houille provient des bassins de la Loire et de Blanzy. Les houilles de la Loire sont amenées sur le Rhône par le chemin de fer de St.-Étienne et le canal de Givors ; elles remontent le Rhône et la Saône, et se répandent dans le département par les routes de terre. Les houilles de Blanzy sont amenées à la Saône par le canal du centre, et elles se répandent par les routes de terre. Une faible quantité des houilles des mines de Vevey et d'Abondance, a été introduite dans ce département. Ce département a consommé

Houille du bassin de la Loire. 160,000
Houille du bassin de Blanzy. 27,000
Lignite des bassins d'Abon-
   dance et de Vevey...... · 12
} 187,012 quint. mét.

AISNE.

Ce département tire son combustible des mines de Valenciennes et de la Belgique ; une petite quantité de lignite est extraite du bassin de Bourg et consommée sur place. Les houilles de Valenciennes sont amenées par l'Escaut et le canal de St.-Quentin, et se répandent dans le département, soit par les routes de terre, soit par l'Oise et l'Aisne. La plus grande partie des houilles belges provient des mines de Mons, et est amenée par le canal de Mons à Condé, l'Escaut et le canal de St.-Quentin. Les quantités de houille consommées dans ce département, ne sont pas connues d'une manière bien exacte ; on peut l'établir ainsi :

Houille du bassin de Mons. 1,490,115
Houille du bassin de Va-
   lenciennes.......... 1,320,000
Lignite du bassin de Bourg. 14,400
} 2,824,515 quint mét.

ALLIER.

Le combustible consommé dans ce département, provient des mines de Bert, de Fons et Noyant, de Commentry, de Doyet et Bezenet, situés dans le département, et des bassins de la Loire, de Brassac et de St.-Eloy. Les houilles de la Loire sont amenées à la Loire par les chemins de fer de St.-Étienne à Andrezieux ou à Roanne, et de là se répandent le long du fleuve. Les houilles de Brassac arrivent par l'Allier. Les houilles du bassin de St.-Eloy sont amenées par les routes de terre. La consommation de ce département est

Houille du bassin de Fons et Noyant.	115,000
Houille du bassin de Commentry, Doyet et Bezenet.	71,200
Houille du bassin de la Loire.	50,000
— de Brassac.	30,000
— de Bert.	24,000
— de St.-Eloy.	6,000

296,200 quint. mét.

BASSES-ALPES.

Ce département ne consomme qu'une très petite quantité de combustible qu'il tire du bassin de la Loire et du bassin de lignite de Manosque. Les houilles de la Loire descendent le Rhône, et arrivent ensuite par les routes de terre. Les lignites de Manosque se répandent par terre dans le département. La consommation totale est :

Houille du bassin de la Loire.	15,000
Lignite du bassin de Manosque.	11,114

26,114 quint. mét.

HAUTES-ALPES.

Ce département consomme les anthracites du bassin de Briançon, ceux du bassin du Drac (Isère), qui sont transportés par les routes de terre, et les houilles de la Loire, qui arrivent par le Rhône et les routes de terre. La consommation de ce département peut être évaluée ainsi :

Houille du bassin de la Loire.	5,000
Anthracite du bassin de Briançon.	21,660
Anthracite du bassin du Drac.	15,000

41,660 quint. mét.

ARDÈCHE.

Le combustible consommé dans ce département, provient

du bassin d'Aubenas situé dans le département, des bassins d'Alais et de la Loire ; une faible quantité provient du bassin de lignite du Banc-Rouge (Ardèche). Les houilles de la Loire descendent le Rhône, et sont employées sur le littoral ; cependant une partie est amenée de St.-Etienne par une route de terre. Les houilles du bassin d'Alais arrivent à Aubenas par une route de terre. On estime ainsi la consommation de ce département :

Houille du bassin de la Loire. 900,000 ⎫
Houille du bassin d'Alais... 41,000 ⎪
Houille du bassin d'Aubenas. 37,602 ⎬ 987,902 quint. mét.
Lignite du bassin du Banc- ⎪
    Rouge.............. 9,300 ⎭

ARDENNES.

Ce département ne consomme que des houilles belges. Ces houilles partant de Namur, remontent la Meuse et se répandent par les routes de terre. La consommation de ce département s'élève à 601,180 quint. mét.

ARIÈGE.

La faible consommation de ce département est alimentée par les bassins de la Loire et de Carmeaux. Les houilles de la Loire arrivent au Rhône par le chemin de fer de St.-Etienne et le canal de Givors ; elles descendent le Rhône et se rendent à Toulouse par les canaux de Beaucaire, des Étangs et du Midi, de là elles pénètrent dans le département par les routes de terre. Les houilles de Carmeaux sont transportées par terre à Gaillac, puis elles suivent le Tarn jusqu'à Saint-Sulpice ; de là elles arrivent par terre à Toulouse, et suivent ensuite la même route que les houilles de la Loire. On peut estimer ainsi la consommation de ce département :

Houille du bassin de la Loire. 30,000 ⎫
Houille du bassin de Car- ⎬ 40,000 quint. mét.
    meaux.............. 10,000 ⎭

AUBE.

Ce département ne consomme qu'une très petite quantité de houille provenant des bassins de la Loire et d'Epinac. Ces houilles arrivent par la Saône et le canal de Bourgogne, et se répandent par les routes de terre. On évalue ainsi la consommation de ce département.

Houille du bassin de la Loire.	40,000	65,000 quint. mét.
Houille du bassin d'Epinac..	25,000	

AUDE.

Les combustibles de ce département proviennent du bassin de la Loire, du bassin de Saint-Gervais et du bassin de Ségure. Il se consomme aussi une certaine quantité des lignites du bassin de la Caunette. Les houilles de la Loire arrivent par le Rhône et les canaux compris entre le Rhône et la Garonne; elles sont ensuite transportées par terre. Les houilles du bassin de Saint-Gervais sont amenées par les routes de terre et par le canal du Midi. Celles du bassin de Ségure se répandent par les routes de terre et par la Gly. La consommation est ainsi estimée :

Houille du bassin de la Loire.	115,000	
Houille du bassin de Saint-Gervais..............	20,000	148,898 quint. mét.
Houille du bassin de Ségure.	3,898	
Lignite du bassin de la Caunette..............	10,000	

AVEIRON.

Le combustible provient des bassins situés dans le département, et la consommation peut être évaluée ainsi d'une manière très approximative :

Houille du bassin d'Aubin.	1,235,996	
Houille du bassin de Rhodez...............	47,830	1,304,834 quint. m.
Lignite du bassin de Milhau..............	21,008	

BOUCHES-DU-RHONE.

Ce département consomme des houilles du bassin de la Loire, et des bassins de la Grande-Bretagne, et des lignites du bassin d'Aix. Les houilles de la Loire sont amenées sur le Rhône par le chemin de fer et le canal de Givors ; elles arrivent à Avignon, Tarascon et Arles, et même jusqu'à Bouc, par le canal qui joint ce port au Rhône ; de ces divers points elles se répandent par les routes de terre. Les houilles de la Grande-Bretagne sont expédiées par mer ; elles proviennent des bassins de Newcastle, de Whitehaven, d'Ecosse et du pays de Galles. On peut estimer ainsi la consommation de ce département :

Houille du bassin de la Loire.	471,813	
Houille du bassin de la Grande-Bretagne.......	137,575	1,035,466 quint. m.
Lignite du bassin d'Aix....	426,078	

CALVADOS.

Les houilles des bassins de Littry, de la Grande-Bretagne, de Valenciennes et de Mons, fournissent à la consommation de ce département. Les houilles anglaises sont amenées dans les ports de Caen et d'Honfleur ; celles de Valenciennes et de Belgique arrivent à Dunkerque par les canaux, et de là sont expédiées par mer à Honfleur et à Caen. On évalue ainsi la consommation du département :

Houille du bassin de Littry..	419,095	
Houille des bassins de la Grande-Bretagne.......	124,280	548,064 quint. mét.
Houille du bassin de Valenciennes.	238	
Houille du bassin de Mons..	4,451	

CANTAL.

Ce département ne consomme qu'une faible quantité de houille, qui provient des bassins de Brassac, d'Aubin et de Champagnac. Les houilles de ces trois bassins sont transportées par les routes de terre dans le département, dont la consommation est ainsi répartie entre les trois bassins :

Houille du bassin de Brassac..	5,000	
Houille du bassin d'Aubin....	5,000	12,000 quint. mét.
Houille du bassin de Champagnac.	2,000	

CHARENTE.

Toute la houille consommée dans ce département, provient des bassins de la Grande-Bretagne. Cette houille arrive, par mer, dans les ports de la Charente-Inférieure ; elle remonte la rivière jusqu'à Cognac, Jarnac, Angoulême, puis se répand dans le département par les routes de terre. La consommation est de 30,000 quint. métr.

CHARENTE-INFÉRIEURE.

Ce département reçoit, par mer, les houilles anglaises ; une certaine quantité des houilles de Valenciennes et de Mons est aussi expédiée de Dunkerque, où elles arrivent par les canaux. La consommation est ainsi évaluée :

Houille des bassins de la Grande-Bretagne............	74,860	
Houille du bassin de Valenciennes...............	573	75,606 quint. mét.
Houille du bassin de Mons...	173	

CHER,

Ce département tire son combustible des bassins de la Loire, de Commentry, de Decize, de Blanzy et de Brassac. Les houilles de la Loire sont amenées de Saint-Étienne à la Loire, par les chemins de fer d'Andrezieux ou de Roanne, et elles descendent le fleuve. Les houilles de Commentry sont transportées par terre au canal du Berry, et elles arrivent dans le département par le canal et le Cher. Les houilles de Decize sont transportées par terre jusqu'à la Loire, qu'elles suivent jusqu'aux lieux de consommation. Les houilles de Blanzy arrivent par le canal du centre et la Loire. Les houilles de Brassac sont amenées par l'Allier. La consommation totale de ce département est ainsi répartie pour chacun de ces bassins :

Houille du bassin de la Loire.	120,000	
Houille du bassin de Commentry.................	43,000	
Houille du bassin de Decize.	20,000	200,000 quint. mét.
Houille du bassin de Blanzy.	15,000	
Houille du bassin de Brassac.	2,000	

CORRÈZE.

Ce département ne consomme qu'une très faible quantité de houille, provenant des bassins de Meimac, d'Argentat et de Champagnac ; elle est ainsi estimée :

Houille du bassin de Meimac.   4,298 ⎫
Houille du bassin d'Argentat.   1,307 ⎬ 6,605 quint. mét.
Houille du bassin de Champa-
     gnac. . . . . 1,000 ⎭

CORSE.

Ce département n'a consommé, en 1837, que 110 quintaux métriques de houille, provenant du bassin de la Loire. Il n'a pas de consommation régulière.

COTE-D'OR.

Les houilles consommées par ce département, sont des houilles des bassins de la Loire, d'Epinac et de Blanzy. Il se consomme aussi une petite quantité d'anthracite de Sincey. Les houilles de la Loire arrivent à Lyon par le chemin de fer de St.-Etienne ; elles remontent la Saône jusqu'au canal de Bourgogne, qui les amène dans le département. Les houilles d'Epinac arrivent au canal de Bourgogne par un chemin de fer, et celles de Blanzy par le canal du centre et la Saône. On peut évaluer ainsi la consommation de ce département :

Houille du bassin de la Loire.   200,000 ⎫
Houille du bassin d'Epinac. .   100,000 ⎬
Houille du bassin de Blanzy.   90,000 ⎪ 398,300 quint. mét.
Anthracite de Sincey. . . . . .   8,300 ⎭

COTES-DU-NORD.

Ce département ne consomme que des houilles anglaises, dont la majeure partie provient des bassins du pays de Galles ; le bassin de Newcastle en fournit aussi. La consommation s'est élevée à 18,832 quintaux métriques.

CREUSE.

Ce département tire sa houille des quatre bassins d'Ahun,

de Commentry, de Bourganeuf et de Meimac. Les houilles de ces différens bassins sont transportées par les routes de terre, et contribuent à la consommation, dans les proportions suivantes :

Houille du bassin d'Ahun... 12,397 ⎫
Houille du bassin de Commen-
try.................... 6,000 ⎬ 19,825 quint. mét.
Houille du bassin de Bourga-
neuf................... 1,178 ⎪
Houille du bassin de Meimac. 250 ⎭

DORDOGNE.

La presque totalité de la houille consommée dans ce département, est importée de la Grande-Bretagne ; elle arrive dans la Gironde, remonte la Dordogne et une partie de la Vézère, ou bien elle remonte la vallée de l'Isle jusqu'à Périgueux ; cette houille se répand ensuite par terre dans le département. Une très petite quantité de combustible provient des bassins d'Argentat et de Meimac. Les houilles d'Argentat sont amenées par la Dordogne ; celles de Meimac sont transportées par les routes de terre. On évalue de la manière suivante la consommation totale de ce département :

Houille des bassins de la Grande-
Bretagne.............. 50,000 ⎫
Houille du bassin d'Argentat. 2,500 ⎬ 54,000 quint. mét.
Houille du bassin de Meimac. 1,500 ⎭

DOUBS.

Ce département tire son combustible des bassins de la Loire, de Blanzy, d'Epinac et de Gémonval. Les houilles de la Loire arrivent à la Saône par le chemin de fer de St.-Etienne, le canal de Givors et le Rhône ; elles remontent la Saône jusqu'au canal du Rhône au Rhin, qui les amène dans le département. Les houilles de Blanzy et d'Epinac arrivent aussi par le canal du Rhône au Rhin, et se répandent ensuite comme les houilles de la Loire par les routes de terre. Les houilles de Gémonval sont amenées par terre à Montbéliard. La consommation totale du département se compose des quantités suivantes :

Houille du bassin de la Loire. 65,000 ⎞
Houille du bassin de Blanzy.. 70,000 ⎪
Houille du bassin d'Epinac... 15,000 ⎬ 151,500 quint. mét.
Houille du bassin de Gémonval. 1,500 ⎠

DROME.

Ce département consomme une assez grande quantité des houilles de la Loire ; elle n'est pas connue exactement, mais on peut la porter à 100,000 quintaux métriques. Cette houille est amenée par le chemin de fer de St.-Etienne et le Rhône.

EURE.

Les houilles consommées dans ce département, proviennent des bassins de la Grande-Bretagne, de Valenciennes et de Mons. Les houilles anglaises sont d'abord importées dans les ports de Rouen, du Hâvre et de Honfleur ; de là elles sont expédiées dans le département, soit par la Seine, soit par les routes de terre. La plus grande partie des houilles de Mons arrive à la Seine par le canal de Mons à Condé, l'Escaut, le canal de Saint-Quentin et l'Oise ; une autre portion remonte l'Escaut jusqu'à Gand, se dirige sur Dunkerque en suivant les canaux, et de là est expédiée aux ports de Rouen, du Hâvre et de Honfleur. Les houilles de Valenciennes se rendent à Dunkerque, soit par les canaux français, soit par les canaux belges. Les houilles de ces trois bassins contribuent, dans les proportions suivantes, à la consommation totale du département.

Houille des bassins de la
   Grande-Bretagne....... 144,630 ⎞
Houille du bassin de Mons.. 95,264 ⎬ 329,907 quint. mét.
Houille du bassin de Valen-
   ciennes.............. 90,013 ⎠

EURE-ET-LOIR.

Quatre bassins approvisionnent ce département : ceux de la Grande-Bretagne, de Valenciennes, de Mons et de la Loire. Les houilles de la Grande-Bretagne sont amenées, par terre, des ports de Rouen, du Hâvre et de Honfleur. Les houilles de Valenciennes et de Mons arrivent par les canaux et l'Oise, dans la partie de la Seine entre Vernon et Meulan, puis elles suivent les routes de terre. Les houilles de St.-Etienne arrivent à Orléans par la Loire, d'où elles sont transportées par les routes de terre. On estime ainsi la consommation du département :

Houille du bassin de Mons...	40,000	
Houille du bassin de Valenciennes..................	25,000	105,000 quint. mét.
Houille du bassin de la Loire.	20,000	
Houille des bassins de la Grande-Bretagne.	20,000	

FINISTÈRE.

Ce département consomme des houilles anglaises et des houilles des bassins de Mons, de Valenciennes et de Quimper. Les houilles anglaises arrivent par mer dans les ports; les houilles de Mons et de Valenciennes, sont amenées à Dunkerque par les canaux, et de là expédiées dans le département. La consommation totale se compose des quantités suivantes :

Houille des bassins de la Grande-Bretagne........	81,323	
Houille du bassin de Mons..	1,227	82,735 quint. mét.
Houille du bassin de Valenciennes.	5	
Houille du bassin de Quimper..................	180	

GARD.

Les houilles d'Alais et du Vigan, et les lignites de Bagnols dont les bassins sont situés dans le département, fournissent à la consommation ; il arrive aussi une certaine quantité de houilles de la Loire, qui sont amenées par le Rhône. La consommation du département peut être évaluée ainsi approximativement :

Houille du bassin de la Loire.	159,796	
Houille du bassin d'Alais...	974,049	1,269,188 quint. m.
Houille du bassin du Vigan.	23,323	
Lignite du bassin de Bagnols.	112,020	

HAUTE-GARONNE.

Les bassins de la Loire et de Carmeaux approvisionnent ce département. Les houilles de la Loire arrivent à Toulouse par le chemin de fer de St.-Etienne, le canal de Givors, le Rhône et les canaux de Beaucaire, des Étangs et du Midi, et se répandent ensuite par les routes de terre. Les houilles de Carmeaux sont amenées, par terre, à Gaillac; elles suivent le Tarn jusqu'à St.-Sulpice, puis la route de terre jusqu'à Toulouse. On consomme les quantités suivantes de ces houilles :

Houille du bassin de la Loire. 40,000 ⎫
Houille du bassin de Car- ⎬ 107,000 quint. mét.
meaux................... 67,000 ⎭

GERS.

Ce département reçoit les houilles de ces deux mêmes bassins; elles sont amenées de Toulouse par les routes de terre. La consommation n'est que de :

Houille du bassin de la Loire.. 3,000 ⎫
Houille du bassin de Car- ⎬ 6,000 quint. mét.
meaux................... 3,000 ⎭

GIRONDE.

Ce département ne consomme presque, en totalité, que des houilles anglaises; cependant, il en reçoit aussi de quelques autres bassins ; on évalue ainsi la consommation :

Houille des bassins de la
Grande-Bretagne...... 209,610 ⎫
Houille de divers autres bas- ⎬ 214,342 quint. mét.
sins................ 4,732 ⎭

HÉRAULT.

Ce département reçoit des houilles des bassins de la Grande-Bretagne, de la Loire ; d'Alais, du Vigan, de St.-Gervais, de Ronjan, et des lignites des bassins de la Caunette et de Milhau. Les houilles anglaises sont importées dans le port de Cette ; les houilles de la Loire arrivent par le Rhône et le canal des

Étangs ; les autres combustibles sont amenés par les routes de terre. Ces différens bassins fournissent à la consommation les quantités suivantes :

Houille des bassins de la Grande-Bretagne......	2,611	
Houille du bassin de la Loire.	120,000	
Houille du bassin de Saint-Gervais...............	156,727	
Houille du bassin d'Alais..	34,000	404,145 quint. mét.
Houille du bassin du Vigan.	48,800	
Lignite du bassin de la Caunette...............	20,410	
Lignite du bassin de Milhau.	9,500	
Houille du bassin de Ronjan.	9,097	

ILLE-ET-VILAINE.

Ce département consomme des houilles anglaises et des houilles des bassins de St.-Pierre-Lacour et de Mons. Les houilles anglaises arrivent dans les ports du département ; celles de Mons sont expédiées de Dunkerque dans ces mêmes ports ; enfin, celles de St.-Pierre-Lacour sont amenées par les routes de terre. La consommation totale de ce département se compose des quantités suivantes :

Houille des bassins de la Grande-Bretagne........	47,872	
Houille des bassins de Saint-Pierre-Lacour...........	12,000	65,247 quint. mét.
Houille du bassin de Mons...	5,371	
Houille du bassin de Valenciennes..............	4	

INDRE.

La faible consommation de ce département est alimentée par les bassins de Commentry, de la Loire et d'Ahun. Les houilles de Commentry et de la Loire arrivent par le canal du Berry ; on estime ainsi la consommation :

Houille du bassin de Commentry...................	6,000	
Houille du bassin de la Loire.	5,000	11,400 quint. mét.
Houille du bassin d'Ahun...	400	

INDRE-ET-LOIRE.

Ce département reçoit les houilles des bassins de la Loire , de Blanzy , de Maine-et-Loire , de Commentry , de Brassac et de Decize. Les houilles de la Loire et de Blanzy sont amenées à la Loire , qu'elles suivent jusqu'au département. Les houilles de Brassac et de Decize arrivent à la Loire, les premières par l'Allier , les secondes par une route de terre , et descendent ensuite le fleuve. Les houilles de Commentry arrivent à Tours par le canal du Berry et le Cher. Les houilles du bassin de la Basse-Loire remontent le fleuve. Ces six bassins contribuent à la consommation totale du département dans les proportions suivantes :

Houille du bassin de la Loire.	50,000	
Houille du bassin de Blanzy..	10,000	
Houille du bassin de la Basse-Loire.	10,000	88,000 quint. mét.
Houille du bassin de Commentry.	7,000	
Houille du bassin de Brassac. .	6,000	
Houille du bassin de Decize. .	5,000	

ISÈRE.

Ce département consomme des houilles de la Loire , des anthracites du Drac et des lignites de la Tour-du-Pin ; il reçoit aussi une très petite quantité de lignites de la Savoie. Les houilles de la Loire sont amenées de Lyon par la route de terre. On peut évaluer ainsi la consommation totale du département :

Houille du bassin de la Loire.	460,000	
Anthracite du bassin du Drac.	213,260	
Lignite du bassin de la Tour-du-Pin	80,000	753,285 quint. mét.
Lignite du bassin de Chambéry.	25	

JURA.

Les bassins de Blanzy et de la Loire approvisionnent ce département. Les houilles arrivent, soit par le canal du Rhône au Rhin, soit par les routes de terre, à partir de la Saône. La consommation peut s'estimer ainsi :

Houille du bassin de la Loire. 20,000 } 80,000 quint. mét.
Houille du bassin de Blanzy.. 60,000 }

LANDES.

La consommation presque nulle de ce département, est fournie par les bassins de la Grande-Bretagne et le bassin de lignite de St.-Lou. Les houilles anglaises sont expédiées de Bordeaux ou de Bayonne ; ce département consomme :

Houille des bassins de la Grande-Bretagne............ 2,200 } 3,944 quint. mét.
Lignite du bassin de St.-Lou.. 1,744 }

LOIRE.

Ce département ne consomme que de la houille extraite de son sol. La consommation s'élève à 4,037,015 quintaux métriques se répartissant ainsi :

    Établissemens métallurgiques de St.-Étienne... 463,495
    Établissemens métallurgiques de Rive-de-Gier.. 595,520
    Verreries, fours à chaux et à briques de Rive-
      de-Gier............................. 743,000
    Chauffage domestique, moulinage et teinture de
      la soie, fabrique de quincaillerie, d'armes, etc. 2,235,000

HAUTE-LOIRE.

Les bassins de la Loire, de Brassac et de Langeac, fournissent à la consommation de ce département. Les houilles de la Loire arrivent par les routes de terre. Ces trois bassins donnent les quantités suivantes :

Houille du bassin de la Loire. 50,000 }
Houille du bassin de Brassac.. 70,000 } 122,000 quint. mét.
Houille du bassin de Langeac. 2,000 }

LOIRE-INFÉRIEURE.

Ce département consomme des houilles extraites de son sol, et en reçoit des bassins de la Grande-Bretagne, de la Loire, de Mons, de Blanzy, de Brassac, de Valenciennes. Les houilles de la Grande-Bretagne, de Valenciennes et de Mons arrivent par mer ; celles de la Basse-Loire suivent les routes de terre jusqu'à la Loire ; enfin, les houilles de Blanzy, de Brassac et de la Loire, sont amenées à la Loire, soit par chemin de fer, soit par les routes de terre, et elles descendent le fleuve jusqu'au département. Ces différens bassins contribuent, dans les proportions suivantes, à la consommation totale du département de la Loire-Inférieure.

Houille des bassins de la Gran-
de-Bretagne........... 172,443
Houille du bassin de la Basse-
Loire............... 160,992
Houille du bassin de la Loire. 45,000
Houille du bassin de Mons.. 29,089
Houille du bassin de Blanzy. 8,000 }422,545 quint. mét.
Houille du bassin de Brassac. 5,000
Houille du bassin de Valencien-
nes................. 2,005
Houilles importées de divers
ports............... 16

LOIRET.

Les houilles de la Loire, de Blanzy, de Brassac et de Commentry, se consomment dans ce département, et la consommation se compose ainsi :

Houille du bassin de la Loire. 100,000
Houille du bassin de Blanzy. 80,000
Houille du bassin de Brassac. 20,000
Houille du bassin de Decize. 20,000 }230,000 quint. mét.
Houille du bassin de Commen-
try................. 10,000

Les houilles de ces différens bassins arrivent dans le département, par la Loire, et se répandent, soit par terre, soit par les voies navigables qui parcourent le Loiret.

LOIR-ET-CHER.

Les houilles des bassins de la Loire, de Blanzy, de Commentry et de Brassac, sont amenées dans ce département ;

soit par la Loire, soit par le canal du Berry et le Cher. On peut évaluer ainsi la consommation totale :

Houille du bassin de la Loire. 30,000 ⎫
Houille du bassin de Blanzy.. 5,000 ⎬
Houille du bassin de Commen- ⎪ 39,000 quint. mét.
try.................... 3,000 ⎪
Houille du bassin de Brassac. 1,000 ⎭

LOT.

Ce département ne consomme qu'une très faible quantité de houille ; elle provient des bassins de Meimac, d'Argentat et d'Aubin. Les houilles d'Aubin sont importées par le Lot ; celles de Meimac et d'Argentat arrivent, soit par la Dordogne, soit par les routes de terre. Il se consomme :

Houille du bassin d'Aubin..... 720 ⎫
Houille du bassin de Meimac.... 500 ⎬ 1520 quint. mét.
Houille du bassin d'Argentat.... 300 ⎭

LOT-ET-GARONNE.

Ce département reçoit les houilles des bassins de la Grande-Bretagne, de Carmeaux et d'Aubin, dans les proportions suivantes pour chaque bassin :

Houille des bassins de la Grande-
Bretagne............... 8,000 ⎫
Houille du bassin de Carmeaux. 3,000 ⎬ 11,780 quint. mét.
Houille du bassin d'Aubin..... 780 ⎭

Les houilles anglaises arrivent, par mer, à la Garonne ; celles de Carmeaux y sont amenées par le Tarn, et celles d'Aubin pénétrent dans le département par le Lot, qui va se réunir à la Garonne.

LOZÈRE.

La houille d'Alais et le lignite se consomment en petite quantité dans ce département. Les houilles d'Alais sont amenées par les routes de terre. La consommation totale peut s'évaluer ainsi d'une manière approximative :

Houille du bassin d'Alais..... 4,500 ⎫
Lignite du bassin de Milhau. . 2,500 ⎬ 7,000, quint. mét.

MAINE-ET-LOIRE.

Ce département consomme de la houille extraite de son sol, et une partie provenant des bassins de la Loire, de la Grande-Bretagne, de Brassac, de Blanzy et de Mons. Les houilles de la Grande-Bretagne et de Mons sont expédiées par mer; celles de Mons venant de Dunkerque; les houilles de Brassac, de Blanzy et de la Loire, descendent la Loire. Il se consomme aussi une certaine quantité d'anthracite du bassin du Maine, compris entre la Sarthe et la Mayenne. Les houilles de la Basse-Loire sont transportées à la Loire par les routes de terre, et se répandent ensuite dans le département comme celles des autres bassins. On peut estimer ainsi les quantités fournies par chacun de ces bassins pour la consommation totale du département :

Houille du bassin de la Basse-Loire.	220,000	
Houille du bassin de la Loire.	50,000	
Houille des bassins de la Grande-Bretagne.	10,000	369,000 quint. mét.
Houille du bassin de Brassac.	5,000	
Houille du bassin de Blanzy.	2,000	
Houille du bassin de Mons..	1,000	
Anthracite du bassin du Maine.	81,000	

MANCHE.

Ce département reçoit, par mer, les houilles de la Grande-Bretagne, de Mons et de Valenciennes ; il emploie aussi des houilles de Littry et du Plessis ; la consommation totale se compose des quantités suivantes fournies par ces bassins.

Houille des bassins de la Grande-Bretagne.	73,438	
Houille du bassin de Littry..	45,000	
Houille du bassin du Plessis.	26,921	153,553 quint. mét.
Houille du bassin de Mons..	7,364	
Houille du bassin de Valenciennes.	830	

MARNE.

Ce département ne consomme presque, en totalité, que des houilles de Mons et de Valenciennes. Les houilles de Liège sont transportées par eau jusqu'à Rethel, et elles arrivent à Rheims par les routes de terre. Les houilles de Mons, comme celles de Valenciennes, suivent l'Escaut et remontent le canal de St.-Quentin jusqu'à la Fère; elles se répandent ensuite dans le département par les routes de terre, ou bien elles suivent le canal jusqu'à Chauny, descendent l'Oise, remontent l'Aisne, et sont amenées à Rheims par les routes de terre. On évalue ainsi la consommation totale :

Houille des bassins de la Belgique.................. 286,000 ⎞
Houille du bassin de Valenciennes............... 200,000 ⎠ 486.000 quint. mét.

HAUTE-MARNE.

Les bassins de la Loire, d'Épinac et de Saarbrück importent leurs produits dans ce département. Les houilles de la Loire et d'Épinac remontent la Saône jusqu'à Gray, et pénètrent dans le département par les routes de terre. Les houilles de Saarbrück arrivent à Pont-à-Mousson par la Sarre et la Moselle; de là elles sont amenées, par terre, dans la Haute-Marne. Ces trois bassins contribuent, dans les proportions suivantes, à la consommation totale du département :

Houille du bassin de la Loire. 190,000 ⎞
Houille du bassin d'Épinac.. 20,000 ⎬ 3o5,000 quint. mét.
Houille du bassin de Saarbrück................ 95,000 ⎠

MAYENNE.

Ce département consomme les houilles des bassins de St.-Pierre-Lacour, de la Loire et de Brassac. Il reçoit aussi des anthracites du Maine. Les houilles de la Loire sont amenées par la Mayenne. Les anthracites du Maine arrivent par la Sarthe ou par la Mayenne. On évalue ainsi la consommation totale :

Houille du bassin de Saint-
Pierre-Lacour. 81,180
Houille du bassin de la Loire. 27,000
Houille du bassin de Brassac. 3,000
Anthracite du bassin du
Maine. 110,000

221,180 quint. mét.

MEURTHE.

Ce département ne consomme que de la houille de Saar-brück, qui arrive par la Sarre et la Moselle, à Pont-à-Mousson, d'où elle est importée dans la Meurthe par les routes de terre. La consommation est de 260,000 quintaux métriques.

MEUSE.

Les houilles de la Belgique et de Saarbrück se consomment dans ce département. Les houilles de Saarbrück sont amenées de Metz ou de Pont-à-Mousson. Les houilles belges entrent par Montmédy, où elles arrivent, soit par les routes de terre, soit en partie par les routes de terre, en partie par l'Ourthe. Les quantités suivantes représentent la consommation totale :

Houille des bassins de la Belgi-
que. 56,490
Houille du bassin de Saar-
brück. 97,000

153,490 quint. mét.

MORBIHAN.

Ce département reçoit, par mer, les houilles des bassins de la Grande-Bretagne, de Mons et de Valenciennes, et sa consommation est évaluée ainsi :

Houille des bassins de la Grande-Bretagne. 31,499
Houille du bassin de Mons. . . 10,349
Houille du bassin de Valen-
ciennes. 1,534

43,382 quint. mét.

MOSELLE.

Les houilles du bassin de Saarbrück importées en France,

entrent , en totalité , dans le département de la Moselle, dont la consommation s'élève à 475,057 quint. mét. Les deux dépôts des houilles de ce bassin , sont à Metz et à Pont-à-Mousson.

NIÈVRE.

Ce département consomme des houilles des bassins de Decize, de la Loire, de Blanzy et de Brassac. Les houilles de ces trois derniers bassins arrivent par la Loire. La consommation totale se répartit ainsi entre ces différens bassins :

Houille du bassin de Decize. 325,047 ⎫
Houille du bassin de la Loire. 100,000 ⎬ 493,047 quint. mét.
Houille du bassin de Blanzy. 60,000 ⎪
Houille du bassin de Brassac. 8,000 ⎭

NORD.

Le département du Nord est celui qui consomme la plus grande quantité de houille ; il la tire presque toute de son sol, mais il en reçoit aussi des bassins de Mons et de la Grande-Bretagne. Les houilles belges sont importées par le canal de Mons à Condé ; les houilles anglaises arrivent, par mer, à Dunkerque , et suivent les voies navigables jusqu'au département. La consommation totale est ainsi estimée :

Houille du bassin de Valen- ⎫
ciennes. . . . . 3,103,988 ⎪
Houille du bassin de Mons. 2,446,043 ⎬
Houille des bassins de la ⎪ 5,570,301 quint. m.
Grande-Bretagne. . . . . 20,250 ⎪
Houille provenant de di- ⎪
vers ports. . . . . 20 ⎭

OISE.

Les houilles de Mons et de Valenciennes sont importées dans ce département, par le canal de St.-Quentin et l'Oise ; il sert d'entrepôt pour les départemens avoisinans. Il se consomme aussi des lignites de Muyrancourt. On peut évaluer ainsi approximativement la consommation totale :

Houille du bassin de Mons.. 250,000 ⎫
Houille du bassin de Valen- ⎪
ciennes. . . . . 220,000 ⎬ 479,000 quint. mét.
Lignite du bassin de Muyran- ⎪
court. . . . . 9,000 ⎭

ORNE.

Ce département ne consomme qu'une petite quantité de houille provenant des bassins de l'Angleterre. Ces houilles sont importées, par mer, à Caen ou à Honfleur, d'où on les expédie par terre. La consommation totale s'élève à 20,000 quintaux métriques.

PAS-DE-CALAIS.

Ce département, qui consomme une assez grande quantité de houille, la reçoit des bassins de la Grande-Bretagne, de Valenciennes, de Mons et d'Hardinghen. Les houilles anglaises sont importées par mer. Celles de Mons et de Valenciennes arrivent à Dunkerque, par les canaux d'où on les expédie, soit par mer, soit par les routes de terre. Ces divers bassins contribuent, dans les proportions suivantes, à la consommation totale :

Houille du bassin de Valenciennes...............	1,000,725	
Houille du bassin de Mons.	961,718	
Houille des bassins de la Grande-Bretagne......	88,462	2,096,351 quint. m.
Houille du bassin d'Hardinghen...............	45,446	

PUY-DE-DOME.

Les bassins de Brassac, de la Loire, de St.-Eloy, de Bourg-Lastic, de Commentry et d'Ahun, approvisionnent de houille ce département. Les houilles de la Loire sont transportées par les routes de terre ; les houilles d'Ahun et de Commentry, sont expédiées aussi par la même voie. Quant aux houilles provenant des bassins indigènes, elles se consomment sur place. On évalue ainsi la consommation totale :

Houille du bassin de Brassac.	183,000	
Houille du bassin de la Loire.	10,000	
Houille du bassin de Saint-Eloy................	9,000	
Houille du bassin de Bourg-Lastic................	8,000	213,600 quint. mét.
Houille du bassin de Commentry................	3,000	
Houille du bassin d'Ahun...	600	

BASSES-PYRÉNÉES.

Ce département, qui ne consomme qu'une faible quantité de houille, la reçoit de la Grande-Bretagne, de Valenciennes et de Mons. Ces houilles sont expédiées, par mer, à Bayonne, et leur consommation se répartit ainsi :

Houille des bassins de la Grande-
  Bretagne. . . . . 8,635 ⎫
Houille du bassin de Valen-   ⎬ 9,925 quint. mét.
  ciennes. . . . . 1,173 ⎪
Houille du bassin de Mons. . . 117 ⎭

HAUTES-PYRÉNÉES.

Ce département paraît être le seul où il n'existe aucune consommation de houille. Les recherches faites à ce sujet, portent à le croire.

PYRÉNÉES-ORIENTALES.

Les houilles anglaises, celles de St.-Gervais, de Durban et de Ségure, et de Puycerda (Espagne), ainsi que le lignite de la Caunette, fournissent à la consommation de ce département. Les houilles anglaises sont importées, par mer, à Port-Vendres ; les autres combustibles se répandent par les routes de terre. La consommation totale se compose des quantités partielles suivantes :

Houille des bassins de la Grande-
  Bretagne. . . . . 6,689 ⎫
Houille du bassin de St.-Ger-   ⎪
  vais. . . . . 7,000 ⎪
Houille des bassins de Durban   ⎬ 17,024 quint. mét.
  et de Ségure. . . . . 1,300 ⎪
Houille du bassin de Puycerda.   35 ⎪
Lignite du bassin de la Cau-   ⎪
  nette. . . . . 2,000 ⎭

BAS-RHIN.

Ce département reçoit les houilles des bassins de Saarbrück, de la Loire, de Villé, de St.-Hippolyte, et les lignites des bassins de Bouxwiller et de Lobsann. Les houilles de Saarbrück sont amenées par les routes de terre, des entrepôts du département de la Moselle. Celles de la Loire arrivent par le canal de Strasbourg dans la partie méridionale du département ; celles de Villé et de St.-Hippolyte sont employées dans les environs des lieux d'exploitation. Ces six bassins contribuent, dans les proportions suivantes, à la consommation totale du département.

Houille du bassin de la Loire...	30,000	
Houille du bassin de Saarbrück	120,000	
Houille du bassin de Villé...	2,156	
Houille du bassin de St.-Hippolyte..................	1,098	297,678 quint. m.
Lignite du bassin de Bouxwiller....................	140,206	
Lignite du bassin de Lobsann.	4,218	

HAUT-RHIN.

Les bassins de la Loire, de Saarbrück, de Blanzy, d'Épinac, de Gémonval, de Gouhenans, de St.-Hippolyte, fournissent la houille à ce département. Les houilles de la Loire, de Blanzy, d'Épinac, arrivent par la Saône et le canal du Rhône au Rhin. Les houilles de Gémonval et de Gouhenans sont amenées, par terre, à Montbéliard, où elles prennent le canal du Rhône au Rhin. Celles de Saarbrück suivent généralement les routes de terre. On évalue ainsi la consommation totale :

Houille du bassin de la Loire.	450,000	
Houille du bassin de Saarbrück...............	200,000	
Houille du bassin de Blanzy.	173,000	
Houille du bassin d'Épinac.	130,000	
Houille du bassin de Gémonval..................	10,000	972,563 quint. mét.
Houille du bassin de Gouhenans..................	6,200	
Houille du bassin de Saint-Hippolyte.............	3,363	

RHONE.

Ce département consomme les houilles des bassins de la Loire, de Sainte-Foy et de la Chapelle-sous-d'Hun. Les houilles de la Loire sont transportées par le chemin de fer de St.-Étienne à Lyon, où se fait la plus grande consommation. Les houilles de Sainte-Foy se répandent, par les routes de terre, dans la vallée de la Brevenne. Celles de la Chapelle-sous-d'Hun sont expédiées par les routes de terre aux environs de Beaujeu. Ces trois bassins contribuent à la consommation totale, dans les proportions suivantes :

Houille du bassin de la Loire..............	2,180,000	
Houille du bassin de Sainte-Foy................	121,318	2,308,318 quint. m.
Houille du bassin de la Chapelle-sous-d'Hun......	7,000	

HAUTE-SAONE.

Les bassins de la Loire, de Ronchamp, de Gouhenans, de Gémonval, de Blanzy et d'Épinac, approvisionnent ce département. Les houilles de la Loire arrivent, soit par le canal du Rhône au Rhin, soit par la Saône qu'elles remontent jusqu'à Gray ; celles de Blanzy et d'Épinac remontent aussi la Saône. On évalue ainsi la consommation totale de ce département :

Houille du bassin de la Loire.	80,000	
Houille du bassin de Ronchamp..................	88,682	
Houille du bassin de Gouhenans..............,....	36,161	252,925 quint. mét.
Houille du bassin de Gémonval..................	23,082	
Houille du bassin de Blanzy..	20,000	
Houille du bassin d'Épinac...	5,000	

SAONE-ET-LOIRE.

La majeure partie de la houille consommée dans ce département, est extraite de son sol, et provient du bassin du Creuzot et de Blanzy. Les bassins de la Loire, d'Épinac et de la Chapelle-sous-d'Hun en fournissent aussi une certaine quantité. Les houilles de la Loire arrivent, soit par la Saône, soit par la Loire ; celles des autres bassins se répandent par les routes de terre. On évalue ainsi la consommation totale :

Houille du bassin du Creuzot et de Blanzy......	1,564,970	
Houille du bassin de la Loire...............	200,000	1,997,770 quint. m.
Houille du bassin d'Épinac.	160,029	
Houille du bassin de la Chapelle-sous-d'Hun......	72,771	

SARTHE.

Ce département reçoit des houilles des bassins de la Loire et de Brassac, et des anthracites du bassin du Maine. Les houilles de la Loire et de Brassac sont amenées par la Sarthe, d'Angers au Mans, et suivent ensuite les routes de terre. La consommation totale se compose des quantités suivantes :

Houille du bassin de la Loire..	18,000	
Houille du bassin de Brassac..	2,000	245,485 quint. mét.
Anthracite du bassin du Maine.................	225,485	

SEINE.

Neuf bassins différens expédient leurs produits dans ce département, et dans les proportions suivantes :

Houille des bassins de la Grande-Bretagne.......	133,283	
Houille du bassin de Mons.	555,000	
Houille du bassin de la Loire.	279,215	
Houille du bassin de Valenciennes..............	277,380	1,504,749 quint. m.
Houille du bassin de Brassac.	114,000	
Houille du bassin de Blanzy.	50,000	
Houille du bassin de Fins...	42,871	
Houille du bassin d'Épinac..	40,000	
Houille du bassin de Decize.	13,000	

Les houilles de la Loire, de Blanzy, de Brassac, de Fins et de Decize, se rendent à la Seine par la Loire et les canaux de Briare et du Loing. Les houilles d'Épinac parviennent à la Seine, par le canal de Bourgogne et l'Yonne. Les houilles de Mons et de Valenciennes, sont amenées par l'Escaut, le canal de St.-Quentin, l'Oise, la Seine et le canal de St.-Denis. Les houilles de la Grande-Bretagne sont importées, par mer, au Hâvre ou à Honfleur, et remontent la Seine jusqu'à Paris.

SEINE-ET-MARNE.

Ce département reçoit la houille des mêmes bassins que le département de la Seine; elles lui arrivent, après avoir traversé ce dernier département; on évalue ainsi très approximativement la consommation totale :

Houille du bassin de la Grande-Bretagne.	15,000	
Houille du bassin de Mons. .	100,000	225,000 quint. mét.
Houille du bassin de Valenciennes.	80,000	
Houille du bassin de la Loire.	30,000	

SEINE-ET-OISE.

Ce département reçoit les houilles de la Grande-Bretagne, des bassins de la Loire, de Mons et de Valenciennes, comme le département de la Seine. Ces bassins contribuent à la consommation totale, dans les proportions suivantes :

Houille des bassins de la Grande-Bretagne.	20,000	
Houille du bassin de la Loire.	60,000	295,000 quint. mét.
Houille du bassin de Mons. .	100,000	
Houille du bassin de Valenciennes.	115,000	

SEINE-INFÉRIEURE.

Ce département reçoit, par mer, les houilles anglaises; celles de Mons et de Valenciennes arrivent à la Seine, par les canaux et l'Oise, où elles sont expédiées, par mer, de Dunkerque. On estime ainsi la consommation totale :

Houille des bassins de la
    Grande-Bretagne......   569,371 ⎫
Houille du bassin de Mons.   74,604 ⎪
Houille du bassin de Valen-   ⎬ 688,875 quint. mét.
    ciennes...............   44,204 ⎪
Houille importée de divers   ⎪
    ports..............   696 ⎭

DEUX-SÈVRES.

La houille anglaise consommée dans ce département, est importée, par mer, à Rochefort, et arrive ensuite par les routes de terre. La houille du bassin de Vouvant est expédiée par les routes de terre. On estime ainsi la consommation :

Houille des bassins de la Grande-
    Bretagne...............   8,000 ⎫ 9,500 quint. mét.
Houille du bassin de Vouvant.   1,500 ⎭

SOMME.

Les houilles de Mons et de Valenciennes arrivent dans ce département, par le canal de St.-Quentin; celles de la Grande-Bretagne remontent la Somme; mais il n'en vient qu'une faible quantité. La consommation totale de ce département est considérable, et se compose des quantités partielles suivantes :

Houille du bassin de Mons..   761,863 ⎫
Houille du bassin de Valen-   ⎪
    ciennes...............   700,005 ⎬ 1,484,909 quint. m.
Houille du bassin de la Gran-   ⎪
    de-Bretagne..........   23,041 ⎭

TARN.

Le bassin du Carmeaux fournit presqu'à la totalité de la consommation de ce département ; tous les transports se font par les routes de terre. Il arrive aussi, par terre, une certaine quantité de houilles du bassin de St.-Gervais. Ces deux bassins fournissent les quantités suivantes :

Houille du bassin de Car-   ⎫
    meaux...............   146,515 ⎬ 158,515 quint. mét.
Houille du bassin de Saint-   ⎪
    Gervais...............   12,000 ⎭

TARN-ET-GARONNE.

Ce département consomme environ 40,000 quintaux métriques de houille provenant du bassin de Carmeaux. Une partie est expédiée par voie de terre; une autre arrive, par
terre, à Gaillac, où on l'embarque sur le Tarn.

VAR.

Ce département consomme des houilles des bassins de la
Loire et de la Grande-Bretagne, et des lignites des bassins de
la Cadière et d'Aix. Les houilles de la Loire descendent le
Rhône et arrivent dans les ports du département. Les houilles
anglaises sont importées par mer. On évalue ainsi la consommation totale :

Houille des bassins de la Grande-Bretagne.......	56,859	
Houille du bassin de la Loire.	129,023	
Lignite du bassin de la Cadière................	14,743	202,162 quint. mét.
Lignite du bassin d'Aix....	1,519	
Houille importée de divers ports................	18	

VAUCLUSE.

Ce département consomme des houilles de la Loire et des
lignites d'Orange et de Méthamis. Les houilles de la Loire
sont amenées par le Rhône, et les lignites par les routes de
terre. La consommation totale s'estime ainsi :

Houille du bassin de la Loire.	122,890	
Lignite du bassin d'Orange.	78,128	222,186 quint. mét.
— du bassin de Méthamis.	21,168	

VENDÉE.

La consommation peu importante de ce département, se
compose des quantités suivantes, fournies par quatre bassins.

Houille des bassins de la Grande-Bretagne............	11,272	
Houille du bassin de Vouvant.	5,271	16,874 quint. mét.
Houille du bassin de Mons...	268	
Houille du bassin de Valenciennes................	63	

VIENNE.

Quatre bassins fournissent à ce département, la houille qu'il consomme ; ce sont les bassins de la Loire, de la Basse-Loire, de la Grande-Bretagne et de Vouvant. Les houilles de la Basse-Loire arrivent à Châtellerault, par la Dive et la Vienne, puis se répandent par les routes de terre. Celles de la Loire sont aussi amenées de Châtellerault. Les houilles anglaises viennent de Rochefort ou la Rochelle, partie par eau, partie par les routes de terre. Celles de Vouvant sont transportées par les routes de terre. La consommation se compose des quantités suivantes :

Houille des bassins de la Gran-de-Bretagne.	2,500	
Houille du bassin de la Basse-Loire.	15,000	39,500 quint. mét.
Houille du bassin de la Loire.	20,000	
Houille du bassin de Vouvant.	2,000	

HAUTE-VIENNE.

Ce département reçoit, après de longs transports, les houilles de cinq bassins, qui contribuent ainsi à sa consommation faible et peu importante.

Houille des bassins de la Grande-Bretagne.	3,500	
Houille du bassin de Meimac. .	3,100	
Houille du bassin de Commentry.	2,000	11,042 quint. mét.
Houille du bassin de Bourganeuf.	1,442	
Houille du bassin d'Ahun. . .	1,000	

VOSGES.

Les houilles consommées dans ce département, proviennent des bassins de la Loire, de Saarbrück et des Vosges. Les houilles de la Loire arrivent par eau jusqu'à Gray, d'où elles sont expédiées par les routes de terre ; celles de Saarbrück arrivent, par terre, de Pont-à-Mousson. Il se consomme aussi une certaine quantité d'anthracite du bassin de Berghaupten, dans le grand-duché de Bade; il entre par Strasbourg. La consommation totale se compose des quantités suivantes :

Houille du bassin de la Loire. 100,000 ⎫
Houille du bassin de Saar-
   brück. . . . . 75,000 ⎬ 185,270 quint. mét.
Houille du bassin des Vosges. 8,356 ⎪
Anthracite du bassin de Berg-
   haupten. . . . . , . 1,914 ⎭

YONNE.

Ce département ne consomme qu'une assez faible quantité de houille, provenant des bassins de la Loire, d'Épinac et de Blanzy. Les charbons de ces trois bassins arrivent, par eau, dans le département. Il se consomme :

Houille du bassin de la Loire. 20,000 ⎫
Houille du bassin d'Épinac. . 35,000 ⎬ 70,000 quint. mét.
Houille du bassin de Blanzy. . 15,000 ⎭

En résumant tout ce qui vient d'être dit, on voit que cinq bassins indigènes fournissent environ les deux tiers de la houille consommée.

Bassin de la Loire. 11,517,762
   — de Valenciennes. 7,183,351
   — du Creuzot et Blanzy. . . . 2,249,970
   — d'Aubin. 1,243,496
   — d'Alais. . . . . , . 1,053,549

Les bassins étrangers contribuent ainsi à la consommation totale :

Bassins de la Belgique. 7,880,460
   — de la Grande-Bretagne. . . 2,226,047
   — de Saarbrück. 1,322,075

Quant à ce qui est de la consommation, les départemens se classent dans l'ordre suivant :

Nord.	5,570,301	Saône-et-Loire. .	1,997,770
Loire.	4,044,915	Seine.	1,504,749
Aisne.	2,824,515	Somme.	1,484,909
Rhône.	2,308,318	Aveyron.	1,304,834
Pas-de-Calais. .	2,096,751	Gard.	1,269,188

Bouch.-du-Rhône	1,035,466	Loire (Haute)	122,000
Ardèche	987,002	Drôme	110,000
Rhin (Haut)	981,563	Garonne	107,000
Isère	753,285	Eure-et-Loire	105,000
Seine-Inférieure	688,875	Indre-et-Loire	88,000
Ardennes	601,181	Finistère	82,735
Calvados	548,064	Jura	80,000
Nièvre	493,047	Charente-Inférieure	75,606
Marne	486,000	Yonne	70,000
Oise	479,000	Ille-et-Vilaine	65,247
Moselle	475,057	Aube	65,000
Loire-Inférieure	422,545	Dordogne	54,000
Hérault	401,145	Morbihan	43,382
Côte-d'Or	398,300	Alpes (Hautes)	41,660
Maine-et-Loire	369,000	Ariège	40,000
Eure	329,907	Tarn-et-Garonne	40,000
Marne (Haute)	305,000	Vienne	39,500
Rhin (Bas)	297,678	Loir-et-Cher	39,000
Allier	296,200	Charente	30,000
Seine-et-Oise	295,090	Alpes (Basses)	26,114
Meurthe	260,000	Orne	20,000
Saône (Haute)	254,925	Creuse	19,825
Sarthe	245,485	Côtes-du-Nord	18,832
Loiret	230,000	Pyrénées-Orientales	17,024
Seine-et-Marne	225,000	Vendée	16,874
Vaucluse	222,186	Cantal	12,000
Mayenne	221,180	Lot-et-Garonne	11,780
Gironde	214,342	Indre	11,400
Puy-de-Dôme	213,600	Vienne (Haute)	11,042
Var	202,162	Pyrénées (Basses)	9,925
Cher	200,000	Deux-Sèvres	9,500
Ain	187,012	Lozère	7,000
Vosges	185,270	Corrèze	6,605
Tarn	158,515	Gers	6,000
Manche	153,553	Landes	3,944
Meuse	153,490	Lot	1,520
Doubs	151,500	Corse	110
Aude	148,898	Pyrénées (Hautes)	0

Total de la consommation: 40,911,687 quintaux métriques.

Les quantités exportées de France à l'étranger, sont très minimes, relativement à la production indigène, et elles se sont ainsi réparties, en 1837, entre les différens pays d'exportation.

Belgique	219,365
Sardaigne	45,827
Suisse	34,406
Deux-Siciles	13,941
Algérie	5,842
Allemagne	4,817
Egypte	2,122
Martinique	1,375
Cayenne	1.368
Guadeloupe	1,330
Espagne	1,225
Bourbon	1,018
Toscane	1,004
Cuba	480
Hollande	451
Prusse	413
Autriche	145
Sénégal	168
Saint-Pierre et Miquelon	106
États barbaresques	106
États-Unis	72
Ile-de-France	12
Angleterre	1
Total	335,534

CHAPITRE XXV.

—

MINES DE HOUILLE DE LA BELGIQUE.

Le terrain houiller de la Belgique peut se diviser en trois bassins principaux : 1° le bassin du Hainault ; 2° le bassin de Namur ; 3° le bassin de Liège.

Le bassin du Hainault comprend le bassin de Mons et le bassin de Chárleroi.

Le bassin de Mons est remarquable par sa richesse et son étendue. Le terrain houiller est recouvert d'une épaisseur plus ou moins considérable de mort terrain. Cent-quatorze couches ont été reconnues dans ce bassin ; mais elles ne sont pas toutes exploitables ; leur épaisseur est généralement faible ; elles se composent d'un ou deux bancs, et quelquefois de plusieurs. L'épaisseur du charbon varie de 0^m 40 à 0^m 70 ; cependant quelques couches, mais en très petit nombre , ont une puissance qui va jusqu'à deux mètres. Les couches sont dirigées de l'est à l'ouest ; elles ont une inclinaison très variable. Comme à Anzin elles éprouvent des contournemens brusques ; les dérangemens ou accidens y sont d'ailleurs peu fréquens et de peu d'étendue. Dans les contournemens des couches , les parties qui ont pendage au midi, se nomment les droits , et celles qui ont pendage au nord, les plats ; c'est surtout dans les grands plats que la régularité des couches est le plus remarquable. Les couches du bassin de Mons s'exploitent par des puits de trois à quatre cents mètres de profondeur. Les mines situées entre Mons et Boussu , sont celles qui fournissent la meilleure qualité de houille et la plus grande quantité.

Le bassin de Charleroi s'étend à l'est et à l'ouest de cette ville , sur une longueur d'environ deux myriamètres ; il est le prolongement du bassin de Mons , et présente des contournemens semblables; sa longueur est de seize kilomètres. La houille qu'il fournit est d'excellente qualité, et très propre au chauffage et à tous les usages métallurgiques, ainsi qu'au travail de la forge.

Le bassin de Namur est beaucoup moins important et moins riche que le bassin du Hainaut. Les couches n'y sont ni aussi puissantes, ni aussi nombreuses, et la houille qu'elles fournissent est de médiocre qualité. Ce bassin doit être considéré comme dépendant du bassin de Huy, qui s'étend sur une longueur de plus de quatre myriamètres; il ne produit que de la houille maigre.

Le bassin de Liège est exploité depuis des tems très reculés; il s'étend sur une longueur de quatre myriamètres. Le nombre et la puissance des couches, la qualité du combustible, les facilités de transport sont les principales causes de l'état florissant dans lequel se sont toujours trouvées ces mines.

Les produits des mines de houille de la Belgique sont considérables. Les mines de Mons fournissent, à elles seules, 15,000,000 d'hectolitres par année. Une grande partie des charbons de la Belgique est exportée à l'étranger; c'est avec la France que le commerce d'exploitation est le plus important. Ces charbons paient, à leur entrée en France, un droit de trente centimes par quintal métrique, décime non compris. Les mines de Mons fournissent à la consommation de la ville de Paris : la houille est embarquée sur le canal de Mons à Condé; puis elle arrive à Paris par l'Escaut, le canal de St.-Quentin, l'Oise et la Seine. Le déchet est peu considérable dans le transport; quant aux frais de transport, on peut les estimer ainsi en 1829.

Détail des frais de transport d'un hectolitre de houille,
à Paris.

Partie des frais de chargement. . . . . , 0,025
Droit de sortie de Belgique. 0,025
Droit d'entrée en France, ... 0,330
Fret. 1,800
Menus frais à Compiègne, ... 0,100
Entrée à Paris. 0,600
Droit de mesurage. 0,062
Débarquement et mesurage. 0,083

    Total par hectolitre sur le port. 3,025
    Ou par voie de 12 hectolitres combles. . . . 36, 30

Ainsi le prix d'achat étant à Mons, de. 16 80
Les frais de transport, droit compris. 36 30
Les frais de transport dans Paris. 2 50
                                ————
                                55 60

Le prix de la voie sera donc, à Paris, de 55 fr. 60 c.

La Belgique reçoit peu de charbons de l'étranger. En 1838, les quantités de houille importées ont été les suivantes :

PAYS,	QUANTITÉS.	VALEUR.
	quint. mét.	francs.
France.	29,315,826	439,737
Prusse.	2,146,161	32,192
Angleterre.	3,316,571	49,742
Autriche.	6,489	97
Totaux	34,785,047	521 768

La houille importée en Belgique paie un droit de 14 fr. 84 c. par mille kilogrammes. Le chiffre des exportations est beaucoup plus élevé, et il a presque doublé de l'année 1831 à l'année 1837. Nous en donnons ici le tableau.

ANNÉES.	QUANTITÉS.	VALEUR.
	quint. mét.	francs.
1831.	469,514,528	7,042,718
1832.	1,289,628,707	19,344,431
1833.	579,792,091	8,696,881
1834.	647,540,012	9,713,101
1835.	695,586,791	10,433,802
1836.	773,611,516	11,604,173
1837.	789,083,603	11,836,254

Le chiffre des importations a augmenté d'une manière beaucoup plus considérable; ce chiffre qui était, en 1831, de 2,882,482 kilogrammes, s'est élevé, en 1837, à 28,416,835 kilogrammes, c'est-à-dire, qu'il a décuplé dans l'espace de sept années; mais les quantités mises en consommation, sont beaucoup moins considérables; elles ont été, en 1837, de 16,911,033 kilogrammes, représentant une valeur de 253,665 francs.

Les exportations de houilles belges se sont ainsi réparties en 1838.

PAYS DE DESTINATION.	QUANTITÉS.	VALEUR.
	kilogrammes.	francs.
France..........	766.427.589	11.496.414
Pays-Bas.........	7.247.436	108.712
Prusse..,,...,....	949.520	14.242
Angleterre.......	10.000	150
Portugal.........	103.000	1.545
Deux-Siciles......	50.000	750
Turquie..........	538.000	8.070
Suède et Norwège.	35.000	525
Russie...,,......,	108.000	1.620
États-Unis........	61.000	915
Rio-de-la-Plata....	5.000	75
Total..........	775.534.545	11.633.018

··

CHAPITRE XXVI.

—

MINES DE HOUILLE DES AUTRES CONTRÉES.

PRUSSE.

La Prusse possède des mines de houille sur plusieurs points de son territoire ; c'est une de ses principales richesses minérales.

Les provinces rhénanes renferment de vastes dépôts de combustibles.

Le bassin de Saarbrück est le plus important ; ce bassin s'étend depuis cette ville jusqu'à la rive gauche de la Sarre, où se trouvent les mines de Guersweiler. La plus riche partie du dépôt s'étend sur la rive droite de la Sarre, où il occupe, du sud-ouest au nord, un espace de trois myriamètres environ de longueur, et de un à deux de largeur. Seize couches principales ont été reconnues dans le bassin de Saarbrück ; leur épaisseur varie de 0ᵐ 46 à 4ᵐ 3o. La houille est généralement de bonne qualité.

Le bassin houiller d'Eschweiler est situé dans le pays de Juliers ; il s'étend du nord-est au sud-est, et comprend quarante-six couches de houille.

Le bassin de Ruhr, dans le pays d'Essen et de Werden, s'étend sur une longueur de quelques myriamètres en se dirigeant vers le nord. Il présente une longueur de cinquante-cinq kilomètres de l'est à l'ouest, et une largeur de vingt-cinq kilomètres du sud au nord ; trente-quatre couches ont été reconnues dans ce bassin.

Le bassin de Tecklenbourg en Westphalie est contigu au bassin d'Osnabruck ; il est moins important que ceux que nous venons de citer.

La Saxe renferme de nombreuses exploitations ; dans le

bassin de Zwickau, les travaux sont en activité depuis le seizième siècle ; les principales mines sont celles de Planitz , Buckwa , Oberhohendorf et Bainsdorf ; les couches présentent dans ce bassin de nombreuses traces d'inflammation.

Le bassin situé dans la vallée de Plauen entre Freyberg et Dresde , est très important : c'est là que se trouvent les houillères de Burg, de Postchappel , de Dœlheu , de Zauckerode et de Kohlsdorf.

Le bassin de la rive gauche de l'Elbe donne lieu à de nombreuses exploitations ; les mines principales sont à Wettin, ces mines furent ouvertes au seizieme siècle ; trois couches principales y sont exploitées ; la houille est généralement de bonne qualité. Les couches offrent à Lœbechün tant d'irrégularité qu'il est difficile de déterminer quel est leur nombre , on en connaît trois qui se montrent d'abord très distinctes l'une de l'autre, puis se confondent en une seule ; leur puissance varie de 2 mètres à 2^{m}25 ; la houille n'y est pas d'aussi bonne qualité qu'à Wettin.

La Silésie renferme d'abondantes mines de houille. Dans la Haute-Silésie la formation houillère s'étend le long des Sudetes et des Carpathes, de l'est à l'ouest , sur une longueur de cent dix-huit kilomètres ; cette formation est traversée d'un grand nombre de failles qui sont d'autant plus puissantes que le nombre des couches est plus grand et leur puissance plus considérable. Les couches sont ordinairement très puissantes, peu inclinées et distantes les unes des autres ; la puissance moyenne varie de 3^{m}15 à 4^{m}20. Près de Hultshin la houille offre cette particularité que les couches sont presque verticales et d'une puissance n'excédant pas 0^{m}78 à 0^{m}94 ; elles se suivent en grand nombre dans une petite étendue ; du reste la direction des couches de houille de la Silésie supérieure, leur puissance et leur éloignement présentent généralement une grande régularité. Les couches puissantes sont divisées en bancs qui montrent ordinairement une qualité différente de houille , les uns donnent de la houille grossière , et les autres de la houille schisteuse, ceux-ci de la houille grasse et ceux là de la houille maigre (1).

La Haute-Silésie possédait en 1816 cinquante-quatre mines

(1) Manès. Mémoires géologiques sur la Sibérie.

de houille. Elles sont situées dans les districts de Léobschutz, de Ratibor, de Gleiwitz, de Beuthen et de Plessen. Les mines de Sabrze, district de Gleiwitz, et celles de Chorzow, district de Beuthen sont exploitées par le Gouvernement. Le produit des mines de la Haute Silésie est d'environ 3,000,000 quintaux. Les houilles sont généralement des houilles maigres, cependant on en trouve de grasses. Les houilles maigres sont grossières et schisteuses, les houilles grasses sont communément lamelleuses.

La plus riche partie du dépôt houiller de la Basse Silésie est située entre les monts du Hochwald et du Vogelkippe, et Hermsdorf et Waldenburg. Le bassin de Waldenburg forme deux groupes de couches bien distinctes. Le premier ou celui du mur commence à se montrer dans une vallée étroite près Rudolpswald, venant du comté de Glatz et formant le district de Neurode. Les couches de cette suite se prolongent alors sur une mince largeur et avec beaucoup de rejets, suivant la ligne de direction qui est du sud-ouest au nord-ouest, de la vallée de Rudolpswald vers Katswasser, Donnerau, Tann-Hausen, Charlottenbrunn, Steingrand, Reussendorf, Hartau etc, de là vers Liebersdorf et Hartmansdorf. Les principales mines de ce groupe sont celles de Seegengottes à Altwasser, de Morgen et Abendstein à Hartau, de David à Neusalzbrunn et de Gnadegottes à Reussendorf.

Le deuxième groupe ou celui du toit commence près Altendorf où il vient de Bohême et où il s'étend au nord sur Liebau et Landshut, puis il change de direction pour suivre le cours du premier groupe. Il passe par Schwartzwald et Rothenwald, où il se divise en deux parties, dont l'une tourne au sud du Hochberg, et l'autre va au nord de ce mont par Kohlau vers la vallée de Lassig, où les deux parties se réunissent de nouveau; de là elles vont par Hermsdorf, tournent le Hochwald au sud-est, se dirigent vers Weistein, puis vont au sud-est par Waldenburg. Les mines principales de ce groupe sont celles de Johanna et de Louise-Auguste à Weisten, celle de Fuchsgrube au même lieu, celles de Frohe-Ansich et d'Anna en Hochwald et celle de Glückhilfgrube à Hermsdorf.

Les couches de houille de Waldenburg sont ordinairement très rapprochées les unes des autres; leur direction et leur inclinaison sont peu constantes ; leur puissance peu forte varie de o=3r à 2=80 ; elles produisent d'ailleurs de bonne houille schisteuse. Le produit des mines de la Basse-Silésie s'élève à environ quatre millions de quintaux par année.

HANOVRE.

La houille n'est pas répandue aussi abondamment dans le Hanovre que dans la Prusse. Aux environs du Hartz près de Neustadt , on exploite quelques couches de houille. Le bassin d'Osnabruck est le plus important ; on y a reconnu dix couches susceptibles d'exploitation : les mines principales sont situées dans les montagnes de Strubberg et Lohnberg et au Piesberg. Les deux premières sont exploitées par le gouvernement.

AUTRICHE.

L'Autriche possède d'abondantes mines de houille; le dépôt le plus important paraît être en Galicie : c'est là que l'exploitation est poussée avec le plus d'activité. Près d'OEdenbourg en Hongrie et aux environs de Petten, on exploite des couches de houille dont la puissance varie de deux mètres à vingt-huit mètres. En Carinthie près de Guttaring et de Saint-Léonard dans la vallée dite Lavanthal, on trouve quelques exploitations de houille. La Styrie possède aussi ce combustible. La Bohême renferme un grand nombre d'exploitations ; celle de Rutterschütz est la plus importante que possède l'Allemagne ; la couche qu'on y exploite a plus de seize mètres d'épaisseur.

ESPAGNE.

L'Espagne renferme quelques gîtes de houille abondans, dans l'Andalousie , l'Estramadure , la Catalogne, l'Arragon, la Castille et les Asturies , mais les couches ont généralement une faible puissance ; cependant le bassin des Asturies est remarquable par sa richesse. Les travaux ont été entrepris à Sama sur une grande échelle. Un chemin de fer transporte le produit de ces mines au port de Gijon , et leur ouvre ainsi l'entrée de la Baie de Biscaye. Treize couches ont été reconnues dans ce bassin ; elles paraissent être d'une richesse inépuisable, et le combustible qu'on en retire est d'excellente qualité. Ces mines sont destinées à alimenter de charbon Bayonne, Bordeaux et tout le bassin de la Garonne, qui tire une grande partie de son charbon d'Angleterre.

Le Portugal ne renferme presque pas de houille.

SUÈDE.

La Suède, si riche en mines métalliques, ne possède presque pas de houille ; la mine de Hoganas en Scanie paraît être la seule exploitation houillère importante de ce pays.

RUSSIE.

La Russie, de même que la Suède, est peu riche en houille ; cependant il se trouve un dépôt abondant sur la rive droite de la Donetz dans la Russie méridionale ; les couches ont une puissance qui varie de quelques centimètres à 2^{m}20. La houille qu'on en retire est une houille bitumineuse. Il existe, dit-on, en Sibérie quelques exploitations houillères. En 1839, M. Koutchyse, qui avait été chargé de faire des recherches de houille dans les steppes de l'Ukraine, a découvert un riche dépôt de combustible près du village de Hilla dans le district de Gally, et à cent quatre-vingt wersts d'Alexandrowst sur le Dnieper. La houille est de bonne qualité et peut se transporter facilement au port d'Azoph par le Don et à Odessa et Kherson par le Dnieper.

TURQUIE.

La Turquie ne possédait pas de mines de houille, mais en 1840 un riche dépôt de combustible a été trouvé à Pendaraclia, un des plus beaux ports de l'empire Ottoman. Cette découverte doit être d'une grande importance pour la navigation de la mer Noire. Le Steamer turc, l'Esserie-Hair, fut envoyé pour examiner les lieux et rapporter quelques échantillons de la houille découverte, et il fit le voyage de Pendaraclia à Constantinople au moyen de la houille extraite de ce bassin. Les couches ne sont qu'à une faible profondeur.

CANDIE.

Une mine de houille a été ouverte en 1839 dans l'île de Candie, aux environs de Retimo, par ordre du gouverneur Mustapha Pacha, et une grande quantité du charbon extrait fut envoyée en Egypte où on le trouva de bonne qualité ; dans l'espace de dix jours près de 15000 kilogrammes furent envoyés à dos d'ânes à Retimo. Les frais du transport s'élevaient à 2 f. 75 par 100 kilogrammes. Une autre mine a été découverte à Previl à l'est de Spakia, à cent mètres environ de la mer.

ÉTATS-UNIS.

Le grand dépôt de houille des Etats-Unis s'étend sur une longueur de 1500 milles depuis les lacs du nord jusqu'à l'embouchure de l'Ohio ; sa largeur est d'environ 600 milles. Ce vaste bassin embrasse les états de l'Ohio, l'Indiana, l'Illinois, le Missouri, le Kentucky et une partie de la Pensylvanie, de la Virginie, du Tennessee, de l'Arkansas et du Michigan, ainsi qu'une contrée inhabitée de 500 milles de largeur qui se trouve à l'ouest de ces états. Suivant un auteur américain, ce bassin renferme des richesses inépuisables et couvrirait la moitié de l'Europe. Entre Pottsville et Sunbury sur les bords de la Susquehanna, vingt couches ont été reconnues ; les travaux ont été entrepris sur deux de ces couches ; l'une a douze mètres et l'autre quinze mètres de puissance ; la houille est d'excellente qualité.

La houille abonde dans la nouvelle Ecosse : le bassin principal sur la côte nord près Picton comprend une surface d'environ 100 milles carrés ; mais comme il est traversé par de larges failles et sujet à de nombreux dérangemens, on ne peut estimer sa surface d'une manière bien exacte. Le charbon est bitumineux et brûle comme celui de Newcastle ; il convient parfaitement à la fabrication du fer.

Le Cap Breton est remarquable aussi par ses richesses minérales. Le bassin de Sydney s'étend le long des côtes depuis la capitale jusqu'à la baie de Myray, et de là s'avance dans l'intérieur jusqu'au Bras d'Or ; il comprend une surface de 120 milles carrés ; la houille est très propre aux usages domestiques et aux manufactures. La partie ouest de l'île parait aussi renfermer un beau bassin houiller, mais il n'a pas encore été exploré (1).

On a aussi découvert de la houille à Western-Port, dans l'Australie sud.

INDES.

Il paraît que les premières tentatives d'exploitation eurent lieu au Bengale en 1774; des excavations furent faites à Aytura, et la houille extraite fut envoyée à Beerbhoom; on ne la trouva pas de bonne qualité, l'entreprise fut alors abandonnée. En 1816 on reprit les travaux à Sylhet, et ils furent continués avec activité; ils ont donné naissance à un établissement important (2).

On a découvert dernièrement à Ulilimane, possession portugaise, de belles couches de houille; si l'exploitation de ces mines a d'heureux résultats, elle doit être d'une grande importance pour la navigation à vapeur.

CHINE ET JAPON.

Ces deux pays renferment, dit-on, une grande quantité de houille. Quelques provinces du Céleste Empire possèdent des couches d'une richesse remarquable.

---

(1) Historical and descriptive account of British America.
(2) East India Magazine.

~~~~~~

TABLE DES SINUS CALCULÉS

DE M. DE LA CHABEAUSSIÈRE.

Manière de s'en servir.

La première ligne des chiffres de chacun des feuillets de la table ci-après, indique le nombre des mètres de la ligne d'opération depuis 1 jusqu'à 10.

Les deux premières colonnes de la gauche portent l'indication du nombre de degrés d'inclinaison de la même ligne d'opération depuis 1 jusqu'à 90, et leurs sous-divisions par quarts.

La deuxième de ces colonnes présente ces degrés depuis 1 jusqu'à 45, en suivant de haut en bas. La première offre la suite des degrés depuis 1 jusqu'à 90, en remontant de bas en haut.

Cette disposition est fondée sur ce que le calcul de la longueur pour l'angle d'inclinaison donne deux produits, l'un du sinus l'autre du cosinus, équivalent toujours ensemble à celui de deux angles droits, et que ces deux produits sont les mêmes, mais inverses pour un angle et pour son complément. Ainsi 46 degrés donneront le même produit que 44, et 47 degrés 1/4 le même que 42 3/4 etc.

La seule attention à avoir c'est que ces deux produits étant indiqués sur deux lignes qui sont en regard avec les degrés auxquels elles ont rapport, il faut se souvenir que, lorsque l'inclinaison trouvée ne dépasse pas 45°, la première de ces lignes indique l'horizontale et la seconde la perpendiculaire, et que c'est tout le contraire lorsque l'inclinaison trouvée dépasse 45° jusqu'à 90°

Soit par exemple une ligne d'opération de 9 mètres et une

inclinaison de 11 degrés 174 on trouvera sur la table à l'endroit où se croisent les deux indications, savoir :

Sur la première ligne le nombre   883

Sur la deuxième celui-ci........   176

Ce qui veut dire que la ligne horizontale

est de...............   8mèt. 8déc. 3cent.

Et la perpendiculaire de.., ...   1   7   6

Mais si au lieu de 11 degrés 174 on avait eu 78 degrés 174 d'inclinaison sur une longueur de 9 mètres, les produits étant les mêmes,

La ligne horizontale serait de.....   1 mèt. 7 déc. 6 cent.

et la perpendiculaire de........   8   8   3

Si au lieu d'un nombre incomplexe on en avait un complexe pour la longueur de la ligne d'opération, et que par exemple cette longueur fût de 7^m4, alors la table servirait encore, mais on serait obligé d'y faire une double recherche.

Soit donc une longueur de 9^m4 et un angle d'inclinaison de 11 degrés 174, on cherchera dans la table au carré de la croisure de ces indications 1° pour 9 mètres, et l'on trouvera comme auparavant.

	horizontale	perpendiculaire.
Première ligne...	883	
Deuxième ligne..........		176

	horizontale	perpendiculaire.
Et pour 4 mètres...........	392	078

Mais au lieu de les placer sous les autres on les reculera d'un rang vers la droite, et l'on aura

	horizontale.		perpendiculaire
Pour 9 mètres....	8^m 8^d 3^c	et	1^m 7^d 6^c
Pour 4 décimèt..	0 3 9 2^{mm}		0 0 7 8^{mm}

On néglige ordinairement les millimètres qui ne dépassent pas le nombre 5 ; mais comme ici pour la perpendiculaire nous avons 8, on augmentera d'une unité les centimètres de la perpendiculaire, et l'on aura

	ligne horizontale.		ligne perpendiculaire
Pour 9 mètres...	8 m. 8 d. 3 c.		1m. 7 d. 6 c.
Pour 4 décimèt..	0 3 9		0 0 8
Total.......	9 2 2		1 8 4.

Si la ligne d'opération contenait des centimètres et qu'elle fût supposons de 9 mètres 4 decimètres 4 centimètres, dans ce cas il faudrait faire trois recherches, et le résultat de la troisième devrait se reculer de deux rangs vers la droite.

EXEMPLE.

Soit la longueur de 9 mètres 4 decimètres 4 centimètres et l'angle d'inclinaison de 11 degrés 1/4 on aura

	horizontale	perpendiculaire
Pour 9 mètres	8m 8d 3c	1m 7d 6c
P. 4 déc. ou 3d 9c 2mm pris pour 0 3 9 et	0m 0d 7c 8mm pr. p. 0 0 8	
P. 4 cent. 0 0 3 9mm 2d p p 0 0 4 et	0 0 0 7mm 8d p p 0 0 1	
Total........ 9m 2d 6c	1m 8d 5c	

On conçoit que si, au lieu de 11 degrés 1/4 on avait 78 degrés 3/4 ou tout autre angle au-dessus de 45°, on n'aurait à changer que le titre et à substituer le mot perpendiculaire à celui horizontale, et à faire le même changement inverse au deuxième titre, ainsi qu'on l'a déjà dit.

Quoique le calcul des sinus ne soit porté dans cette table que jusqu'à 10 mètres, on peut se servir de cette table pour toutes les longueurs multipliées de celles-ci.

DEGRÉS.	MÈTRES.									
	1	2	3	4	5	6	7	8	9	10
	m.	m.	m.	m.	m.	m.	m.	m.	m.	m.
$9\frac{3}{4}$ et $\frac{1}{4}$	1.00 0.00	2.00 0.01	3.00 0.01	4.00 0.02	5.00 0.02	6.00 0.02	7.00 0.03	8.00 0.04	9.00 0.04	10.00 0.04
$9\frac{1}{2}$ et $\frac{1}{2}$	1.00 0.01	2.00 0.02	3.00 0.03	4.00 0.03	5.00 0.04	6.00 0.05	7.00 0.06	8.00 0.07	9.00 9.08	10.00 0.09
$9\frac{1}{4}$ et $\frac{3}{4}$	1.00 0.01	2.00 0.03	3.00 0.04	4.00 0.05	5.00 0.06	6.00 0.08	7.00 0.09	8.00 0.10	9.00 0.11	10.00 0.13
9 et 1	1.00 0.02	2.00 0.03	3.00 0.05	4.00 0.07	5.00 0.09	6.00 0.10	7.00 0.12	8.00 0.14	9.00 0.16	10.00 0.19
$8\frac{3}{4}$ et $1\frac{1}{4}$	1.00 0.02	2.00 0.04	3.00 0.06	4.00 0.08	5.00 0.10	6.00 0.12	7.00 0.16	8.00 0.18	9.00 0.20	10.00 0.02
$8\frac{1}{2}$ et $1\frac{1}{2}$	1.00 0.03	2.00 0.05	3.00 0.08	4.00 0.10	5.00 0.12	6.00 0.15	7.00 0.18	8.00 0.21	9.00 0.23	10.00 0.26
$8\frac{1}{4}$ et $1\frac{3}{4}$	1.00 0.03	2.00 0.06	3.00 0.09	4.00 0.12	5.00 0.15	6.00 0.18	7.00 0.21	8.00 0.24	9.00 0.27	10.00 0.30
8 et 2	1.00 0.03	2.00 0.07	3.00 0.10	4.00 0.14	5.00 0.17	6.00 0.20	7.00 0.24	8.00 0.28	9.00 0.31	10.00 0,035
$7\frac{3}{4}$ et $2\frac{1}{2}$	1.00 0.04	2.00 0.08	3.00 0.12	4.00 0.16	5.00 0.20	5.99 0.24	6.99 0.28	7.99 0.32	8.99 0.35	9.99 0.39
$7\frac{1}{2}$ et $2\frac{1}{2}$	1.00 0.04	2.00 0.09	3.00 0.13	4.00 0.17	5.00 0.23	5.99 0.27	6.99 0.32	7.99 0.36	8.99 0.40	9.99 0.45

DEGRÉS.	MÈTRES.									
	1	2	3	4	5	6	7	8	9	10
	m.	m.	m.	m.	m.	m.	m.	m.	m.	m.
$87\frac{1}{4}$ et $2\frac{1}{4}$	1.00	2.00	3.00	4.00	4.99	5.99	6.99	7.99	8.99	9.99
	0.05	0.10	0.14	0.19	0.24	0.29	0.34	0.38	0.43	0.48
87 et 3	1.00	2.00	3.00	3.99	4.99	5.99	6.99	7.99	8.99	9.99
	0.05	0.10	0.16	0.22	0.26	0.31	0.37	0.42	0.47	0.52
$86\frac{1}{4}$ et $3\frac{1}{4}$	1.00	2.00	3.00	3.99	4.99	5.99	6.99	7.99	8.99	9.99
	0.06	0.11	0.17	0.23	0.28	0.34	0.40	0.45	0.50	0.57
$86\frac{1}{2}$ et $3\frac{1}{2}$	1.00	2.10	2.99	3.99	4.99	5.99	6.99	7.98	8.98	9.98
	00.6	0.12	0.18	0.24	0.31	0.37	0.43	0.49	0.55	0.61
$86\frac{1}{4}$ et $3\frac{1}{4}$	1.00	2.00	2.99	3.99	4.99	5.99	6.99	7.98	8.98	9.98
	0.07	0.13	0.20	0.26	0.34	0.40	0.47	0.53	0.60	0.65
86 et 4	1.00	2.00	2.99	3.99	4.99	5.99	6.98	7.98	8.98	9.98
	0.07	0.14	0.23	1.28	0.35	0.42	0.49	0.56	0.63	0.70
$85\frac{3}{4}$ et $4\frac{1}{4}$	1.00	1.99	2.99	3.99	4.99	5.99	6.98	7.98	8.98	9.97
	0.07	0.15	0.22	0.30	0.37	0.44	0.52	0.60	0.67	0.74
$85\frac{1}{2}$ et $4\frac{1}{2}$	1.00	1.99	2.99	3.99	4.98	5.98	6.08	7.98	8.97	9.97
	0.08	0.16	0.24	0.31	0.39	0.47	0.55	0.63	0.71	0.78
$85\frac{1}{4}$ et $4\frac{3}{4}$	1.00	1.99	2.99	5.99	4.98	5.98	6.98	7.98	8.97	9.97
	0.08	0.17	0.25	0.33	0.41	0.50	0.58	0.66	0.75	0.83
85 et 5	1.00	1.99	2.99	3.98	4.98	5.98	6.98	7.97	8.97	9.96
	0.09	0.17	0.26	0.35	0.43	0.52	0.60	0.69	0.78	0.87

EGRÉS.	MÈTRES.									
	1	2	3	4	5	6	7	8	9	10
	m.	m.	m.	m.	m.	m.	m.	m.	m.	m.
¼ et 5¼	1.00	1.99	2.99	3.98	4.98	5.97	6.97	7.97	8.96	9.96
	0.09	0.18	0.27	0.38	0.46	0.55	0.64	0.73	0.82	0.92
½ et 5½	1.00	1.99	2.99	3.98	4.98	5.97	6.97	7.96	8.96	9.95
	0.10	0.19	0.29	0.38	0.48	0.57	0.64	0.77	0.86	0.96
¾ et 5¾	0.99	1.99	2.98	3.98	4.97	5.97	6.97	7.96	8.96	9.95
	0.10	0.20	0.30	0.40	0.50	0.60	0.70	0.80	0.90	1.00
et 6	0.99	1.99	2.98	3.98	4.97	5.97	6.96	7.96	8.95	9.95
	0.10	0.20	0.31	0.42	0.52	0.63	0.73	0.84	0.94	1.05
¼ et 6¼	0.99	1.99	2.98	3.98	4.97	5.96	6.96	7.95	8.95	9.94
	0.11	0.22	0.33	0.44	0.54	0.65	0.76	0.87	0.98	1.09
½ et 6½	0.99	1.99	2.98	3.97	4.97	5.96	6.95	7.95	8.94	9.94
	0.11	0.23	0.33	0.45	0.56	0.68	0.79	0.91	1.02	1.13
¾ et 6¾	0.99	1.99	2.98	3.97	4.96	5.96	6.95	7.94	8.94	9.93
	0.11	0.23	0.35	0.47	0.59	0.70	0.82	0.94	1.06	1.17
5 et 7	0.99	1.99	2.98	3.97	4.96	5.96	6.95	7.94	8.93	9.93
	0.12	0.24	0.37	0.49	0.61	0.73	0.85	0.9	1.10	1.22
¼ et 7¼	0.99	1.98	2.97	3.97	4.96	5.95	6.94	7.94	8.93	9.92
	0.13	0.25	0.38	0.50	0.63	0.76	0.88	1.01	1.14	1.26
½ et 7½	0.99	1.98	2.97	3.97	4.96	5.95	6.94	7.93	8.92	9.91
	0.13	0.26	0.39	0.52	0.65	0.78	0.91	1.04	1.17	1.30

DEGRÉS.	MÈTRES.									
	1	2	3	4	5	6	7	8	9	10
	m.	m.	m.	m	m.	m.	m.	m.	m.	m.
82¼ et 7¾	0.99	1.98	2.97	3.96	4.95	5.94	6.94	7.93	8.92	9.91
	0.12	0.27	0.40	0.54	0.67	0.82	0.94	1.08	1.21	1.35
82 et 8	0.99	1.98	2.97	3.96	4.95	5.94	6.93	7.92	8.91	9.90
	0.14	0.28	0.42	0.56	0.70	0.84	0.97	1.11	1.25	1.39
81¾ et 8¼	0.99	1.98	2.97	3.96	4.95	5.94	6.93	7.92	8.91	9.90
	0.14	0.23	0.49	0.57	0.72	0.86	1.00	1.14	1.29	1.45
81½ et 8½	0.99	1.98	2.97	3.96	4.95	5.95	6.92	7.91	8.90	9.89
	0.15	0.30	0.44	0.59	0.74	0.89	1.05	1.18	1.33	1.48
81¼ et 8¾	0.99	1.98	2197	3.95	4.94	5.93	6.92	7.91	8.90	9.88
	0.15	0.30	0.46	0.61	0.76	0.91	1.06	1.22	1.37	1.52
81 et 9	0.99	1,98	2.96	3.95	4.94	5.93	6.91	7.91	8.89	9.88
	0.16	0.31	0.47	0.63	0.78	0.94	1.10	1.25	1.41	1.54
80¾ et 9¼	0.99	1.97	2.96	3.95	4.94	5.92	6.90	7.90	8.88	9.87
	0.16	0.32	0.48	0.64	0.80	0.96	1.13	1.29	1.45	1.61
80½ et 9½	0.99	1.97	2.96	3.95	4.94	5.92	6.90	7.89	8.88	9.86
	0.17	0.33	0.50	0.66	0.83	0.99	1.16	1.32	1.49	1.66
80¼ et 9¾	0.99	1.97	2.96	3.94	4.93	5.91	6.89	7.88	8.87	9.86
	0.17	0.34	0.51	0.68	0.85	1.02	1.19	1.35	1.52	1.69
80 et 10	0.98	1.97	2.95	3.94	4.92	5.90	6.88	7.87	8.86	9.84
	0.17	0.35	0.51	0.69	0.87	1.04	1.22	1.39	1.56	1.73

DEGRÉS.	MÈTRES.									
	1	2	3	4	5	6	7	8	9	10
	m.	m.	m.	m.	m.	m.	m.	m.	m.	m.
$79\frac{3}{4}$ et $10\frac{1}{4}$	0.98 0.18	1.97 0.36	2.95 0.53	3.94 0.71	4.92 0.89	5.90 1.07	6.88 1.25	7.87 1.42	8.86 1.60	9.84 1.78
$79\frac{1}{2}$ et $10\frac{1}{2}$	0.98 0.18	1.97 0.36	2.95 0.55	3.93 0.73	4.92 0.91	5.90 1.09	6.88 1.28	7.87 1.46	8.86 1.64	9.83 1.82
$79\frac{1}{4}$ et $10\frac{3}{4}$	0.98 0.19	1.96 0.37	2.95 0.56	3.93 0.75	4.91 0.93	5.89 1.12	6.88 1.31	7.86 1.49	8.84 1.68	9,82 1.87
79 et 11	0.98 0.18	1.96 0.37	2.94 0.58	3.93 0.76	4.91 0.95	5.89 1.14	6.87 1.34	7.85 1.52	8.83 1.72	9.82 1.91
$78\frac{3}{4}$ et $11\frac{1}{4}$	0.98 0.20	1.96 0.39	2.94 0.59	3.92 0.78	4.90 0.98	5.88 1.17	6.87 1.37	7.85 1.56	8.83 1.76	9.81 1.95
$78\frac{1}{2}$ et $11\frac{1}{2}$	0.98 0.20	1.96 0.40	2.94 0.60	3.92 0.80	4.90 1.00	5.88 1.20	6.86 1.39	7.84 1.59	8.82 1.79	9.80 1.99
$78\frac{1}{4}$ et $11\frac{3}{4}$	0,98 0.20	1.96 0.41	2.94 0.61	3.92 0.81	4.90 1.02	5.87 1.22	6.85 1.43	7.83 1.63	8.81 1.83	9.79 2.04
78 et 12	0.98 0.21	1.96 0.42	2.93 0.62	3.91 0.83	4.89 1.04	5.87 1.25	6.85 1.46	7.83 1.66	8.80 1.87	9.79 2.08
$77\frac{3}{4}$ et $12\frac{1}{4}$	0.98 0.21	1.95 0.43	2.93 0.64	3.91 0.85	4.89 1.07	5.86 1.28	6.84 1.49	7.82 1.71	8.80 1,92	9.77 2.13
$77\frac{1}{2}$ et $12\frac{1}{2}$	0.98 0.22	1.95 0.43	2.93 0.65	3,91 0.87	4.88 1.08	5.86 1.30	6.83 1.52	7.81 1.73	8.79 1.95	9.76 2.16

DEGRÉS.	MÈTRES.									
	1	2	3	4	5	6	7	8	9	10
	m.	m.	m.	m.	m.	m.	m.	m.	m.	m.
77¾ et 12¼	0.98 0.22	1.95 0.44	2.93 0.66	3.90 8.88	4.88 1.10	5.85 1.32	6.83 1.54	7.80 1.77	8.87 1.99	9.75 2.21
77 et 13	0.97 0.22	1.95 0.45	2.92 0.67	3.90 0.90	4.87 1.12	5.85 1.35	6.82 1.57	7.79 1.80	8.76 2.02	9.74 2.25
76¾ et 13¼	0.97 0.23	1.95 0.46	2.92 0.69	3.89 0.92	4.87 0.15	5.84 1.38	6.81 1.60	7.79 1.83	8.76 2.06	9.73 2.29
76½ et 13½	0.97 0.23	1.94 0.47	2.92 0.70	3.89 0.93	4.86 1.17	5.83 1.40	6.81 1.63	7.78 1.87	8.75 2.10	9.72 2.33
76¼ et 13¾	0.97 0.24	1.94 8.48	2.91 0.71	3.89 0.95	4.86 1.19	5.82 1.43	6.80 1.66	7.77 1.90	8.74 2.14	9.71 2.38
76 et 14	0.97 0.24	1.94 0.48	2.91 0.73	3.88 0.97	4.85 1.21	5.82 1.45	6.79 1.69	7.76 1.94	8.73 2.18	9.70 2.42
75¾ et 14¼	0.97 0.25	1.94 0.49	2.91 0.74	3.88 0.98	4.85 1.23	5.82 1.48	6.78 1.72	7.75 1.97	8.72 2.22	9.69 2.46
75½ et 14½	0.97 0.25	1.94 0.50	2.90 0.75	3.87 1.00	4.85 1.25	5.81 1.50	6.78 1.75	7.75 2.00	8.71 2.25	9.68 2.30
75¼ et 14¾	0.97 0.25	1.93 0.51	2.90 0.76	3.87 1.02	4.84 1.27	5.80 1.53	6.76 1.78	7.74 2.04	8.70 2.29	9.67 2.55
75 et 15	0.97 0.26	1.93 0.52	2.90 0.78	3.86 1.04	4.83 1.29	5.80 1.55	6.76 1.81	7.73 2.07	8.69 2.33	9.66 2.59

DEGRÉS.	MÈTRES.									
	1	2	3	4	5	6	7	8	9	10
	m.	m.	m.	m.	m.	m.	m.	m.	m.	m.
$74\frac{1}{4}$ et $15\frac{1}{4}$	0.96 / 0.26	1.93 / 0.53	2.89 / 0.79	3.86 / 1,03	4.82 / 1.32	5.79 / 1.58	6.75 / 1.84	7.72 / 2.10	8.68 / 2.37	9.65 / 2.63
$74\frac{1}{2}$ et $15\frac{1}{2}$	0.96 / 0.27	0.93 / 0.53	2.89 / 0.80	3.85 / 1.07	4.82 / 1.34	5.78 / 1.60	6.75 / 1.87	7.71 / 2.14	8.67 / 2.41	9.64 / 2.67
$74\frac{3}{4}$ et $15\frac{3}{4}$	0.96 / 0.27	1.92 / 0.54	2.89 / 0.81	3.85 / 1.09	4.81 / 1.36	5.77 / 1.63	6.74 / 1.90	.70 / .17	8.66 / 2.44	9.62 / 2.71
74 et 16	0.96 / 0.28	1.92 / 0.55	2.88 / 0.83	3.85 / 1.10	4.81 / 1.38	5.77 / 1.65	6.73 / 1.93	7.69 / 2.21	6.65 / 2.48	9.61 / 2.76
$73\frac{1}{4}$ et $16\frac{1}{4}$	0.96 / 0.28	1.92 / 0.56	2.88 / 0.84	3.84 / 1.12	4.80 / 1,80	5.76 / 1.68	6.72 / 1.96	7.68 / 2.24	8.64 / 2.52	9.60 / 2.80
$73\frac{1}{2}$ et $16\frac{1}{2}$	0.96 / 0.28	1.92 / 0.57	2.88 / 0.85	3,84 / 1.14	4,79 / 1.42	5.75 / 1.70	6.71 / 1.99	7.67 / 2.27	8.63 / 2.56	9.59 / 2.84
$73\frac{3}{4}$ et $16\frac{3}{4}$	0.96 / 0.29	1.92 / 0.58	2.87 / 0.86	3.83 / 1.15	4,79 / 1.44	5.75 / 1.73	6.70 / 2.02	7.66 / 2.31	8.62 / 2.59	9.58 / 2.88
73 et 17	0.96 / 0.29	1.91 / 0.58	2.87 / 0.88	3.85 / 1.17	4.78 / 1.46	5.74 / 1.75	6.69 / 2.05	7.65 / 2.34	8.61 / 2.63	9.56 / 2.92
$72\frac{1}{4}$ et $17\frac{1}{4}$	0.96 / 0.30	1.91 / 0.59	2,87 / 0.89	3.82 / 1.19	4.78 / 1.48	5.73 / 1.78	6.69 / 2.08	7.64 / 2.37	8.60 / 2.67	9.55 / 2.97
$72\frac{1}{2}$ et $17\frac{1}{2}$	0.95 / 0.30	1.91 / 0.60	2.86 / 0.90	3.81 / 1.20	4.77 / 1.50	5.72 / 1.80	6.68 / 2.10	7.63 / 2.41	8.58 / 2.71	9.54 / 3.01

DEGRÉS.	MÈTRES.									
	1	2	3	4	5	6	7	8	9	10
	m.	m.	m.	m.	m.	m,	m.	m.	m.	m.
72¼ et 17¾	0.95	1.91	2.86	3.80	4.77	5.72	6.67	7.63	8.58	9.53
	0.30	0.61	0.91	1.22	1.52	1.83	2.13	2.44	2.74	3.05
72 et 18	0.95	1,90	2.85	3.80	4.76	5.70	6.66	7.61	8.56	9.51
	0.31	0.62	0.93	1.24	1.55	1.85	2.16	2.47	2.78	3.09
71¾ et 18¼	0.95	1.90	2.85	3.80	4.75	5.70	6.65	7.60	8.55	9.50
	0.31	0.63	0.94	1.25	1.57	1.88	2.19	2.51	2.82	3.13
71½ et 18½	0.93	1.89	2.84	3.79	4.75	5.68	6.64	7.59	8.54	9.48
	0.32	0.63	0.95	1.27	1.59	1.90	2.22	2.54	2.86	3.17
71¼ et 18¾	0.93	1.89	2.84	3.79	4.75	5.68	6.63	7.58	8.52	9.47
	0.33	0.64	0.96	1.29	1.61	1.93	2.25	2.57	2.89	3.21
71 et 19	0.95	1.89	2.84	3.78	4.72	5.67	6.62	7.56	8.51	9.46
	0.33	0.65	0.98	1.30	1.63	1.95	2.28	2.60	2.93	3.26
70¾ et 19¼	0.94	1.89	2.83	3.78	4.72	5.66	6.61	7.55	8.50	9.44
	0.33	0.66	0.99	1.32	1.65	1.88	2.31	2.64	2.97	3.39
70½ et 19½	0.94	1.89	2.83	3.77	4.71	5.66	6.60	7.54	8.48	9.43
	0.33	0.67	1.00	1.34	1.67	2.00	2.34	2.67	3.00	3.34
70¼ et 19¾	0.94	1,88	2.82	3.76	4.71	5.64	6.59	7.53	8.47	9.41
	0.34	0.68	1.01	1.35	1.69	2.03	2.37	2.70	3.04	3.38
70 et 20	0.94	1.88	2.82	3.76	4.70	5.65	6.58	7.52	8.46	9.40
	0.34	0.68	1.03	1.37	1.71	2.05	2.39	2.74	3.08	3.42

DEGRÉS.	MÈTRES.									
	1	2	3	4	5	6	7	8	9	10
	m.	m.	m.	m.	m.	m.	m.	m.	m.	m.
69¾ et 20¼	0.94	1.88	2.81	3.75	4.69	5.63	6.57	7.51	8.44	9.38
	0.35	0.69	1.04	1.38	1.73	2.08	2.42	2.77	3.12	3.46
69½ et 20½	0.94	1.87	2.81	3.75	4.68	5.62	6.56	7.49	8.43	9.37
	0.35	0.70	1.05	1.40	1.75	2.10	2.45	2.80	3.15	3.50
69¼ et 20¾	0.94	1.87	2.81	3,75	4.68	5.61	9.55	7.48	8.42	9.35
	0.35	0.71	1.06	1.42	1.77	2.13	2.48	2.83	3.19	3.54
69 et 21	0.93	1.87	2.80	3.73	4.67	5.60	6.54	7.47	8.40	9.34
	0.36	0.72	1.08	1.43	1.79	2.15	2.51	2.87	3.23	3.58
68¾ et 21¼	0.93	1.86	2.80	3.73	4.66	5.59	6.52	7.46	8.39	9.32
	0.36	0.72	1.09	1.45	1.81	2.17	2.54	2.90	3.26	3.62
68½ et 21½	0.93	1.86	2.79	3.72	4.65	5.58	6.51	7.44	8.37	9.30
	0.37	0.73	1.10	1.47	1.83	2.20	2.57	2.93	3.30	3.67
68¼ et 21¾	0.93	1,86	2.79	3.72	4.64	5.59	6.50	7.43	8.36	9.29
	0.37	0.74	1.11	1.48	1.85	2.22	2.59	2.96	3.34	3.71
68 et 22	0.93	1.85	2.78	3.71	4.64	5.56	6.49	7.43	8.34	9.27
	0.37	0.75	1.12	1.50	1.87	2.25	2.62	3.co	3.37	3.75
67¾ et 22¼	0.93	1.85	2.78	3.70	4.63	5.55	6.48	7.40	8.33	9.26
	0.38	0.76	1.14	1.51	1.89	2.27	2.65	3.03	3.41	3.79
67½ et 22½	0.92	1.85	2.77	3.70	4.62	5.54	6.47	7.39	8.31	9.24
	0.38	0.77	1.15	1.53	1.91	2.30	2.68	3.06	3.44	3.83

DEGRÉS.	MÈTRES.									
	1	2	3	4	5	6	7	8	9	10
	m.	m.	m.	m.	m.	m.	m.	m.	m.	m.
67¼ et 22¾	0,92	1,94	2,77	3,69	4,61	5,53	6,46	7,38	8,30	9,22
	0,39	0,77	1,16	1,55	1,93	2,32	2,71	3,09	3,48	3,87
67 et 23	0,92	1,84	2,76	3,68	4,60	5,52	6,44	7,36	8,28	9,21
	0,39	1,78	1,17	1,56	1,95	2,34	2,74	3,13	3,52	3,91
66¾ et 23¼	0,92	1,84	2,76	3,68	4,59	5,51	6,43	7,45	8,27	9,19
	0,39	0,79	1,18	1,57	1,97	2,37	2,76	3,16	3,55	3,95
66½ et 23½	0,92	1,83	2,75	3,67	4,59	5,50	6,42	7,34	8,25	9,17
	0,40	0,80	1,20	1,60	1,99	2,39	2,79	3,19	3,59	3,99
66¼ et 23¾	0,92	1,83	2,75	3,66	4,58	5,49	6,40	7,32	8,24	9,15
	0,41	0,81	1,21	1,61	2,01	2,42	2,82	3,22	3,62	4,03
66 et 24	0,92	1,83	2,74	3,65	4,57	5,48	6,39	7'31	8,22	9,14
	0,41	0,81	1,22	1,63	2,03	2,44	2,85	3,25	3,66	4,07
65¾ et 24¼	0,91	1,83	2,74	3,65	4,56	5,47	6,38	7,29	8,21	9,12
	0,41	0,82	1,23	1,64	2,05	2,46	2,88	3,29	3,70	4,11
65½ et 24½	0,91	1,82	2,73	3,64	4,55	5,46	6,37	7,28	8,19	6,10
	0,41	0,83	1,24	1,66	2,07	2,49	2,90	3,32	3,73	4,15
65¼ et 24¾	0,91	1,82	2,72	3,63	4,54	5,45	6,36	7,27	8,17	9,08
	0,42	0,84	1,26	1,67	2,09	2,51	2,93	3,35	3,77	4,19
65 et 25	0,91	1,81	2,72	3,63	4,53	5,44	6,34	7,25	8,14	9,06
	0,42	0,85	1,27	2,17	2,54	2,96	3,38	3,80	4,20	4,25

DEGRÉS.	MÈTRES.									
	1	2	3	4	5	6	7	8	9	10
	m.	m.	m.	m.	m.	m.	m,	m.	m.	m.
$64\frac{1}{4}$ et $25\frac{1}{4}$	0,90 0,43	1,81 0,85	2,71 1,28	3,62 1,71	4,52 2,15	5,43 2,56	6,33 2,99	7,24 3,41	8,14 3,84	9,04 4,27
$64\frac{1}{2}$ et $25\frac{1}{2}$	0,90 0,43	1,81 0,86	2,71 1,29	3,61 1,72	4,51 2,15	5,42 2,58	6,32 3,01	7,22 3,44	8,12 3,87	9,03 4,31
$64\frac{1}{4}$ et $25\frac{3}{4}$	0,90 0,43	1,80 0,87	2,70 1,30	3,60 1,74	4,50 2,17	5,40 2,61	6,30 3,04	7,21 3,48	8,11 3,91	9,01 4,34
64 et 26	0.90 0,44	1,80 0,88	2,70 1,32	3,60 1,76	4,49 2,19	5,39 2,63	6,29 3,07	7,19 3,51	8,09 3,95	8,99 4,39
$63\frac{1}{4}$ et $26\frac{1}{4}$	0,90 0,44	1,79 0.88	2,69 1,33	3,59 1,77	4,48 2,21	5,38 2,65	6,28 3,10	7,17 3,54	8,07 3,98	8,97 4,42
$63\frac{1}{2}$ et $26\frac{1}{2}$	0,89 0,45	1,79 0,89	2,68 1,34	3,68 1,78	4,47 2,23	5,37 2,58	6,26 3,12	7,16 3,57	8,05 4,02	8,95 4,46
$63\frac{1}{4}$ et $26\frac{3}{4}$	0,89 0,45	1,78 0,90	2,68 1,55	3,57 1,80	4,46 2,25	5,36 2,70	6,25 3,15	7,14 3,60	8,04 4,05	8,93 4,50
63 et 27	0,89 0,46	1,78 0,91	2,67 1,36	3,56 1,82	4,46 2,27	5,35 2,72	6,24 3,18	7,13 3,63	8,02 4,09	8,91 4,54
$62\frac{1}{4}$ et $27\frac{1}{4}$	0,89 0,46	1,78 0,92	2.97 1,37	3,56 1,83	4,45 2,29	5,33 2,75	6,22 3,21	7,11 3,66	8,00 4,12	8,89 4,58
$62\frac{1}{2}$ et $27\frac{1}{2}$	0,89 0,46	1,77 0,92	2,66 1,39	3,55 1,85	4,44 2,31	5,32 2,77	6,21 3,23	7,10 3,69	7,98 4,16	8,87 4,62

DEGRÉS.	MÈTRES.									
	1	2	3	4	5	6	7	8	9	10
	m.	m.	m.	m.	m.	m.	m.	m.	m.	m.
$62\frac{1}{4}$ et $27\frac{3}{4}$	0,88 0,47	1,77 0,93	2,65 1,40	3,54 1,86	4,42 2,33	5,31 2,79	6,19 3,26	7,08 3,72	7,96 4,19	8,85 4,66
62 et 28	0,88 0,47	1,77 0,94	2,65 1,41	3,55 1,88	4,41 2,35	5,30 2,82	6,18 3,29	7,06 3,76	7,95 4,23	8,83 4,69
$61\frac{3}{4}$ et $28\frac{1}{4}$	0.88 0,47	1,78 0,95	2,64 1,42	3,52 1,89	4,40 2,37	5,29 2,84	6,17 3,31	7,05 3,79	7,93 4,26	8.81 4,73
$61\frac{1}{2}$ et $28\frac{1}{2}$	0,88 0,48	1,76 0,95	2,64 1,43	3,52 1,91	4,39 2,39	5,27 2,86	6,15 3,34	7,02 3,82	7,91 4.29	8,79 4,77
$61\frac{1}{4}$ et $28\frac{3}{4}$	0,88 0,48	1,75 0,96	2,63 1,44	3,51 1,92	4,38 2,40	5,26 2,89	6,14 3,37	7.01 3,85	7,89 4,33	8,77 4,81
61 et 29	0,87 0,48	1,75 0,97	2,62 1,45	3,50 1,94	4,37 2,42	5,25 2,91	6,12 3,39	7,00 3,88	7,87 4,36	8,75 4,85
$60\frac{3}{4}$ et $29\frac{1}{4}$	0,87 0,49	1,75 0,98	2,62 1,47	3,49 1,95	4,36 2,44	5,24 2,93	6,11 3,42	6,98 3,91	7,85 4,40	8,73 4,89
$60\frac{1}{2}$ et $29\frac{1}{2}$	0,87 0,49	1,74 0,98	2,61 1,48	3,48 1,97	4.35 2,46	5,22 2,95	6,09 3,45	6,96 3,94	7,85 4,43	8,70 4,92
$60\frac{1}{4}$ et $29\frac{3}{4}$	0,87 0,50	1,74 0,99	2,60 1,48	3,47 1,98	4,34 2,48	3,21 2,98	6,08 3,47	6,95 3,97	7,81 4,47	8,68 4,96
60 et 30	0,87 0,50	1,73 1,00	2,60 1,50	3,49 2,00	4,35 2,50	5,20 3,00	6,06 3,50	6,93 4,00	7,79 4,50	8,66 5,00

DEGRÉS.	MÈTRES.									
	1	2	3	4	5	6	7	8	9	10
	m.	m.	m.	m.	m.	m.	m.	m.	m.	m.
59¾ et 30¼	0,86 0,50	1,73 1,01	2,59 1,51	3,46 2,02	4,32 2,52	5,18 3,02	6,05 3,53	6,91 4,03	7,77 4,53	8,64 5,04
59½ et 30½	0,86 0,51	1,72 1,02	2,58 1,52	3,45 2,03	4,31 2,54	5,17 3,05	6,03 3,55	6,89 4,06	7,75 4,57	8,62 5,08
59¼ et 30¾	0,86 0,51	1,72 1,02	2,58 1,58	3,44 2,05	4,30 2,56	5,16 3,07	6,02 3,58	6,88 4,09	7,76 4,60	8,59 5,11
59 et 31	0,85 0,52	1,71 1,03	2,57 1,55	3,43 2,06	4,29 2,58	5,14 3,09	6,00 3,61	6,86 4,12	7,71 4,64	8,57 5,15
58¾ et 31¼	0,85 0,52	1,71 1,04	2,56 1,56	3,42 2,08	4,27 2,59	5,13 3,11	5,98 3,63	6,84 4,15	7,69 4,67	8,55 5,19
58½ et 31½	0,85 0,52	1,71 1,05	2,56 2,57	3,41 2,09	4,26 2,61	5,12 3,14	5,97 3,66	6,82 4,18	7,67 4,70	8,53 5,23
58¼ et 31¾	0,85 0,53	1,70 1,05	2,55 1,58	3,40 2,10	4,25 2,65	5,10 3,16	5,95 3,68	6,80 4,21	7,65 4,74	8,50 5,26
58 et 32	0,85 0,53	1,70 1,06	2,54 1,59	3,39 2,12	4,24 2,65	5,09 3,18	5,94 3,71	6,78 4,24	7,63 4,77	8,48 5,30
57¾ et 32¼	0,85 2,53	1,69 1,07	2,54 1,60	3,39 2,13	4,23 2,67	5,07 3,20	5,92 3,74	6.77 4,27	7,61 4,80	8,46 5,34
57½ et 32½	0,84 0,54	1,69 1,07	2,53 1,61	3,37 2,15	4,22 2,69	5,06 3,22	5,90 3,76	6,75 4,30	7,59 4,84	8,43 5,37

DEGRÉS.	MÈTRES.									
	1	2	3	4	5	6	7	8	9	10
	m.	m.	m.	m.	m.	m.	m.	m.	m.	m.
$57\frac{3}{4}$ et $32\frac{1}{4}$	0,84	1,68	2,52	3,36	4,21	5,05	5,89	6,73	7,57	8,41
	0,54	1,08	1,62	2,16	2,70	3,25	3,79	4,33	4,87	5,41
57 et 33	0,84	1,68	2,52	3,35	4,19	5,03	5,87	6,71	7,55	8,39
	0,55	1,09	1,63	2,18	2,72	3,27	3,81	4,36	4,90	5,45
$56\frac{3}{4}$ et $33\frac{1}{4}$	0,84	1,67	2,51	3,35	4,18	5,02	5,83	6,69	7,53	8,36
	0,55	1,10	1,64	2,19	2,74	3,29	3,84	4,39	4,93	5,48
$56\frac{1}{2}$ et $33\frac{1}{2}$	0,83	1,67	2,50	3,34	4,17	5,10	5,84	6,67	7,50	8,34
	0,55	1,10	1,66	2,21	2,76	3,31	3,86	4,42	4,97	5,52
$56\frac{1}{4}$ et $33\frac{3}{4}$	0,83	1,66	2,49	3,33	4,16	4,99	5,82	6,65	7,48	8,31
	0,56	1,11	1,67	2,22	2,78	3,33	3,89	4,44	5,00	5,36
56 et 34	0,83	1,66	2,49	3,32	4,15	4,97	5,80	6,63	7,46	8,29
	0,56	1,12	1,68	2,24	2,80	3,36	3,91	4,47	5,03	5,59
$55\frac{3}{4}$ et $34\frac{1}{4}$	0,83	1,65	2,48	3,31	4,13	4,96	5,79	6,61	7,44	8,27
	0,56	1,13	1,69	2,25	2,81	3,38	3,94	4,50	5,07	5,63
$55\frac{1}{2}$ et $34\frac{1}{2}$	0,82	1,65	2,47	3,30	4,12	4,94	5,77	6,59	7,43	8,24
	0,57	1,13	1,70	2,27	2,83	3,40	3,96	4,53	5,10	5,66
$55\frac{1}{4}$ et $34\frac{3}{4}$	0,82	1,64	2,46	3,29	4,11	4,93	5,75	6,57	7,39	8,22
	0,57	1,14	1,71	2,28	2,85	3,42	3,99	4,56	5,13	5,70
55 et 35	0,82	1,64	2,46	3,28	4,10	4,91	5,73	6,55	7,37	8,19
	0,57	1,15	1,72	2,29	2,87	3,44	4,02	4,59	5,16	5,74

DEGRÉS.	MÈTRES.									
	1	2	3	4	5	6	7	8	9	10
	m.	m.	m.	m.	m.	m.	m.	m.	m.	m.
54¾ et 35¼	0,82	1,63	2,43	3,27	4,08	4,90	5,72	6,53	7,35	8,17
	0,58	1,15	1,73	2,31	2,89	3,46	4,04	4,62	5,19	5,77
54½ et 35½	0,81	1,93	2,44	3,26	4,07	4,88	5,70	6,51	7,33	8,14
	0,58	1,16	1,74	2,32	2,90	3,48	4,06	4,65	5,23	5,81
54¼ et 35¾	0,81	1,62	2,43	3,25	4,06	4,87	5,68	6,49	7,30	8,12
	0,58	1,17	1,75	2,34	2,92	3,51	4,06	4,67	5,26	5,84
54 et 36	0,81	1,62	2,43	3,24	4,05	4,85	5,66	6,47	7,28	8,09
	0,59	1,18	1,76	2,35	2,94	3,52	4,11	4,70	5,29	5,88
53¾ et 36¼	0,81	1,61	2,42	3,23	4,03	4,83	5,65	6,45	7,26	8,06
	0,59	1,18	1,77	2,37	2,96	3,55	4,14	4,73	5,32	5,91
53½ et 36½	0,80	1,61	2,41	3,22	4,02	4,82	5,63	6,43	7,23	8,04
	0,59	1,19	1,78	2,38	2,97	3,57	4,16	4,76	5,35	5,95
53¼ et 36¾	0,80	1,60	2,40	3,21	4,01	4,81	5,61	6,41	7,21	8,01
	0,60	1,20	1,79	2,39	2,99	3,59	4,19	4,79	5,38	5,98
53 et 37	0,80	1,60	2,40	3,19	3,99	4,79	5,59	6,39	7,19	7,99
	0,60	1,20	1,81	2,41	3,01	3,61	4,21	4,81	5,42	6,02
52¾ et 37¼	0,80	1,59	2,39	3,18	3,98	4,78	5,57	6,37	7,16	7,96
	0,61	1,21	1,82	2,42	3,03	3,63	4,24	4,84	5,45	6,05
52½ et 37½	0,79	1,59	2,38	3,17	3,97	4,76	5,57	6,35	7,14	7,93
	0,61	1,22	1,83	2,44	3,04	3,65	4,26	4,87	5,48	6,09

DEGRÉS.	MÈTRES.									
	1	2	3	4	5	6	7	8	9	10
	m.	m.	m,	m.	m.	m.	m.	m.	m.	m.
52¼ et 37¾	0,79	1,58	2,37	3,16	3,95	4,74	5,53	6,33	7,12	7,91
	0,61	1,22	1,84	2,45	3,06	3,67	4,29	4,90	5,51	6,12
52 et 38	0,79	1,58	2,36	3,15	3,94	4,73	5,52	6,30	7,09	7,88
	0,62	1,23	1,85	2,46	3,08	3,69	4,31	4,93	5,54	6,16
51¾ et 38¼	0,78	1,57	2,36	3,14	3,93	4,71	5,50	6,28	7,07	7,85
	0,62	1,24	1,86	2,48	3,10	3,71	4,33	4,95	5,57	6,19
51½ et 38½	0,78	1,57	2,35	3,13	3,91	4,70	5,48	6,26	7,04	7,83
	0,62	1,25	1,87	2,49	2,11	3,74	4,36	4,98	5,60	5,23
51¼ et 38¾	0,78	1,56	2,34	3,12	5,90	4,68	5,46	6,24	7,02	7,80
	0,63	1,25	1,88	2,50	3,13	3,76	4,38	5,01	5,63	6,26
51 et 39	0,78	1,55	2,33	3,11	3,89	4,66	5,44	6,22	6,99	7,77
	0,63	1,26	1,89	2,52	3,15	3,77	4,41	5,03	5,66	6,29
50¾ et 39¼	0,77	1,55	2,31	3,10	3,87	4,65	5,42	6,19	6,97	7,74
	0,55	1,27	1,90	2,63	5,16	3,80	4,43	5,06	5,69	6,33
50½ et 39½	0,77	1,54	2,31	3,09	3,86	4,63	5,40	6,17	6,94	7,72
	0,64	1,27	1,91	2,54	3,18	3,82	4,45	5,09	5,72	6,36
50¼ et 39¾	0,77	1,54	2,31	3,08	3,84	4,61	5,38	6,15	6,92	7,69
	0,64	1,28	1,92	2,56	3,20	3,84	4,48	5,12	5,75	6,39
50 et 40	0,77	1,53	2,30	3,06	3,83	4,60	5,36	6,13	6,89	7,66
	0,64	1,28	1,92	2,57	3,21	3,85	4,50	5,14	5,79	6,43

EGRÉS.	MÈTRES.									
	1	2	3	4	5	6	7	8	9	10
	m.	m.	m	m.	m.	m.	m.	m.	m.	m.
9¾ et 40¼	0,76 0,65	1,53 1,29	2,29 1,94	3,05 2,58	3,82 3,23	4,58 3,88	5,34 4,52	6,11 5,17	6,87 5,82	7,63 6,46
9½ et 40½	0,76 0,65	1,52 1,30	2,28 1,95	3,04 2,60	3,80 3,25	4,56 3,90	5,32 4,55	6,08 5,20	6,85 5,85	7,60 6,50
9¼ et 40¾	0.76 0,65	1,52 1,31	2,26 1,96	3,03 2,61	3,79 3,26	4,54 3,92	5,30 4,57	6,06 5,22	6,82 5,87	7,58 6,53
9 et 41	0,75 0,66	1,51 1,31	2,26 1,97	3,02 2,62	3,77 3,28	4,53 3,94	5,28 4,59	6,04 5,25	6,79 5,90	7,55 6,56
8¾ et 41¼	0,75 0,66	1,50 1,32	2.26 1,98	3,01 2,64	3,76 3,30	4,51 3,96	5.26 4,62	6,01 5,27	6,77 5,95	7,52 6,59
8½ et 41½	0,75 0,66	1,50 1,33	2,25 1,99	3,00 2,65	3,74 3,31	4,49 3,98	5,24 4,64	5,99 6,30	6,74 5,96	7,49 6,63
8¼ et 41¾	0,75 0,67	1,50 1,33	2,24 2,00	2,98 2,66	3,73 3,30	4,48 4,00	5,22 4,66	5,97 5,33	6,71 5,99	7,46 6,66
8 et 42	0,74 0,67	1,49 1,33	2,23 2,01	2,97 2,68	3,72 3,35	4,46 4,01	5,20 4,68	5,95 5,35	6,69 6,02	7,43 6,69
7¾ et 42¼	0,74 0,67	1,48 1,34	2,22 2,02	2,96 2,69	3,70 3,36	4,44 4,03	5,18 4,71	5,92 5,38	6,66 6,05	7,40 6,72
½ et 42½	0,73 0,68	1,47 1.35	2,11 2,03	2,95 2,70	3,69 3,38	4,42 4,05	5,16 4,73	5,90 5,40	6,64 6,08	7,37 6,76

DEGRÉS.	MÈTRES.									
	1	2	3	4	5	6	7	8	9	10
	m.	m.	m.	m.	m.	m.	m.	m.	m.	m.
47¼ et 42¾	0.73	1.47	2.20	2.94	3.67	4.41	5.14	5.87	6.61	7.34
	0.68	1.36	2.04	2.79	3.39	4.07	4.75	5.43	6.11	6.79
47 et 43	0.73	1.46	2.19	2.93	3.66	4.39	5.12	5.85	6.58	7.31
	0.68	1.36	2.05	2.73	3,41	4.09	4.77	5.46	6.14	6.82
46¾ et 43¼	0.73	1.46	2.19	2.91	3.64	3.37	5.10	5.83	6.56	7.28
	0.69	1.37	2.06	2.74	3.43	4.11	4.80	5.48	6.17	6.85
46½ et 43½	0.73	1.45	1.18	2.90	3.63	4.35	5.08	5.80	6.53	7.25
	0.69	1.38	2.07	2.75	3.44	4.13	4.82	5.51	6.20	6.88
46¼ et 43¾	0.72	1.44	2.17	2.89	3.91	4.33	5.06	5.78	6.50	7.22
	0.69	1.38	2.07	2.77	3.48	4.15	4.84	5.53	6.22	6.92
46 et 44	0.72	1.44	2.16	2.88	3.60	4.32	5.04	5.75	6.47	7.19
	0.69	1.39	2.08	2.78	3.47	4.17	4.86	5.56	6.25	6.95
45¾ et 44¼	0.72	1.43	2.15	2.87	3.58	4.29	5.01	5.73	6.45	7.16
	0.70	1.40	2.09	2.79	3.49	4.19	4.88	5.58	6.28	6.98
45½ et 44½	0.71	1.43	2.14	2.86	3.57	4.28	4.99	5.70	6.42	7.15
	0.70	1.40	2.10	2.80	3.50	4.21	4,91	5.61	6.31	7.01
45¼ et 44¾	0.71	1.42	2.13	2.84	3.55	4.26	4.97	5.68	6.39	7.10
	0.70	1.41	2.11	2.82	3.52	4.22	4.93	5.63	6.34	7.04
45 et 45	0.71	1.41	2.12	2.83	3.54	4.24	4.95	5.66	6.36	7.07
	0.71	1.41	2.12	2.83	3.54	4.24	4.95	5.66	6.36	7.07

POIDS

DE L'HECTOLITRE DE HOUILLE DES MINES DE FRANCE.

Comme il est important de connaître le poids de l'hectolitre de houille de chaque provenance, afin de se fixer sur le prix des transports, nous donnons le tableau de ces poids. Ils ont été calculés par M. Pelouze, d'après les données fournies par les comptes rendus de l'administration des mines.

	kilogr.	
Bassin des Vosges (Vosges).	84	«
Bassin de Villé (Bas-Rhin).	103	15
Bassin du Haut-Rhin (Haut-Rhin).	72	«
Bassins de Ronchamp et Champagney (Haute-Saône)	80	«
Bassin de Gouhenans (Haute-Saône).	79	74
Bassins de Corcelles et Gémonval (Haute-Saône).	73	51
Bassin de Decize (Nièvre).	84	82
Bassins du Creuzot et de Blanzy (Saône-et-Loire),	79	30
Bassin d'Epinac (Saône-et-Loire)	79	78
Bassin de Fins (Allier).	79	79
Bassins de Commentry et de Doyet (Allier). . .	79	76
Bassins de Bert (Allier).	80	46
Bassin de Saint-Éloy (Puy-de-Dôme).	79	75
Bassin de Bourg-Lastic (Puy-de-Dôme).	79	81
Bassin de Brassac (Puy-de-Dôme et Haute-Loire).	80	»
Bassin de Langeac (Haute-Loire).	80	»
Bassin de Sainte-Foy-l'Argentière (Rhône). . . .	100	«
Bassin de la Loire, groupe de S.-Etienne (Loire-et-Rhône).	79	70
Bassin de la Loire, groupe de Rive-de-Gier (Loire-et-Rhône).	80	«
Bassin de l'Ardèche (Ardèche).	80	«
Bassin d'Alais (Gard).	80	35
Bassin de Saint-Gervais (Hérault).	96	15
Bassin de Ronjan (Hérault.)	95	87
Bassin de Durban (Aude).	80	«
Bassin de Carmeaux (Tarn).	96	97

Bassin d'Aubin (Aveyron).	80 «
Bassin de Rhodez (Aveyron).	76 54
Bassin de Milhau (Aveyron).	85 «
Bassin de Champagnac (Cantal).	80 «
Bassin de Terrasson (Dordogne et Corrèze). . .	79 59
Bassin d'Argentat (Corrèze).	80 53
Bassin de Meimac (Corrèze).	80 65
Bassin d'Ahun (Creuse)..	80 «
Bassin de Bourganeuf (Creuse).	80 «
Bassins de Vouvant et de Chantonnay (Vendée, Deux-Sèvres).	79 78
Bassin de la Loire-Inférieure (Maine-et-Loire, Loire-Inférieure).	80 20
Bassin de Saint-Pierre-Lacour (Mayenne). . . .	92 49
Bassin de Littry (Calvados, Manche).	124 13
Bassin du Plessis (Manche)..	124 82
Bassin de Hardingen (Pas-de-Calais).	104 55

Ces chiffres ne sont donnés qu'en moyenne, car, pour chaque bassin, un plus ou moins grand nombre de mines concourent à la production, et il se pourrait que la pesanteur spécifique de la houille variât suivant les mines.

Connaissant les prix du quintal métrique et de l'hectolitre de houille, il est facile de calculer le poids de l'hectolitre.

Ainsi on trouve dans le tableau de la page 281 bis, que les prix du quintal métrique et de l'hectolitre de houille du bassin des Vosges sont 1 f. 41 et 1 f. 19, pour connaître le poids de l'hectolitre de houille de ce bassin, il suffit de poser la proportion

$$1.41 : 100 :: 1,19 : x \text{ d'où } x = 84 \text{ kil.}$$

TABLEAU

DES MESURES ANGLAISES COMPARÉES AUX MESURES FRANÇAISES.

Monnaies.

	Fr. C.
Livre sterling (20 shillings).	25 25
Shilling (12 pence).	1 25
Penny..	0 104

Mesures de longueur.

Mètres.

	Mètres.	
Pouce (un douzième du pied).	o	oa5
Pied (tiers du yard).	o	3o5
Yard impérial (moitié du fathom).	o	914
Fathom (a yards).	1	8a8
Mille (176o yards).	1609	315

Mesures de superficie.

Yard carré. . . : . . . . o,836 mètre carré.

Acre (484o yards carrés). . . . . . o,4o4 hectare.

Mesures de capacité.

Pint (un huitième de gallon). . . . . o,568 litre.

Quart (quart de gallon).. . . . . . 1,136 litre.

Gallon impérial . . . . 4,543 litres.

Peck (a gallons). . . . . 9,o87 litres.

Bushel (8 gallons). . . . . 36,848 litres.

Sack (3 bushels).. . . . . 1,o9o hectolitre.

Boll (38 gallons).. . . . . 1,58o hectolitre.

Quarter (8 bushels). . . . . 2,9o8 hectolitres

Chaldron de Newcastle (a4 Bolls). . . 37,9ao hectolitres

Mesures de poids.

Livre avoir du poids. . . . . o,4534 kilogram.

Quintal (1 1 a livres). . . . . 5o,78 kilogrammes

Tonne (ao quintaux) . . . . 1o15,65 kilogrammes

Le chaldron de Newcastle contient 53 quintaux ou 2991 kilogrammes de houille ; et en prenant 75 kilogrammes pour le poids d'un hectolitre, on voit que sa capacité est de 39 hectolitres,

Le chaldron de Loudres pèse a5 quintaux et demi ou 1295 kilogrammes ; sa capacité est donc de 17 hectolitres un quart.

EXPLICATION DES FIGURES.

Fig. 1. Disposition des couches de houille.

Fig. 2. Terrain houiller de Saint-Étienne et d'Alais.

Fig. 3. Terrain houiller de Rive de Gier.

Fig. 4. Terrain houiller d'Anzin.

Fig. 5. Renflement.

Fig. 6. Renflement et rétrécissement.

Fig. 7. Brouillage.

Fig. 8. Failles.

Fig. 9. Section de la grande faille du terrain houiller de Newcastle.

Fig. 10. Tête de sonde.

Fig. 11. Assemblage à enfourchement mâle et femelle à deux boulons pour des trous de sonde de 50 mètres.

Fig. 12. Assemblage à enfourchement à deux boulons pour des petites recherches.

Fig. 13. Assemblage à vis à filets aigus, employé jusqu'à 150 mètres.

Fig. 14. Moyens divers de rendre fixes les assemblages à vis.

Fig. 15. Ciseau ou trépan.

Fig. 16. Cylindre à soupape.

Fig. 17. Tarière.

Fig. 18. Construction des tarières.

Fig. 19. Trépan rubané.

Fig. 20. Cloche à écrou.

Fig. 21. Tire-bourre.

Fig. 22. Manivelle.

Fig. 23. Autre manivelle.

Fig. 24. Appareil de M. Hammon. Projection horizontale de l'appareil qui sert à donner aux tiges le double mouvement de rotation et de percussion.

Fig. 25. Projection verticale de l'appareil qui sert à remonter les tiges, et à leur donner le double mouvement de rotation et de percussion.

b, cc. Pièce qui communique aux tiges le mouvement de rotation.

f. Levier qui communique aux tiges le mouvement de percussion (fig. 24).

dd. Roue qui imprime le mouvement aux pièces *b* et *f* et au tambour *m*.

m. Tambour où s'enroule la corde qui sert à élever les tiges.

Fig. 26. Sondage chinois. Coupe verticale de l'engin par la ligne A B du plan (fig. 32).

Fig. 27. Tige à vis de Saarbrück.

Fig. 28. Tige à mortaise munie de cercles pour l'agrandissement du trou.

Fig. 29. Plan et coupe du bourrelet et du cercle en fer.

Fig. 30. Ciseau à vis.

Fig. 31. Ciseau à tenon.

Fig. 32. Plan de l'orifice du trou de sonde.

Fig. 33. Alézoir.

Fig. 34. Pic.

Fig. 35. Pic Meynier et projection horizontale de la pointe.

Fig. 36. Masse.

Fig. 37. Levier ou palfer.

Fig. 38. Bourroir portant un trou à son centre, et terminé par une rondelle en cuivre soudée circulairement à sa partie inférieure.

Fig. 39. Épinglette en fer percée d'une ouverture rectangulaire et terminée par un bout en cuivre soudé à son extrémité pointue.

Fig. 40. Cylindre creux terminé par un anneau de cuivre, et pouvant servir de bourroir.

Fig. 41. Curette aplatie à l'une de ses extrémités.

Fig. 42. Méthode d'exploitation usitée dans le Yorckshire.

Fig. 43, 44, 45, 46. Nouvelle disposition des tiges de sonde.

Fig. 47. Coupe suivant X Y, en supposant la tige pleine *d e* enlevée.

Fig. 48. Coupe suivant X Y.

Fig. 49. Méthode d'exploitation par massifs longs.

AA'. Galerie principale.

aa' Galerie d'alongement.

mm' Galerie montante.

ttt. Tailles.

vv. Petites voies de roulage et d'airage.

Fig. 50. Dépilage.

Fig. 51, 52, 53. Périodes des mouvemens du sol des galeries.

Fig. 54. Exploitation des mines du Nord.

p' p". Puits.

aa. Galerie d'alongement.

b. Voie montante.

cc. Galerie d'alongement supérieure.

vvv. Voies qui mènent aux tailles.

d. Galerie mettant en communication la galerie *a* avec le puits *p".*

rrr. Remblais.

pp. Portes d'airage.

Fig. 55 et 56. Méthode d'exploitation suivie à Liége.

a. Puits d'extraction.

c. Réservoir pour les eaux.

e. Recette pour le chargement des tonnes d'extraction.

d. Cheminée d'airage.

h. Couche de houille.

h'h". Massifs réservés, nommés places de serremens.

nn'. Galerie d'alongement horizontale correspondante au fond du puits *a.*

rr. Remblais.

x. Galerie des eaux.

z. Galerie horizontale.

qq. Voies de roulage.

ttt. Tailles situées au-dessus du fond du puits *a* (amont pendage).

t't'. Tailles situées au-dessous du fond du puits *a* (aval pendage).

Fig. 57. Exploitation de la houille à Mons.

p. Puits d'extraction.

p'. Puits d'airage.

b. Voie d'airage par laquelle l'air se rend dans les tailles.

eee. Entailles pratiquées pendant la nuit dans la

houille sur le côté des tailles, afin que, pendant le jour, on n'ait plus qu'à abattre la houille sur le front *t*.

q. Galerie montante et porte d'airage.

a a. Galerie d'alongement; elle réunit les eaux pour les porter vers une machine d'épuisement. A son extrémité on pousse une taille *m* suivant la direction de la couche, tandis que les tailles *t* montent suivant l'inclinaison. La taille *m* s'éloigne de plus en plus du puits, à mesure que les tailles montantes 1 *t e*, 2 *t e*, 3 *t e* s'éloignent de la galerie *b*, et que la taille 1 *t e* s'approche de la partie remblayée, et qui doit être sa limite. Il en résulte que, quand la taille 1 *t e* est épuisée, il se trouve un espace préparé à l'endroit marqué 4, pour une nouvelle taille montante. De cette manière, si les moyens d'extraction le permettaient, il pourrait y avoir toujours en activité trois tailles montantes, telles que 1 *t e*, 2 *te*, 3 *te* et ainsi de suite. Sur chacune de ces tailles, douze mineurs sont placés de front, occupant chacun un espace de 1^{m}50; ils avancent de 2^{m}70 par jour, dans la houille, sur toute la largeur de la taille, qui est de 18 mètres.

A. Digue en argile pour faire remonter les eaux et assècher la place du serrement.

B Traverse en bois sur laquelle on couche la pièce n° 6 avant de la ramener à la position verticale.

C Canal en bois conduisant les eaux du couronnement de la digue à la pièce n° 2.

E Tuyau en cuir.

F Canal en bois conduisant les eaux en deçà de la petite digue en argile.

G Arcs-boutans pour prévenir le recul des pièces du serrement lors du picotage ; à la sixième pièce un seul est placé à l'entaille inférieure, la partie supérieure est retenue par les boulons L et K réunis par une chaîne.

H Pièce de bois verticale servant au moyen d'un écrou M et de deux boulons L et K, à ramener la pièce n° 6 à la position verticale et à l'y fixer.

I Étrier en fer, empêchant de tourner l'écrou du boulon L.

K L, Boulons en fer.

M Écrou que l'on tourne avec une clef pour rapprocher les deux boulons.

N Fig. 85. Ouverture pour les gaz.

O Muraille séparant la galerie en deux parties pour l'airage.

P Digue en argile pour empêcher le retour de l'eau au pied du serrement.

Fig. 85. Coupe verticale du serrement immédiatement après

le picotage. Les mêmes lettres indiquent les mêmes objets.

Fig. 86. Coupe du serrement prise perpendiculairement à la direction de la galerie.

Fig. 87. Plan du serrement et charpente après l'achèvement du travail.

Fig. 88. Coupe verticale du serrement et charpente.

Fig. 89. Pic à deux pointes pour dresser les parois de la galerie.

Fig. 90. Masse pour enfoncer les coins et faire le picotage.

Fig. 91. Instrument pour introduire la mousse dans les joints.

Fig. 92. Coin pyramidal en fer dit picoteur, pour préparer l'entrée des picots.

Fig. 93. Coin en bois blanc ou en saule.

Fig 94. Coin en bois blanc plus petit.

Fig. 95. Coin pyramidal en hêtre, dit picot.

Fig. 96. Boulon représenté fig. 88 par K.

    a Boulon.

    b Écrou.

    c Rondelle en fer qui s'applique contre la pièce de bois H , fig. 88.

    d Chaîne réunissant le boulon à un autre boulon L, fig. 88.

    I Étrier en fer empêchant de tourner l'écrou du boulon L.

Fig. 97. Méthode dite quaffering, Iʳᵉ reprise.

Fig. 98. Même reprise.

Fig. 99. Deuxième reprise du puits.

Fig. 100. Troisième reprise, *d* caisse en bois trouée et placée verticalement sur la courbe et contre la terre.

Fig. 101. Guirlande. *m*, tuyau en cuir conduisant l'eau au fond du puits.

Fig. 102. Vargue à bras indépdenant.

Fig. 103. Char à bennes à quatre essieux , élévation et plan en dessous.

Fig. 104. Roue en fonte.

Fig. 105. Foyer d'airage.

Fig. 106. Foyer d'airage.

Fig. 107. Airage d'une galerie de roulage.

Fig. 108. Coupe verticale du calorifère adapté à la cheminée
d'airage de la mine de Seraing.

    B Cheminée d'airage.

    C Poêle en tôle de fer.

    a b Ouverture pour l'entrée et la sortie de l'air dans
la chambre du poêle.

    F Foyer.

    O Cendrier.

    R Registre régulateur.

Fig. 109. Coupe horizontale du calorifère.

Fig. 110. Elévation.

Fig. 111. Ventilateur double du Hartz.

Fig. 112. Coupe de la trompe et du canal.

    C Canal menant l'eau du bassin à la trompe.

    D Arbre de la trompe.

    E Tonne de la trompe.

    c Etranguillon.

    dd Aspirateurs.

    e Tablier sur lequel se brise l'eau.

    f Porte vent.

Fig. 113 et 114, *aa* Arbres de la trompe.

    b Caisse par laquelle l'eau remonte pour sortir.

    c Déversoir de sortie.

Fig. 115. Ancienne méthode de conduite de l'air dans les travaux des mines.

Fig 116. Méthode de M. Buddle.

Fig. 117. Lampe de mineur.

Fig. 118. Lampe de Davy.

Fig. 119. Coupe du reservoir.

    a Réservoir d'huile.

    b Anneau cylindrique élevé au-dessus du reservoir;
sa surface verticale intérieure est taillée en écrou.

    c Tube ouvert par les deux bouts : il est soudé sur
le fond du réservoir et s'élève jusqu'au dessus de la
plaque du porte-mèche.

    d Tige recourbée qui remplit exactement le tube *c* et
sert à régler la mèche.

    e Plaque d'arrêt pour arrêter la tige *d* et l'empêcher
de retomber sur la mèche.

f Tube qui traverse les deux fonds du réservoir sur lequel il est soudé ; il renferme un écrou dans lequel se visse la tige *t* qui sert à fermer la lampe.

g Porte-mèche.

i Enveloppe ou cheminée cylindrique en toile métallique.

l Chapiteau en cuivre percé de petits trous et adapté au sommet de l'enveloppe de toile métallique.

o Cage composée de cinq barreaux en gros fil de fer, fixés par un bout sur l'anneau *r*, et par l'autre bout sur une plaque de tôle S.

p Cache-entrée qui sert à boucher le tube *f*.

Fig. 120. Lampe de sûreté de Du Mesnil.

Fig. 121. Masque ou nez artificiel maintenu par des rubans et adapté à un tube respiratoire.

Fig. 122. Dispositions du demi-cercle gradué.

Fig. 123, et 124. Rondelles graduées.

FIN.

TABLE DES MATIERES.

—

FIN DE LA TABLE.

TOUL., IMPRIMERIE DE Vᵉ BASTIEN.

ERRATA.

—

Page 3 ligne 3 , au lieu de romaines, lisez romaine.

Page 4 ligne 8 , au lieu de qu'elle la doit, lisez qu'elle est due.

Page 9 ligne 2 , au lieu de fathoms, lisez fathom.

Page 32 ligne 15 , au lieu de munies, lisez munis.

Page 70 ligne 13 , au lieu de *g*, lisez *q*.

Page 83 , ligne 2 en remontant , au lieu de *cauldrens bottom*, lisez *cauldron bottoms*.

Page 255 ligne 2 , au lieu de 0 f. 65, lisez 1 f.

Page 324 note (1) , au lieu de Sibérie, lisez Silésie.

—

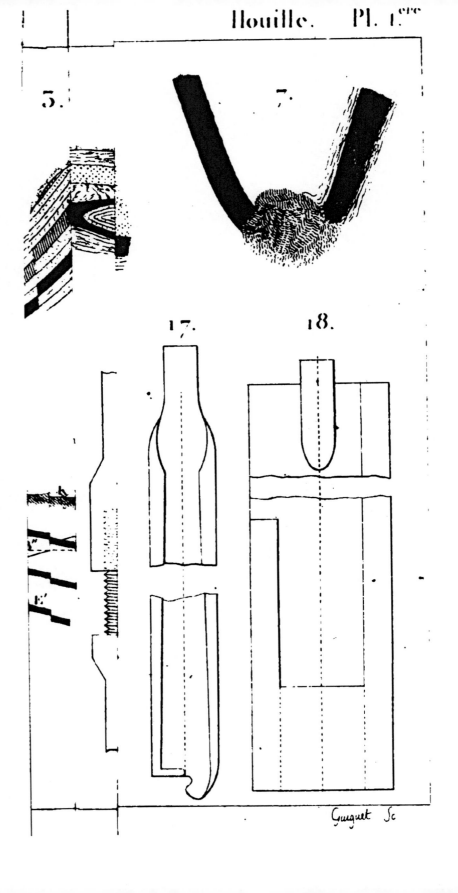

5.

7.

17.

18.

Guiguet Sc

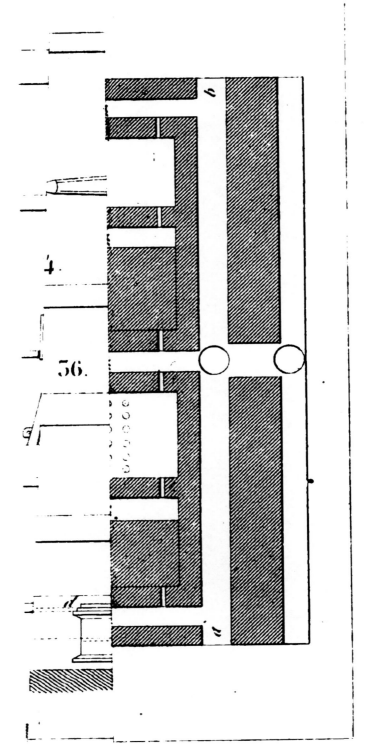

4.

56.

54.

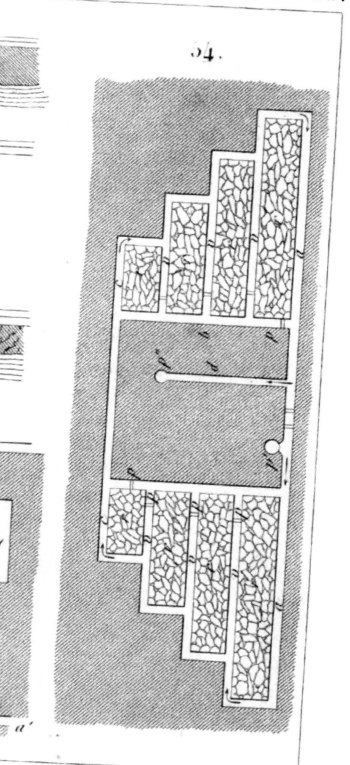

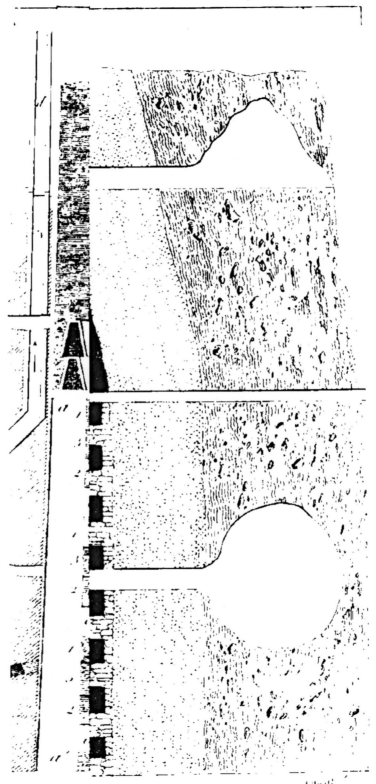

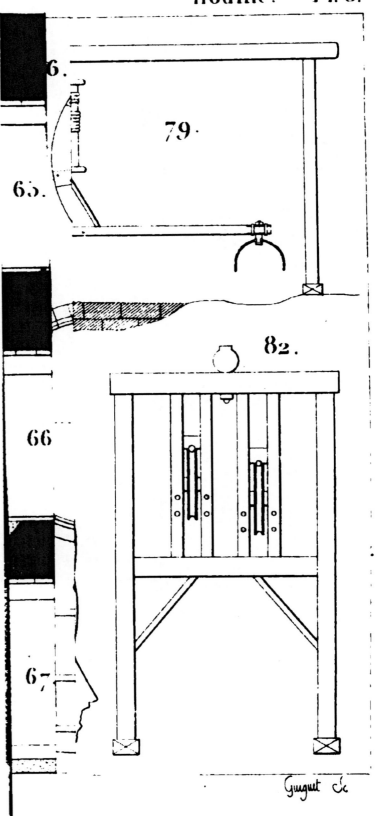

79.

6.

65.

66

67.

82.

Guguet sc

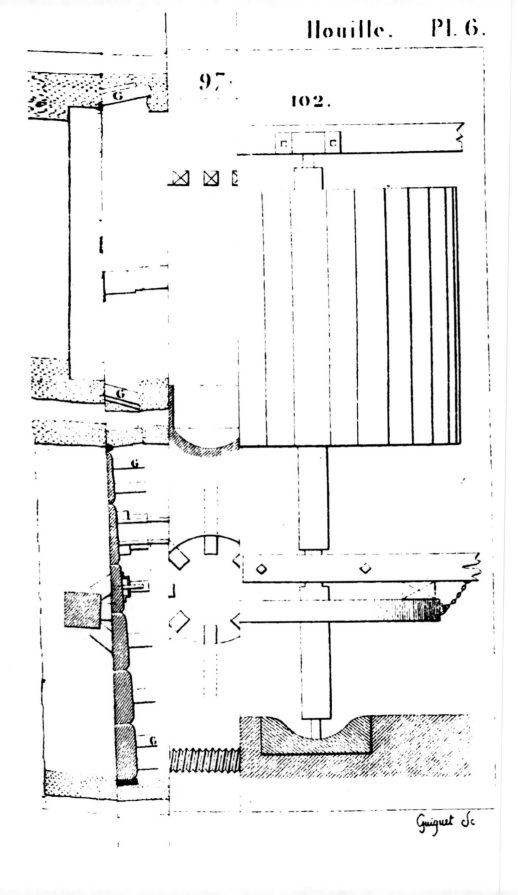

97.

102.

Guiguet Sc.

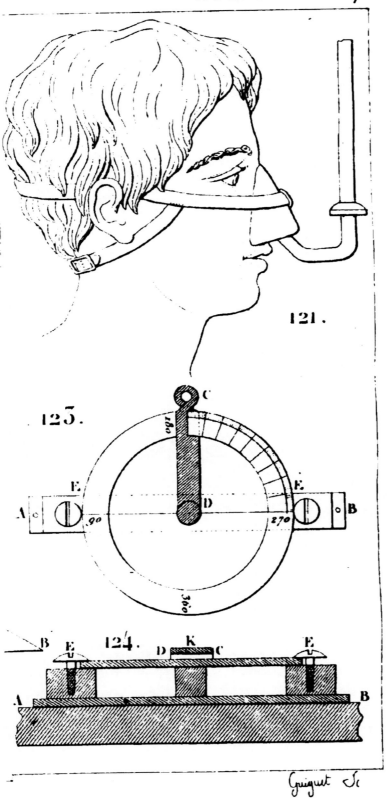

121.

123.

124.